Lynda Djerbal

Mécanismes de déformation et rupture progressive des versants

Lynda Djerbal

Mécanismes de déformation et rupture progressive des versants

Cas du glissement d'Ain El Hammam - Algérie

Presses Académiques Francophones

Impressum / Mentions légales

Bibliografische Information der Deutschen Nationalbibliothek: Die Deutsche Nationalbibliothek verzeichnet diese Publikation in der Deutschen Nationalbibliografie; detaillierte bibliografische Daten sind im Internet über http://dnb.d-nb.de abrufbar.
Alle in diesem Buch genannten Marken und Produktnamen unterliegen warenzeichen-, marken- oder patentrechtlichem Schutz bzw. sind Warenzeichen oder eingetragene Warenzeichen der jeweiligen Inhaber. Die Wiedergabe von Marken, Produktnamen, Gebrauchsnamen, Handelsnamen, Warenbezeichnungen u.s.w. in diesem Werk berechtigt auch ohne besondere Kennzeichnung nicht zu der Annahme, dass solche Namen im Sinne der Warenzeichen- und Markenschutzgesetzgebung als frei zu betrachten wären und daher von jedermann benutzt werden dürften.

Information bibliographique publiée par la Deutsche Nationalbibliothek: La Deutsche Nationalbibliothek inscrit cette publication à la Deutsche Nationalbibliografie; des données bibliographiques détaillées sont disponibles sur internet à l'adresse http://dnb.d-nb.de.
Toutes marques et noms de produits mentionnés dans ce livre demeurent sous la protection des marques, des marques déposées et des brevets, et sont des marques ou des marques déposées de leurs détenteurs respectifs. L'utilisation des marques, noms de produits, noms communs, noms commerciaux, descriptions de produits, etc, même sans qu'ils soient mentionnés de façon particulière dans ce livre ne signifie en aucune façon que ces noms peuvent être utilisés sans restriction à l'égard de la législation pour la protection des marques et des marques déposées et pourraient donc être utilisés par quiconque.

Coverbild / Photo de couverture: www.ingimage.com

Verlag / Editeur:
Presses Académiques Francophones
ist ein Imprint der / est une marque déposée de
OmniScriptum GmbH & Co. KG
Heinrich-Böcking-Str. 6-8, 66121 Saarbrücken, Deutschland / Allemagne
Email: info@presses-academiques.com

Herstellung: siehe letzte Seite /
Impression: voir la dernière page
ISBN: 978-3-8381-4453-5

Zugl. / Agréé par: Tizi-Ouzou, Université Mouloud Mammeri, 2013

Copyright / Droit d'auteur © 2014 OmniScriptum GmbH & Co. KG
Alle Rechte vorbehalten. / Tous droits réservés. Saarbrücken 2014

Avant-propos

Ce livre est le résultat des recherches effectuées dans le cadre de ma thèse de doctorat, intitulée : *Analyse des mécanismes de déformation et de la rupture progressive du versant instable d'Ain El Hammam*, soutenue en date du 01 juillet 2013. La recherche a été accomplie, au Laboratoire de Géo-matériaux, Environnement et Aménagement (LGEA) de l'université de Tizi-Ouzou, sous la direction du Professeur MELBOUCI Bachir.

Les catastrophes dues aux mouvements de terrain ne cessent de s'amplifier partout dans le monde. Récemment en juillet 2014, un mouvement a enseveli près de 44 maisons et aurait causé la mort d'un peu plus de 150 personnes en Inde. L'Algérie, de part sa morphologie, n'est guère épargnée. Elle connait, depuis le début des années 2000, une importante activité des mouvements de terrain. En mai 2014, quatre (04) membres d'une même famille ont péri suite à un glissement de terrain dans la Wilaya d'Oran. Ce qui augmente encore le risque dû aux instabilités en Algérie est le fait qu'elles affectent généralement des zones d'agglomération et même parfois des sites touristiques et stratégiques. L'Algérie ayant une timide expérience dans ce domaine, l'étude de ces phénomènes a été confrontée à beaucoup de problèmes, vu que les investigations réalisées sont insuffisantes et inadéquates à ce type d'aléas. Les enjeux induits par ces mouvements sont importants et les coûts très lourds. La wilaya de Tizi-Ouzou est l'une des régions les plus vulnérables en Algérie avec plus de la moitié de ces Communes (départements) affectées par des instabilités actives et étendues. Tous ces enjeux et le risque confirmé ont motivé et guidé le choix de mon sujet de thèse, qui vise à étudier les instabilités majeures à travers l'étude d'un cas. Nous avons choisi pour cette étude l'un des glissements les plus spectaculaires de la région. Il s'agit d'un ancien glissement réactivé par de fortes précipitations en 2006. Ce glissement se développe dans une pente collinaire composée de formations schisteuses altérées et affecte une superficie supérieure à 23 ha. Il met en danger tout le centre-ville d'Ain El Hammam fondé au sommet de la colline instable.

La réalisation de cette recherche a été confrontée à beaucoup de difficultés ; notamment l'accès au site et au données ainsi que l'insuffisance des investigations effectuées. Afin de cerner la problématiques de manque de données, nous avons établi un Système d'Information Géographique (SIG) basé essentiellement sur un suivi régulier du site instable et les quelques données géologiques et géotechniques disponibles. Le suivi du site a été réalisé en utilisant des moyens très basiques. Le versant abrupte a été complètement investigué malgré le risque et la difficulté d'accès au site (présence d'animaux dangereux, site très accidenté, propriétés privées, etc.).

Je n'aurais su mener à bien mon travail sans l'aide et le soutien de plusieurs personnes que je tiens à remercie, en l'occurrence :

Mon Encadreur le Professeur MELBOUCI Bachir qui m'a offert le privilège de travailler sous sa direction. Je tiens à le remercier pour m'avoir fait découvrir le domaine des géo-risques, pour m'avoir initiée à la détection et à l'analyse des signes d'instabilité des versants ainsi que pour la qualité de son encadrement, sa rigueur et sa patience avec moi sans lesquels je n'aurai jamais pu réaliser ma thèse dans le temps imparti et dans les conditions requises. Je le remercie également pour avoir dirigé et corrigé ce travail.

Le Professeur BAHAR Ramdane, Directeur du laboratoire LGEA, pour toutes les facilités qu'il a mises à ma disposition, pour m'avoir permis de bénéficier de ses inestimables connaissances scientifiques et techniques, ainsi que pour m'avoir fait part de ses pertinents conseils et remarques qui ont guidé ma recherche. Ainsi, je le remercie encore pour avoir eu l'amabilité d'accepter d'examiner mon modeste travail.

Les membres du Laboratoire LGEA qui m'ont fourni leur aide et soutien durant toute la période de réalisation de mes recherches.

Table des matières

Avant-propos

Liste des indices i

Liste des figures vi

Liste des tableaux xiv

INTRODUCTION GÉNÉRALE 1

Chapitre I : Méthodes de prévision et d'évaluation de la stabilité des versants naturels

I.1. Quelques définitions 7

I.2. Techniques d'évaluation et de surveillance de l'évolution du mouvement des versants naturels ... 8

I.3. Évaluation de la stabilité des versants 12

    I.3.1. Méthodes d'évaluation des risques d'instabilités des versants 12

    I.3.2. Méthodologie générale pour l'évaluation du risque 13

I.4. Méthodes d'analyse de la stabilité des versants 17

    I.4.1. Calculs à la rupture 17

        I.4.1.1. Méthodes des blocs 17

        I.4.1.2. Méthodes des tranches 18

        I.4.1.3. Méthodes probabilistes et logique floue 22

        I.4.1.4. Méthodes en trois dimensions.. 23

        I.4.1.5. Limitations des méthodes de calcul à la rupture (équilibre limite) 24

    I.4.2. Les méthodes numériques d'analyse de la rupture des versants 24

    I.4.3. méthodes énergétiques 26

I.5. Méthodes de prévision de l'évolution du mouvement des versants instables 26

I.5.1. Prise en compte du déplacement dans les méthodes à la rupture 26

I.5.2. prévision de l'évolution des mouvements à partir de séries de données cinématiques 28

    I.5.2.1. Méthodes de prévision de la date de rupture 28

    I.5.2.2. Limitations des méthodes de prévision de la date de rupture 32

    I.5.2.3. Méthodes de prévision des mouvements 32

    I.5.2.4. Limitations des méthodes de prévision de l'amplitude des mouvements 37

I.5.3. Prévision à partir de modèles orientés sur la cause hydraulique 37

    I.5.3.1. Le modèle proposé par Bouchelaghem (1987) 38

    I.5.3.2. Le modèle de prévision proposé par Gervreau (1991) 38

I.6. Conclusion 41

Chapitre II : Caractérisation du glissement de terrain d'Ain El Hammam

II.1. Historique du mouvement de terrain d'Ain El Hammam 43

II.2. Les conditions majeures à la formation du glissement de terrain d'Ain El Hammam 44

    II.2.1. Cadre géologique 44

        II.2.1.1. Cadre géologique de la région 44

        II.2.1.2. Cadre géologique local 45

    II.2.2. Description géomorphologique 46

    II.2.3. Cadre climatique et hydrogéologique 47

        II.2.3.1. Cadre climatique 47

        II.2.3.2. Hydrologie du site 51

    II.2.4. Sismicité de la région d'Ain El Hammam 52

II.3. Causes du déclenchement et de l'activité du glissement de terrain d'Ain El Hammam 53

    II.3.1. Facteurs passifs 53

        II.3.1.1. Les facteurs géologiques 53

        II.3.1.2. Les facteurs morphologiques 57

  II.3.1.3. Hydrologie du site 57

II.3.2. Facteurs actifs 58

  II.3.2.1. L'action climatique 58

  II.3.2.2. Facteurs anthropiques 59

  II.3.2.3. L'effet de la sismicité de la région 59

II.4. Les phases d'évolution du mouvement de terrain d'Ain El Hammam 60

  II.4.1. Période de 1969 à 2005 60

  II.4.2. Période de 2005 à 2008 62

  II.4.3. Période de novembre 2008 à avril 2009 63

  II.4.4. Période de juillet 2009 à juin 2010 65

  II.4.5. la période de 2010 à ce jour 68

II.5. Conclusion 69

Chapitre III : Cartographie et suivi du glissement de terrain d'Ain El Hammam

III.1. Définition d'un système d'information géographique (SIG) 71

III.2. Choix du logiciel à utiliser pour la réalisation du SIG 72

III.3. Le Système d'Information Géographique réalisé sous MapInfo 73

  III.3.1. Calage des cartes disponibles 73

  III.3.2. Construction des couches vectorielles 73

    III.3.2.1. Digitalisation des courbes de niveau 73

    III.3.2.2. Les réseaux hydrographiques 74

    III.3.2.3. Les sondages carottés 75

    III.3.2.4. Les profils sismiques 76

    III.3.2.5. Les profils Géo-radar 76

  III.3.3. Semi des repères topographiques mobiles 77

  III.3.4. Construction d'une base de données pour la table « données topographiques.TAB » 78

III.4. Le suivi du glissement de terrain 80

    III.4.1. L'étude cinématique 80

        III.4.1.1. le suivi topographique 80

        III.4.1.2. Le suivi inclinométrique 85

    III.4.2. Le suivi piézométrique 85

    III.4.3. Discussion des résultats du suivi 86

III.5. Conclusion 89

Chapitre IV : Description morphologique et hydro-climatique du glissement de terrain d'Ain El Hammam

IV.1. Description géomorphologique du glissement 91

    IV.1.1. Les indices morphologiques observés sur le versant d'Ain El Hammam 91

    IV.1.2. Les pathologies observées sur les ouvrages 98

        IV.1.2.1. Les bâtiments APC/CNEP (bâtiments 14, 15 et 19) 98

        IV.1.2.2. Immeubles Timssiline 98

        IV.1.2.3. Immeuble Taleb Ghozali (menuiserie) 99

        IV.1.2.4. Immeuble Taleb Ahcène 100

        IV.1.2.5. L'école des garçons (école primaire) 101

        IV.1.2.6. Les immeubles APC/CNEP N° 11 et 12 102

IV.2. Étude hydro-climatique de l'instabilité 102

    IV.2.1. Interprétation de l'évolution du mouvement pendant la période 2006-2008 104

    IV.2.2. Interprétation de l'évolution du mouvement pendant la période 2008-Avril 2009 104

    IV.2.3. Interprétation du mouvement pendant la période 2009-2012 104

    IV.2.4. Évolution spatiale du glissement d'Ain El Hammam 105

IV.3. Étude des mécanismes de déformation du versant et détermination des limites du glissement ... 105

    IV.3.1. Le mécanisme M1 106

    IV.3.2. Le mécanisme M2 106

IV.3.3. Le mécanisme M3 106

IV.4. Détermination de la structure du mouvement 107

    IV.4.1. Rupture (1) 108

    IV.4.2. Rupture (2) 108

    IV.4.3. Rupture (3) 108

    IV.4.4. Rupture (4) 109

    IV.4.5. Rupture (5) 109

    IV.4.6. Rupture (6) 109

IV.5. Conclusion 110

Chapitre V : Cartographie et gestion du potentiel de risque et de l'aléa dus au glissement de terrain d'Ain El Hammam

V.1. Évaluation et cartographie de l'aléa dû au mouvement de terrain 112

    V.1.1. Évaluation du potentiel de risque d'une rupture brusque I_{risque} 112

    V.1.1.1. Description des facteurs du modèle d'évaluation du risque 112

    V.1.2. Évaluation du potentiel de risque 121

        V.1.2.1. Les combinaisons de risque observées dans le site instable 121

        V.1.2.2. La cartographie du risque 123

    V.1.3. La densité de l'urbanisation 125

    V.1.4. Évaluation des niveaux de l'aléa observés dans le site étudié 126

        V.1.4.1. Le niveau d'aléa très faible 126

        V.1.4.2. Le niveau d'aléa faible 127

        V.1.4.3. Le niveau d'aléa moyen 127

        V.1.4.4. Le niveau d'aléa fort 127

        V.1.4.5. Le niveau d'aléa très fort 128

V.2. La gestion du risque de glissement de terrain 130

    V.2.1. La réalisation d'un système de drainage 131

V.2.1.1. Le raccordement des réseaux d'assainissement 131

V.2.1.2. La réalisation d'un drainage superficiel 131

V.2.1.3. La réalisation d'un drainage subhorizontal 131

V.2.2. La réalisation d'un suivi de la cinématique du mouvement 132

V.2.3. Évacuation progressive des habitants du centre-ville d'Ain El Hammam 132

V.3. Conclusion 133

Chapitre VI : Modélisation numérique de la rupture progressive du versant instable d'Ain El Hammam

VI.1. Méthodologie et justification du choix du logiciel 135

VI.1.1. L'étude de l'effet des fluctuations de la nappe phréatique sur la stabilité du terrain 135

VI.1.2. L'étude de l'effet conjugué de l'altération du substratum et des fluctuations de la nappe phréatique 135

VI.2. La modélisation du versant d'Ain El Hammam 136

VI.2.1. Choix du profil lithologique 136

VI.2.2. Choix du maillage et des conditions aux limites 142

VI.2.3. Calcul d'un modèle d'éléments finis 145

VI.3. Modélisation de la rupture de 2009 et validation du modèle 146

VI.3.1. Résultats du calcul 146

VI.3.2. Validation du modèle 148

VI.4. Modélisation de la rupture brusque du versant (avec une couche altérée d'une épaisseur de 6 m et une nappe en surface 149

VI.5. Modélisation de la rupture progressive du versant d'Ain El Hammam 153

VI.5.1. Choix de la série de calcul de la rupture progressive du versant 153

VI.5.2. Résultats de la modélisation de la rupture progressive 154

VI.6. Discutions des résultats 167

VI.7. Conclusion 168

CONCLUSION GÉNÉRALE 169

Références bibliographiques 173

Annexes 182

Annexe A 183

Annexe B 200

Annexe C 207

Liste des indices

Chapitre I : Méthodes de prévision et d'évaluation de la stabilité des versants naturels

PF :	Le pas de fracture
RF :	Le réseau de fractures
ER :	L'écartement et la rugosité des joints
HF :	L'humidité des fissures
DIR :	La direction structurale par rapport au front
PEN :	L'inclinaison des fissures par rapport au front
S :	La sensibilité du site
F et F_s :	Coefficient de sécurité
R :	Rayon du cercle de rupture *(m)*
O :	Origine du cercle de rupture
C :	Cohésion *(KPa)*
C' :	Cohésion effictive *(KPa)*
φ :	Angle de frottement *(°)*
φ' :	Angle de frottement effectif *(°)*
W :	Poids du matériau *(KN)*
u :	Pression interstitielle *(KPa)*
L :	Longueur *(m)*
h :	Hauteur *(m)*
α :	Angle d'inclinaison *(°)*
F_f :	Coefficient de sécurité de Jumbu et al (1956)
F_f' :	Coefficient de Jumbu corrigé
f_0 :	Facteur de correction de la méthode de Jumbu

Liste des indices

X, X_1 et X_0 :	Abscisses curvilignes du point courant et des extrémités de la courbe de rupture de la méthode de Bell (1969) *(m)*
γ :	Poids spécifique du matériau *(KN/m³)*
λ et μ :	Paramètres qui modifient la contrainte
σ_F :	Perturbation de la contrainte de Fellenius
T :	Effort tangentiel *(KN)*
N :	Effort normal *(KN)*
τ :	Contrainte tangentielle *(KPa)*
σ :	Contrainte normale *(KPa)*
Ox :	Parallèle à la pente
u :	Le déplacement selon Ox *(m)*
$\frac{d\varepsilon}{dt}$:	Vitesse de déformation dans la phase finale *(m/s)*
t :	Temps *(jour)*
t_r :	Temps où se produit la rupture *(jour)*
C et D :	Constantes de Saito (1969)
l_0 :	Distance initiale entre les deux points de mesure *(m)*
ΔY :	Intervalle de temps *(jour)*
ε :	Déplacement *(m)*
A et α :	Constantes de la méthode de Méthode de Fukuzono et Voight
$\dot{\varepsilon}_r$:	La vitesse à la rupture *(m/s)*
μ :	Un paramètre constant
ε_t :	Bruit blanc
h :	Horizon de la prévision *(jours)*
$Y_n(h)$:	Prévision de la série des n valeurs Y à l'horizon h
n :	Nombre de valeurs contenues dans la série
R :	Corrélation

Liste des indices

a_j :	Coefficients de la fonction
k :	Degré du polynôme
W_j :	Coefficient de pondération
e_T :	L'erreur de prévision de la valeur de Y à l'instant t
$a_0^{(0)}$:	La moyenne arithmétique des 2 ou 3 premières observations de la série
α :	Paramètre à optimiser
Q :	La prévision
Q_s :	Débit sortant.
g :	Accélération de la pesanteur *(m/s²)*
C :	Coefficient de performance de l'orifice de vidange.
A_0 :	Aire de l'orifice de vidange *(m²)*
H :	Pseudo hauteur piézométrique (hauteur de remplissage du réservoir) *(m)*
A_r :	Aire du réservoir *(m²)*
P_i :	Les apports d'eau au massif ou quantités infiltrées
$H_{initial}$ (H_0), B :	Paramètres de décharge qui caractérise la perméabilité des terrains
α :	Paramètre de recharge qui caractérise la porosité du versant

Chapitre II : Caractérisation du glissement de terrain d'Ain El Hammam

T:	Température *(C°)*
W_L :	Limite de liquidité *(%)*
I_p :	Indice de plasticité
P_c :	Contrainte de pré consolidation *(KPa)*
C_g :	Coefficient de gonflement
C_c :	Coefficient de compressibilité
W :	Teneur en eau *(%)*

Liste des indices

Chapitre III : Cartographie et suivi du glissement de terrain d'Ain El Hammam

X : Abscisse du point *(m)*

Y : Ordonnée du point *(m)*

Z : Altitude du point *(m)*

T_iT_j : Intervalle de temps entre T_i et T_j *(jour)*

Chapitre V : Cartographie et gestion du potentiel de risque et de l'aléa dus au glissement de terrain d'Ain El Hammam

$I_{aléa}$: Indice d'Aléa

I_{risque} : Indice de risque

I_u : Indice des classes de l'urbanisation

I_i : Indice des classes des signes d'instabilité observés en surface

I_v : Indice des classes des vitesses du mouvement

I_r : Indice des classes des plans de rupture

I_p : Indice des classes du pendage

I_h : Indice des classes de l'hydrologie

Chapitre VI : Modélisation numérique de la rupture progressive du versant instable d'Ain El Hammam

Phi, φ : Angle de frottement *(°)*

C : Cohésion *(KPa)*

ψ : Angle de dilatation *(°)*

E : Module de Young *(KPa)*

ν : Coefficient de Poisson

γ_{unsat} : Poids volumique sec *(KN/m³)*

γ_{sat} : Poids volumique saturé *(KN/m³)*

k_x : Perméabilité dans le sens X *(m/s)*

Liste des indices

k_y :   Perméabilité dans le sens Y *(m/s)*

G :   Module de cisaillement *(KPa)*

E_{oed} :   Module Oedométrique *(KPa)*

V_s :   Vitesse des ondes de cisaillement *(m/s)*

V_p :   Vitesse des ondes de compression *(m/s)*

n :   Le nombre des directions des joints ($1 \leq n \leq 3$)

$\alpha_{1,i}$:   L'angle d'inclinaison des plans de stratigraphie ($-180° \leq \alpha_{1,i} \leq 180°$) *(°)*

$\alpha_{2,i}$:   La direction du pendage (elle est prise égale à 90° dans le code de calcul) *(°)*

$\sigma_{t,i}$:   Le tenseur des contraintes dans les trois direction principales

Liste des figures

Chapitre I : Méthodes de prévision et d'évaluation de la stabilité des versants naturels

Fig. I.1. Procédure générale pour l'analyse du risque *(EL-SHAYEB Y., 1999)*. 13

Fig. I.2. L'approche de l'INERIS pour l'évaluation de l'aléa naturel *(Y. EL-SHAYEB, 1999)*. 16

Fig. I.3. Les inconnues d'une méthode des tranches *(MASEKANYA J.P., 2008)*. 18

Fig. I.4. Forces appliquées sur une tranche dans la méthode de Fellenius *(MASEKANYA J.P., 2008)*. 19

Fig. I.5. Forces appliquées sur une tranche dans la méthode de Bishop *(MASEKANYA J.P., 2008)*. 20

Fig. I.6. Inclinaison des forces dans la méthode Suédoise *(MASEKANYA J.P., 2008)*. 21

Fig. I.7. Représentation graphique des courbes déplacement-temps *(GERVREAU E., 1991)*. 29

Fig. I.8. Représentation graphique de la méthode d'Asaoka *(GERVREAU E., 1991)*. 30

Fig. I.9. Représentation graphique de la formule I.17 *(GERVREAU E., 1991)*. 31

Fig. I.10. Prévision des mesures de déplacement *(GERVREAU E., 1991)*. 34

Fig. I.11. Comparaison des courbes obtenues pour les différents coefficients α *(GERVREAU E., 1991)*. 36

Fig. I.12. Présentation du modèle de prévision orienté sur la cause hydraulique *(GERVREAU E., 1991)*. 38

Fig. I.13. Présentation du modèle de prévision proposé par Gervreau *(GERVREAU E., 1991)*. 38

Fig. I.14. Le modèle complet de Gervreau *(GERVREAU E., 1991)*. 39

Fig. I.15. Modèle hydraulique à réservoir *(GERVREAU E., 1991)*. 39

Chapitre II : Caractérisation du glissement de terrain d'Ain El Hammam

Fig. II.1. Carte structurale schématique de la chaîne Maghrébide montrant la distribution des zones externes et internes de la grande Kabylie *(DURAND DELGA 1980)*. 45

Fig. II.2. Déformations superficielles sous forme de gradins. 46

Fig. II.3. Dislocation du sol. 46

Fig. II. 4. Affaissements du terrain. 47

Fig. II.5. Arrachement du sol. 47

Fig. II.6. Immeuble incliné. 47

Fig. II.7. Pilonnes électriques inclinés. 47

Fig. II.8. Histogramme de la période (1913/1938) *(GEOMICA, 2006)*. 48

Fig. II.9. Histogramme de la période (1968/1994) *(GEOMICA, 2006)*. 49

Fig. II.10. Histogramme des précipitations pour la période (1997/2006) *(GEOMICA, 2006)*. 50

Fig. II.11. Valeurs des températures moyennes annuelles pour la période (1997/2006) *(GEOMICA, 2006)*. 51

Fig. II.12. Source d'eau. 51

Fig. II.13. Écoulement des eaux usées. 51

Fig. II.14. Cours d'eau. 52

Fig. II.15. Carte de la sismicité de la grande Kabylie *(GEOMICA, 2006)*. 52

Fig. II.16. Carte du zonage sismique de l'Algérie *(document technique réglementaire DTR BC 2 48 2003)*. 53

Fig. II.17. Coupe géologique réalisée à partir des sondages (SC03, Si02, Si01) *(DJERBAL, 2010)*. 55

Fig. II.18. Pourcentages des minéraux constituant des échantillons 1 et 2 *(Kechidi Z., 2010)*. 57

Fig. II.19. Coupe géologique ancienne actualisée en 2006 du glissement d'Ain El Hammam *(LNTPB, 1972)*. 61

Fig. II.20. Délimitation de la zone d'étude *(GEOMICA, 2006)*. 62

Fig. II.21. Affaissement. 63

Fig. II.22. Désordres observés dans l'immeuble APC/CNEP. 63

Fig. II.23. Rupture du gabionnage. 63

Fig. II.24. Coupe longitudinale du glissement *(GEOMICA, 2009)*. 64

Fig. II.25. Implantation des sondages et des profils sismiques *(GEOMICA, 2009)*. 65

Fig. II.26. Implantation des 157 repères mobiles implantés dans le versant. 66

Fig. II.27. Les profils de tomographie électrique *(ANTEA-HYDROENVIRONNEMENT-TTI, 2010)*. 66

Fig. II.28. Profil transversal (profil 1) *(ANTEA-HYDROENVIRONNEMENT-TTI, 2010).* 67

Fig. II.29. Profil transversal (profil 1) *(ANTEA-HYDROENVIRONNEMENT-TTI, 2010).* 67

Fig. II.30. Zone d'auscultation géoradar *(ANTEA-HYDROENVIRONNEMENT-TTI, 2010).* 68

Chapitre III : Cartographie et suivi du glissement de terrain d'Ain El Hammam

Fig.III.1. Composantes d'un SIG *(FISCHIER et al., 1993).* 72

Fig.III.2. Les courbes de niveau du versant d'Ain El Hammam. 73

Fig.III.3. L'hydrologie du versant instable d'Ain El Hammam. 75

Fig.III.4. Cartographie des sondages carottés. 75

Fig.III.5. Cartographie des profils de sismique réfraction à Ain El Hammam. 76

Fig.III.6. Cartographie des profils géo-radar. 76

Fig.III.7. Cartographie du suivi topographique. 78

Fig.III.8. Cartographie du versant instable d'Ain El Hammam et ses alentours *(DJERBAL et MELBOUCI, 2013).* 79

Fig.III.9. Évolution du mouvement de certains points entre 2009 et 2010 (profil C-C de la figure III. 13). 81

Fig.III.10. Quelques résultats de l'analyse spatiale des déplacements observés dans le sens transversal du glissement de terrain d'Ain El Hammam. 81

Fig.III.11. Quelques résultats de l'analyse spatiale des déplacements observés dans le sens longitudinal du glissement de terrain d'Ain El Hammam. 82

Fig.III.12. Image montrant l'implantation des stations topographiques. 83

Fig.III.13. Localisation des profils dans le versant d'Ain El Hammam. 84

Fig.III.14. Représentation de l'évolution du mouvement entre 1960 et 2010 le long tu profil EE de la figure III.13. 84

Fig.III.15. Allure globale de la morphologie du versant d'Ain l Hammam. 87

Fig.III.16. Comparaison de quelques photos du glissement d'Ain El Hammam 88

Chapitre IV : Description morphologique et hydro-climatique du glissement de terrain d'Ain El Hammam

Liste des figures

Fig.IV.1. Vue globale de la rue Bounouar. 92

Fig.IV.2. Images des murs de soutènement réalisés pour maintenir la circulation dans la rue Bounouar. 92

Fig.IV.3. Démolition des Immeubles APC/CNEP N° 14 et 15. 93

Fig.IV.4. Images montrant les désordres observés sur un mur de soutènement. 93

Fig.IV.5. Photos des désordres observés dans le Boulevard Amirouche en 2011. 93

Fig.IV.6. Affaissement de l'entrée de la zone du marché. 94

Fig.IV.7. Images de quelques habitations affectées par le mouvement de terrain. 94

Fig.IV.8. L'arrachement de terrain observé en aval de l'immeuble Taleb (menuiserie). 95

Fig.IV.9. Figures montrant quelques signes d'instabilité observés en crête du versant en 2012. 95

Fig.IV.10. Vue de l'escarpement observé dans la ruelle descendant vers le Sud-Est. 96

Fig.IV.11. Allure déformée du versant instable. 97

Fig.IV.12. Les pathologies observées sur les immeubles APC/CNEP n° 14, 15 et 19 98

Fig.IV.13. Les pathologies observées sur les immeubles Timssilines. 99

Fig.IV.14. Vue globale de l'immeuble Taleb Gozali. 99

Fig.IV.15. Image de l'immeuble Taleb Ahcène. 100

Fig.IV.16. Poteaux cisaillés de l'immeuble Taleb Ahcène. 101

Fig.IV.17. Vue de l'ouverture d'un joint de dilatation de l'école des garçons d'Ain El Hammam. 101

Fig. IV.18. Images des pathologies observées sur les immeuble APC/CNEP N° 11 et 12. 102

Fig.IV.19. Rupture du mur de soutènement après la fonte de la neige de l'hiver 2012. 103

Fig.IV.20. Réseau d'assainissement non raccordé qui se déversent dans la ligne d'arrachement longitudinale. 103

Fig.IV.21. Carte de l'évolution du mouvement entre 1969 et 2012. 105

Fig.VI.22. Délimitation des mécanismes de déformation du glissement de terrain. 107

Fig.IV.23. Implantation du profil EE et des repères topographiques. 108

Fig.IV.24. Évolution de l'allure du versant instable (profil EE) entre 1960 et 2010 montrant les principaux glissements reconnus par sondage et par l'évolution morphologique de la pente entre

1960 (trait bleu) et 2010 (trait noir, les points rouges représentent les repères topographiques). Voir localisation du profil EE figure IV.23. 110

Chapitre V : Cartographie et gestion du potentiel de risque et de l'aléa dus au glissement de terrain d'Ain El Hammam

Fig.V.1. Photos montrant l'ampleur des signes du mouvement en zone rouge. 113

Fig. V.2. Photos montrant l'ampleur des signes du mouvement en zone jaune. 114

Fig. V.3. La cartographie de l'ampleur des signes d'instabilité. 114

Fig. V.4. Photos montrant la vitesse d'évolution du mouvement en zone rouge. 115

Fig. V.5. Cartographie des classes de la vitesse du glissement de terrain d'Ain El Hammam. 116

Fig. V.6. Cartographie des classes de la structure du mouvement d'Ain El Hammam. 117

Fig. V.7. Photo montrant l'absence des réseaux hydrographiques au niveau du Boulevard Amirouche. 118

Fig. V.8. Cartographie des classes de l'hydrologie dans la ville d'Ain El Hammam. 119

Fig. V. 9. Photo montrant le sens d'orientation du pendage dans la colline instable d'Ain El Hammam. 120

Fig.V. 10. Cartographie des classes du pendage dans la ville d'Ain El Hammam. 120

Fig.V. 11. La combinaison des facteurs du modèle d'évaluation du risque sous MapInfo. 123

Fig.V.12. La carte du potentiel de risque d'une rupture brusque. 124

Fig.V.13. Image aérienne de la crête du versant d'Ain El Hammam. 125

Fig.V.14. Cartographie des classes de l'urbanisation du site étudié. 126

Fig. V. 15. Image de la superposition des couches de dessin qui correspondent au potentiel de risque et à la densité de l'urbanisation. 129

Fig.V. 16. Carte de l'aléa dû au glissement de terrain de la région d'Ain El Hammam. 130

Fig.V. 17. Carte des niveaux d'aléa en zone rouge (aléa très fort). 132

Chapitre VI : Modélisation numérique de la rupture progressive du versant instable d'Ain El Hammam

Fig.VI.1. implantation du profil lithologique utilisé pour la modélisation numérique du versant d'Ain El Hammam. 138

Fig.VI.2. Le profil lithologique du versant instable d'Ain El Hammam (voir l'implantation du profil A-A sur la figure VI.1)..................138

Fig.VI.3. Schéma de Mohr (1900) pour la détermination graphique d'une enveloppe linéaire de la rupture incluant la compression uniaxiale, le cisaillement pur et la traction uniaxiale *(PENG HE, 2006)*..................139

Fig.VI.4. Le cercle de Mohr sur le plan (τ-σ) *(manuel plaxis material)*..................140

Fig.VI.5. Le maillage du modèle du versant d'Ain El Hammam..................142

Fig. VI.6. Les conditions aux limites en déplacement..................143

Fig.VI.7. Position de la nappe dans le modèle d'éléments finis..................144

Fig.VI.8. Champs des pressions interstitielles dans le versant..................144

Fig.VI.9. Les champs des contraintes effectives..................145

Fig.VI.10. évolution du coefficient de sécurité..................146

Fig.VI.11. Vue du maillage déformé du modèle de calcul..................147

Fig.VI.12. Les champs de déplacement horizontaux..................147

Fig.VI.13. Les champs des déplacements verticaux..................148

Fig.VI.14. Quelques photos qui montrent la morphologie du versant après la rupture de 2009..................149

Fig.VI.15. Présentation du profil de terrain et des conditions hydriques pour la rupture brusque..................150

Fig.VI.16. Vue du maillage déformé du calcul de la rupture brusque du versant d'Ain El Hammam..................150

Fig.VI.17. Les champs des déplacements horizontaux pour la rupture brusque..................151

Fig.VI.18. Les champs des déplacements verticaux pour la rupture brusque..................151

Fig.VI.19. Figure des plans de rupture observés pour la rupture brusque..................152

Fig.VI.20. L'évolution du coefficient de sécurité pour la rupture brusque..................152

Fig.VI.21. Vue du résultat de la phase 2 (aucun calcul n'est réalisé)..................155

Fig.VI.22. Évolution du coefficient de sécurité du versant d'Ain El Hammam..................155

Fig.VI.23. Maillage déformé de la phase 1..................156

Fig.VI.24. Maillage déformé de la phase 3..................157

Fig.VI.25. Maillage déformé de la phase 5..................157

Fig.VI.26. les champs de déplacement horizontaux (U_x) de la phase 1 158

Fig.VI.27. les champs de déplacement verticaux (U_y) de la phase 1. 158

Fig.VI.28. les champs de déplacement horizontaux (U_x) de la phase 3 159

Fig.VI.29. les champs de déplacement verticaux (U_y) de la phase 3. 159

Fig.VI.30. les champs de déplacement horizontaux (U_x) de la phase 5. 160

Fig.VI.31. les champs de déplacement verticaux (U_y) de la phase 5. 160

Fig.VI.32. Maillage déformé de la phase 7. 161

Fig.VI.33. Maillage déformé de la phase 9. 162

Fig.VI.34. Maillage déformé de la phase 11. 162

Fig.VI.35. les champs de déplacement horizontaux (U_x) de la phase 7 163

Fig.VI.36. les champs de déplacement verticaux (U_y) de la phase 7. 163

Fig.VI.37. les champs de déplacement horizontaux (U_x) de la phase 9 164

Fig.VI.38. les champs de déplacement verticaux (U_y) de la phase 9. 164

Fig.VI.39. les champs de déplacement horizontaux (U_x) de la phase 11 165

Fig.VI.40. les champs de déplacement verticaux (U_y) de la phase 11. 165

Fig.VI.41. Présentation du réseau de ruptures observées pour le versant d'Ain El Hammam enrupture progressive. 166

Liste des tableaux

Chapitre II : Caractérisation du glissement de terrain d'Ain El Hammam

Tableau II.1 : Valeurs des précipitations mensuelles de la période (1913/1938 après comblement) *(GEOMICA, 2006)*. 48

Tableau II.2 : Valeurs des précipitations mensuelles d'Ain El Hammam (1968/1994) *(GEOMICA, 2006)*. 48

Tableau II.3 : Valeurs des précipitations annuelles après comblement Données (ANRH, 1968/1994) *(GEOMICA, 2006)*. 49

Tableau II.4 : Valeurs des précipitations moyennes mensuelles à la station d'Ain El Hammam période (1997-2006) *(GEOMICA, 2006)*. 50

Tableau II.5 : récapitulatif des températures moyennes annuelles pour la période (1997/2006) *(GEOMICA, 2006)*. 51

Tableau II.6 : Composition minéralogique des deux échantillons de schiste *(KECHIDI Z., 2010)*. 56

Tableau II.7 : Récapitulatif de l'évolution du glissement d'Ain El Hammam entre 1969 et 2010. 60

Chapitre III : Cartographie et suivi du glissement de terrain d'Ain El Hammam

Tableau III.1 : Organisation des données du levé topographique (voir la suite du tableau à l'annexe A). 77

Tableau III.2 : Extrait du tableau des mesures de déplacements. 79

Tableau III.3 : Récapitulatif des mesures inclinométrique du sondage SC02 85

Tableau III.4 : Récapitulatif des mesures piézométrique du sondage SC05...86

Chapitre V : Cartographie et gestion du potentiel de risque et de l'aléa dus au glissement de terrain d'Ain El Hammam

Tableau V.1 : Récapitulatif des classes de risque d'une rupture brusque obtenues pour le site étudié. 124

Tableau V.2 : Les combinaisons possible des paramètres du modèle d'évaluation de l'aléa dû au glissement de terrain. 128

Tableau V.3 : Les classes de l'aléa dû au mouvement de terrain d'Ain El Hammam..........................128

Chapitre VI : Modélisation numérique de la rupture progressive du versant instable d'Ain El Hammam

Tableau VI.1 : Les caractéristiques des matériaux du versant d'Ain El Hammam qui répondent à la loi de Mohr-Coulomb 141

Tableau VI.2 : Les caractéristiques des matériaux du versant d'Ain El Hammam qui répondent à la loi de comportement Jointed Rock 141

INTRODUCTION GÉNÉRALE

Introduction Générale

Les mouvements de terrain constituent l'un des phénomènes considérés souvent comme étant des risques naturels déclenchés et réactivés par la seule force de la nature. Cependant, l'action humaine est souvent prépondérante dans ce type d'aléas et constitue l'un des facteurs déclenchant les plus répondus des instabilités. Une étude approfondie de ce phénomène et de ses causes et conséquences peut contribuer à la réduction des désordres et des risques de pertes en vies humaines.

La complexité des phénomènes d'instabilité et des facteurs conduisant à leur déclenchement, activation et réactivation, l'importance des désordres engendrés ainsi que le retard de l'Algérie dans ce domaine, nous obligent à prendre ces aléas plus au sérieux. Il est nécessaire d'effectuer une étude approfondie et une recherche permettant l'évaluation de la stabilité des pentes pour les cas les plus complexes notamment les glissements majeurs qui affectent les versants fortement urbanisés du Nord Algérien. Pour ce faire, nous avons choisi d'étudier le glissement de terrain spectaculaire qui affecte la ville d'Ain El Hammam (une ville située à 50 km au Sud-Est du chef-lieu de la wilaya de Tizi-Ouzou). Il s'agit d'un mouvement de terrain d'une grande ampleur (caractérisé par des périodes de calme et de réactivation) localisé dans une pente raide et fortement urbanisée, déclenché généralement par des incidents climatiques exceptionnels. Des conditions actives et passives ont contribué conjointement à l'amorce et à la réactivation de ce glissement très actif qui ne cesse d'engendrer des désordres et des coûts de plus en plus importants. Pour mieux analyser cette instabilité, nous allons tenter d'apporter des éléments de réponse principalement aux questions liées à notre étude : Quelle est l'étendue de ce mouvement ? Quelles sont les causes de l'instabilité ? Quels sont les facteurs déclenchant ? Le versant, est-il stable actuellement ? Le sera-t-il dans le futur ? La déformation progressive du versant influe-t-elle sa dynamique d'évolution ? Peut-elle conduire à une modification de sa cinématique ou à sa stabilisation ?...

Cette instabilité est complexe car il ne s'agit pas de problème d'étude de la stabilité ordinaire mais d'un phénomène de déformation et de rupture progressives du versant. En effet, pour ce cas les problématiques posées sont les suivantes :

- La prévision de l'évolution du mouvement et du risque d'une rupture brusque du versant instable.
- La définition des différents mécanismes de déformation du versant et leurs effets sur les ouvrages construits.
- L'effet des différents facteurs sur la dynamique du mouvement.
- L'effet du confortement ou d'un éventuel système de drainage sur la stabilité du versant.

Cependant, les techniques classiques d'évaluation de la stabilité des pentes naturelles instables présentent le défaut de ne pas permettre la détermination des déformations du versant au cours du temps et ne prennent pas en considération la variation de la géométrie du versant induite par le mouvement (elles ne permettent pas l'étude de la rupture progressive du versant). De nouvelles techniques de modélisation numérique doivent être adoptées pour l'analyse du comportement des versants instables de grande ampleur.

Le glissement de terrain qui affecte la ville d'Ain El Hammam est caractérisé par une structure très complexe. Il résulte de l'emboitement et de la superposition de plusieurs surfaces de rupture formant une surface de glissement globale (qui se traduit en surface par plusieurs mécanismes de déformation). L'urbanisation anarchique et intense de la tête du versant rend la gestion de la sécurité très difficile. Un système d'information géographique doit être élaboré pour ce problème afin de permettre la détermination des mécanismes de déformation de la pente instable ainsi que l'effet de cette déformation lente et progressive sur la cinématique du mouvement. Les études réalisées précédemment pour ce glissement (effectuées dans le cadre du mémoire Master) démontrent l'effet important des facteurs hydriques (notamment les facteurs climatiques) sur la cinématique de ce glissement de terrain. Cet effet a été perçu particulièrement après l'obturation du système de drainage initial par les travaux d'urbanisation anarchiques et mal étudiés. L'étude sera accentuée sur l'analyse de l'effet des différentes actions hydriques sur la stabilité du versant, sur la cinématique du mouvement ainsi que leur contribution à la dégradation du coefficient de sécurité. Par ailleurs, les techniques classiques d'analyse de la stabilité des pentes ne permettent pas une bonne corrélation et analyse de ces phénomènes, d'où la nécessité d'utiliser la méthode des éléments finis. De plus, l'évaluation et la cartographie du risque et de l'aléa induits par ce mouvement de terrain est nécessaire pour une meilleure gestion de la sécurité de cette ville.

Afin de permettre une bonne analyse du comportement du versant d'Ain El Hammam, la thèse a été répartie en six chapitres :

Le premier chapitre : Méthodes de prévision et d'évaluation de la stabilité des versants naturels

Il s'agit d'une étude bibliographique sur les différentes techniques et méthodes d'analyse et d'évaluation de la stabilité des pentes. Plusieurs méthodes d'analyse et d'évaluation de la stabilité ont été reportées dans la littérature. L'étude de la stabilité d'un versant naturel nécessite l'utilisation de plusieurs types de méthodes :

- Les méthodes préliminaires pour l'évaluation du potentiel de risque de mouvement de terrain (méthode de Nguyen (1985), Evrard (1987), …) ;
- Les méthodes classiques de calcul à la rupture. Il s'agit de méthodes où le calcul est limité sur une surface de rupture réelle ou potentielle. Deux types de méthodes sont distingués : les méthodes des blocs et les méthodes des tranches ;
- Les méthodes d'analyse de la rupture des versant par modélisation numérique (les méthodes des éléments finis, les méthodes des différences finis, etc) ;
- Les méthodes de prévision de l'évolution du mouvement d'un versant. Ces techniques sont utilisées pour l'étude des mouvements de versants de grande ampleur pour lesquels les méthodes classiques sont mal adaptées.

Le deuxième chapitre : Caractérisation du glissement de terrain d'Ain El Hammam

Ce chapitre est consacré à la caractérisation du glissement de terrain d'Ain El Hammam. Afin de bien caractériser ce problème, une récolte des documents relatifs aux différents travaux réalisés dans la région depuis 1969 a été effectuée. Le glissement de terrain et ses principaux caractères sont mis en revue. Les conditions majeures qui ont conduit à l'activation du mouvement ainsi que les causes de son activité sont étudiées en détail dans ce chapitre. Les résultats des différentes investigations réalisées sont également donnés pour permettre l'analyse de l'historique de l'évolution du mouvement.

Le troisième chapitre : Cartographie et suivi du glissement de terrain d'Ain El Hammam

La cartographie constitue un moyen efficace pour l'étude des phénomènes gravitaires. Elle permet de géo-référencier les données disponibles et facilite leur traitement spatial. Le versant affecté par le mouvement de terrain à Ain El Hammam est cartographié à l'aide du logiciel MapInfo. Un système d'information géographique est également réalisé pour ce versant afin de permettre une meilleure gestion de ce glissement de terrain. Par ailleurs, plusieurs documents cartographiques sont établis pour le site étudié.

Le quatrième chapitre : Description morphologique et hydro-climatique du glissement de terrain d'Ain El Hammam

Ce chapitre est consacré à l'analyse de l'influence de l'hydro-climatologie de la région d'Ain El Hammam sur l'activité du mouvement de terrain du centre-ville. Une description géomorphologique du mouvement est également réalisée pour ce glissement de terrain. Les études réalisées ont permis la détermination :

- Des limites de la surface affectée par le mouvement de terrain ;
- Des mécanismes de déformation du versant ;
- Du profil lithologique du versant ;
- De la structure et de la morphologie du glissement.

Le cinquième chapitre : Cartographie et gestion du potentiel de risque et de l'aléa dus au glissement de terrain d'Ain El Hammam

La gestion de la sécurité dans la ville d'Ain El Hammam constitue une problématique majeure en Algérie. Le travail proposé dans ce chapitre n'est qu'une simple contribution à la gestion du risque et de l'aléa dus à ce mouvement de terrain. Une méthode d'évaluation ainsi qu'une cartographie du risque et de l'aléa sont proposées pour ce site. Une démarche permettant la gestion de la sécurité des habitants est ensuite proposée.

Le sixième chapitre : Modélisation numérique de la rupture progressive du versant instable d'Ain El Hammam

Le mouvement de terrain d'Ain El Hammam est très complexe. L'analyse de son comportement nécessite d'effectuer une modélisation numérique par éléments finis du versant instable. Le logiciel PLAXIS 2D a été choisi pour analyser ce glissement de terrain. Par ailleurs, le glissement d'Ain El Hammam est caractérisé par une rupture lente et progressive. La rupture progressive du versant est modélisée à l'aide d'une simulation numérique multiphasée. Les différentes phases du calcul ont permis d'analyser l'évolution du mouvement de terrain et la propagation de la rupture.

CHAPITRE I

MÉTHODES DE PRÉVISION ET D'ÉVALUATION DE LA STABILITÉ DES VERSANTS NATURELS.

La surveillance des pentes naturelles instables est nécessaire en particulier quand les enjeux de cette instabilité sont très importants (des biens et des personnes sont exposés). En effet, plusieurs versants naturels instables sont surveillés depuis très longtemps tel que le glissement de terrain de la CLAPIERE en France qui est surveillé depuis 1980. Les modèles numériques de prévision de l'évolution du mouvement de ces pentes sont basés essentiellement sur les données fournies par cette surveillance. En outre, ces données sont nécessaires à l'étude et à la définition des modèles de comportement de la pente instable et des différents mécanismes de déformation liés à ce mouvement.

Plusieurs méthodes de prévision du mouvement des pentes instables ont été élaborées par différents auteurs afin de prévoir et d'analyser certaines pentes instables. Ces dernières s'appuient sur l'interprétation et l'analyse des séries chronologiques en cherchant les relations existantes entre la cinématique du mouvement, les mécanismes de déformation et la variation des différents facteurs influant. Certaines méthodes seront abordées et étudiées dans ce chapitre.

I.1. Quelques définitions

Le terme « surveillance » est souvent pris au sens large et recouvre différentes notions. Celles-ci diffèrent par leurs objectifs et leurs implications (tels que l'observation, le suivi, l'auscultation, la surveillance, la détection…). Afin d'éviter toutes ambiguïtés et confusions, ces différents concepts seront définis en détail.

I.1.1. L'auscultation

L'auscultation représente l'ensemble des investigations, des méthodes et des moyens mis en œuvre sur un site visant à étudier et caractériser le phénomène et les mécanismes mis en jeu *(INTERREG IIIA, 2006)*. L'objectif principal de cette investigation est l'étude phénoménologique du mouvement. Les moyens mis en œuvre doivent être adaptés à la recherche des données nécessaires à la définition et à l'analyse des mécanismes de déformation du site. L'exploitation (traitement) des données récupérées est faite à temps différé.

I.1.2. L'observation

La mise en observation constitue souvent une étape préparatoire permettant de confirmer l'instabilité des versants étudiés ou l'intensité du risque à prendre en considération. Elle repose sur la définition de témoins s'appuyant sur des indices naturels visibles sur des photographies multi dates ou reconnus sur le site (fissures, affaissements, arbres inclinés ou tordus,…) ou artificiels (pilonnes électriques inclinés, suivi topo-métrique de repères implantés dans le site instable,…) permettant la mise en évidence de l'évolution, de l'activité et de la cinématique du mouvement au cours du temps.

I.1.3. Le suivi

Il s'agit d'un examen périodique du site avec recueil de données quantitatives et qualitatives caractérisant son évolution. Les témoins ou les variables d'évolution peuvent être de même nature que pour la mise en observation ; cependant, les moyens mis en œuvre sont à la fois plus importants, plus complexes et mieux ciblés car la situation de risque confirmée justifie une prise en compte effective. Techniquement, les méthodes et les moyens mis en œuvre peuvent être proches de ceux correspondant à la surveillance. Ils en diffèrent essentiellement par l'absence de contrainte directe de gestion de la sécurité. Cette technique impose une fréquence de mesure régulière et une exploitation régulière des informations permettant d'actualiser la situation du site dans les délais compatibles *(INTERREG IIIA, 2006)*.

I.1.4. La surveillance

La surveillance consiste à recueillir, exploiter et interpréter périodiquement des données quantitatives et qualitatives caractérisant l'état d'un site ou son évolution (évolution des fissures, les déplacements en surface, les déplacements en profondeur, les types de désordres dans les ouvrages, …), ayant comme objectif la gestion de la sécurité *(INTERREG IIA, 2006 ; DURANTHON J-P., 2000)*. Vue l'importance du facteur temps dans la gestion de ces mouvements et tenant compte de l'évolution du mouvement (évolution vers la stabilité ou vers des mouvements accélérés), de l'étendu et l'importance du mouvement ainsi que de ses enjeux, des caractéristiques du site et du degré de sécurité recherché, plusieurs types de surveillance peuvent être définis (surveillance périodique pour des mouvements évoluant lentement, surveillance permanente discontinue, surveillance continue, surveillance à temps réel).

La surveillance doit prendre en compte les alertes techniques (elles concernent l'état de fonctionnement du dispositif de surveillance) et les alertes opérationnelles (correspondant à un ou plusieurs dépassements de seuils fixés pour les variables de surveillance).

I.1.5. La détection

Il s'agit d'un recueil et traitement des variables liées à l'aléa étudié (déplacements, ouverture des fissures, pluviométrie, affaissements,…) caractérisant un état de risque. L'objectif principal de cette technique est la reconnaissance immédiate d'une situation typique à un danger particulier (dépassement d'un seuil critique) pris en compte dans un système d'alerte permettant ainsi l'activation de l'alerte et du plan d'action définis pour cet état de risque.

I.2. Techniques d'évaluation et de surveillance de l'évolution du mouvement des versants naturels

Plusieurs procédés permettant la quantification et l'évaluation de l'évolution des différents facteurs liés aux mouvements de terrain et/ou des facteurs déclenchant au cours du temps ont été élaborés. Le choix des variables et des appareils de surveillance dépend de nombreux facteurs : l'étendue du mouvement, l'état de risque, le type du mouvement, les contraintes liées au site étudié,…). Actuellement, plusieurs méthodes et instruments permettant l'évaluation de l'évolution des différents paramètres du mouvement sont mis au point :

I.2.1. Émissions acoustiques

Il s'agit d'une méthode basée sur la détection en temps réel des émissions acoustiques générées par des mouvements de terrain. Elle consiste à disposer sur le site des capteurs appropriés (accéléromètres, géophones, hydrophones) permettant de capter et de reconnaitre les signaux indiquant la mobilisation ou l'amorce d'un mouvement de terrain ou des fractures à l'intérieur du terrain et des amas de roches ainsi que les processus de déformation du sol ou de la roche. Les mesures sont acquises en positionnant un seuil de sensibilité, quand celui-ci est franchi, le système se met en marche et mémorise les données concernant l'événement *(INTERREG IIIA, 2006))*.

I.2.2. Extensométrie

Il s'agit d'un ensemble de techniques de mesure et d'analyse de l'ampleur des déformations des structures géologiques ou artificielles. Toutes les mesures (déformations superficielles ou profondes) sont basées sur l'évaluation de la position d'un point à considérer par rapport à un point stable (ou au moins connu) pris comme repère de référence ; le déplacement du point au cours du temps est déduit des variations de sa position par rapport au repère de référence, ces mesures permettent ainsi d'avoir des indications sur l'état de stabilité du versant surveillé. Cependant, il est conseillé d'effectuer des levés topographiques afin de vérifier si le point de référence n'est pas affecté par un mouvement de terrain (pouvant fausser tous les résultats). On distingue deux grands groupes d'instruments : instruments utilisés dans la mesure des déformations superficielles (tels que l'extensomètre à fil, le fissuromètre, le déformètre, le distomètre,...) et instruments utilisés dans la mesure des déformations profondes (tels que l'extensomètre de forage, le tassomètre, l'extensomètre incrémental,...).

I.2.3. Géodésie

C'est une science qui étudie la conformation et les dimensions du globe terrestre ainsi que la représentation géographique, raison pour laquelle ces techniques sont sensiblement liées aux méthodes topographiques. Ce procédé est utilisé dans les glissements de terrain afin de permettre l'analyse et la surveillance des déformations superficielles. Deux types de techniques peuvent être utilisés pour l'évaluation de ces déformations :

Les techniques géodésiques terrestres : basées sur la mesure de distances et d'angles au moyen de systèmes optiques ou électromagnétiques.

Les techniques géodésiques spatiales ou satellitaires : elles exploitent le système NAVSTAR-GPS ; ces techniques se basent sur la mesure de trois distances du point par rapport au moins à quatre satellites dont les coordonnées sont connues. La limite principale de ce procédé est la nécessité de la présence simultanée de quatre satellites couvrant la zone étudiée.

I.2.4. Inclinométrie

Cette technique permet la mesure et l'analyse de la rotation de la verticale profonde et superficielle des structures géologiques ou artificielles. Elle consiste à mesurer la distribution des déplacements horizontaux avec la profondeur dans le sol, en mesurant à l'aide d'un inclinomètre les rotations de la verticale d'un tube solidaire avec le sol et/ou les rotations de la verticalité des structures (à l'aide de clinomètres, pendules,...). Cependant, l'augmentation de la fiabilité des résultats est proportionnelle à la réduction des périodes de temps écoulées entre deux mesures successives. En effet, les résultats obtenus permettent l'évaluation des types de déplacements et le calcul des vitesses moyennes ainsi que la profondeur du mouvement permettant ainsi une meilleure analyse et corrélation du glissement étudié.

I.2.5. Interférométrie

La méthode « interférométrie radar » est une technique d'auscultation qui permet la mesure des déplacements superficiels. L'application de cette technique à l'étude de la stabilité des pentes s'est développée à travers les systèmes SAR (*Synthetic Aperture Radar*). Elle est basée sur la comparaison de deux images radar d'un même site prisent depuis des angles de vue différents ; ce procédé permet de reconstituer la topographie du site à des instants différents mais de la même position ainsi que la mesure des déplacements éventuels qui se produisent dans l'intervalle de temps écoulé entre les deux acquisitions.

I.2.6. Laser

Le principe fondamental sur lequel se base cette méthode est le calcul du temps de vol (*time-of-flight*) d'une impulsion laser générée par un émetteur réfléchi par la surface frappée et captée par le récepteur installé à bord de l'instrument (le temps de vol est l'intervalle de temps qui s'écoule entre le temps d'émission et celui de retour) *(INTERREG IIIA, 2006)*. Cette technique permet la détermination de la distance entre la station et le point relevé. Ce procédé permet de relever deux types de mesures : Les mesures ponctuelles effectuées avec des distancemètres laser et les balayages de surfaces effectués au moyen de scanner laser (*terrestrial laser scanning ou TSL*). Avec le deuxième type il est possible d'effectuer un mappage des variations morphologiques du site par rapport à une lecture de référence ainsi que la reconstitution tridimensionnelle de la surface, permettant ainsi d'évaluer avec une continuité spatiale l'ampleur et la distribution spatiale des déplacements dans les trois directions X, Y et Z.

I.2.7. Météorologie

La météorologie est une science qui étudie l'atmosphère et les phénomènes qui lui sont liés. Cette science s'applique dans la surveillance des pentes instables afin de permettre une corrélation entre la dynamique du mouvement et les facteurs déclenchant ou influant cette instabilité tels que : les hauteurs de précipitation aqueuses et neigeuses, températures, humidité, vitesse et direction du vent. Les variations de ces paramètres au cours du temps sont détectées et déterminées à l'aide d'instruments spéciaux qui sont par rapport aux grandeurs qui viennent d'être citées (pluviomètre et nivomètre, thermomètre, anémomètre, et détecteur de la direction du vent).

I.2.8. Photogrammétrie

Il s'agit d'une méthode de mesure de l'altimétrie et de la planimétrie d'un site à l'aide de prises de vues photographiques. Cette technique interagit profondément avec les techniques topographiques, car elle permet d'aboutir à effectuer des représentations graphiques du terrain en se basant sur des photographies prises du sol et/ou d'avion. Cette technique appliquée à l'étude et à la surveillance des pentes instables permet de mesurer les déformations et les déplacements superficiels du versant ainsi que la cartographie de l'évolution morphologique du site. Cette méthode permet donc d'évaluer avec continuité spatiale l'ampleur des déformations superficielles, leur étendue et leur distribution aréolaire. Selon l'emplacement de la station où est posé l'appareil photographique, deux types de photogrammétrie peuvent être distinguées : photogrammétrie terrestre et photogrammétrie aérienne.

I.2.9. Piézométrie

La piézométrie regroupe l'ensemble des techniques de surveillance utilisées pour la mesure et l'analyse de l'évolution et des fluctuations de la surface piézométrique dans le sous-sol et/ou des pressions dans les instruments liés directement aux variations du volume d'eau dans l'épaisseur du sol étudié. En outre, un relevé périodique de la variation des surfaces piézométriques permet d'effectuer une corrélation entre l'évolution de la surface piézométrique dans le sous-sol et la variation des facteurs météorologiques, permettant ainsi une meilleure analyse de l'instabilité.

I.2.10. Pressiométrie

La méthode est basée sur la mesure des pressions totales exercées par le terrain ou des forces transmises par le terrain à une structure générique. Dans les problèmes de stabilité des pentes, l'enregistrement des pressions totales s'effectue à l'aide d'instruments particuliers appelés cellules de pression, installés directement dans le sol, tandis que l'enregistrement des forces a lieu généralement en installant sur les ouvrages de soutènement des cellules de force qui permettent notamment de mesurer la tension des tirants *(INTERREG IIIA, 2006)*.

I.2.11. Radar (Radio Detection and Ranging)

Les radars sont des dispositifs qui fonctionnent par rayonnement d'énergie électromagnétique et analyse de l'énergie rétrodiffusée. Tout objet ou cible interfère avec l'onde émise et réfléchit une part de cette énergie. L'analyse comparative des signaux émis et rétrodiffusés permet d'extraire les informations en liaison avec la distance radar-cible et les propriétés de rétrodiffusion de la cible et son mouvement radial. La longueur d'onde et la taille de l'antenne déterminent la résolution des radars imageurs. Les propriétés de rétrodiffusion des surfaces naturelles, notamment la contribution du couvert végétal et la pénétration des ondes dans le sol sont principalement régies par la longueur d'onde *(INTERREG IIIA, 2006)*.

I.2.12. Réflectométrie

Cette technique a été développée à l'origine pour relever les interruptions et les défauts le long des lignes de communication ou de transmission des signaux électriques. Dans le domaine de la géotechnique, cette méthode de mesure trouve depuis quelques années un emploi dans la surveillance des glissements de terrain. Elle est basée sur le principe de fonctionnement du système TDR *(time domaine reflectometry)*, qui fait qu'il est réfléchi, si une impulsion électrique est transmise à l'intérieur d'un câble, quand celui-ci rencontre une rupture ou déformation du câble. L'analyse de la polarité, de l'ampleur et de la fréquence de l'impulsion réfléchie permet de localiser la position de la discontinuité avec une précision élevée *(INTERREG IIIA, 2006)*.

I.2.13. Topographie

La topographie est la science qui permet de produire une représentation graphique du territoire. Ce procédé facilite la détermination des déplacements superficiels du terrain ; en effet, les mesures sont effectuées depuis le terrain naturel et permettent d'avoir des indications sur l'existence de mouvement de terrain dans le sous-sol. Les mesures effectuées sont basées sur la mesure de la position relative du point considéré par rapport à un point de référence stable ou au moins de coordonnées connues. Le déplacement au cours du temps du versant (des points surveillés) est déduit alors des variations de sa position par rapport au repère considéré fixe. Actuellement plusieurs appareils permettent la réalisation d'un suivi topographique :

-Les appareils manuels classiques : niveaux, théodolites, stations complètes.

-Les appareils automatisés : théodolites motorisés, système RMS, GPS, ...

En outre, pour le suivi des phénomènes d'instabilité de sites naturels tels que les grands versants, la méthode GPS élargit les possibilités techniques des techniques traditionnelles de topographie *(DURANTHON J-P., 2000).*

I.2.14. Vidéogrammétrie

Cette technique repose sur les mêmes principes que la photogrammétrie, l'appareil photographique étant remplacé par une caméra numérique permet d'extraire des informations de types 2D ou 3D correspondant à des déplacements superficiels du terrain instable à partir des images acquises (les cibles peuvent être naturelles ou artificielles). Les coordonnées 3D des points sont calculées par triangularisation après enregistrement des données. Cependant, les observations optiques subissent des perturbations liées à l'agitation thermique des couches d'air traversées, seule une répétition des mesures et un traitement statistique des résultats peuvent réduire les effets des perturbateurs. La surveillance et l'acquisition des données peuvent être réalisées en temps réel ou en temps différé.

Certaines des méthodes citées dans ce paragraphe sont utilisées pour le suivi du mouvement de terrain d'Ain El Hammam traité dans cette thèse. Il s'agit de la piézométrie, de l'inclinométrie et de la topographie.

I.3. Évaluation de la stabilité des versants

I.3.1. Méthodologie générale pour l'évaluation du risque

L'évaluation du risque comporte plusieurs étapes :

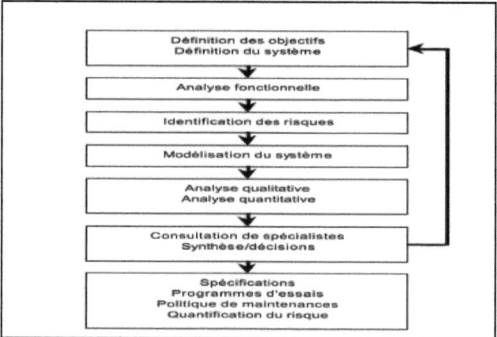

Fig. I.1. Procédure générale pour l'analyse du risque *(EL-SHAYEB Y., 1999)*.

- Dans un premier temps, les objectifs recherchés doivent être clairement et soigneusement définis ; cette étape est fondamentale car elle permet de déterminer directement la suite des opérations. Les objectifs peuvent varier selon : le type des paramètres à évaluer, le type du système à étudier et l'étape de la conception (préliminaire, détaillée...) ainsi que le niveau de détail désiré. Par ailleurs, le système étudié doit être clairement délimité (procédure d'installation, mise en route et exploitation, les procédures et moyens d'intervention en cas d'accidents et l'environnement du système) ; cette délimitation dépend principalement de la nature de l'étude à réaliser *(LEROY, 1992)*.
- On procède ensuite à l'analyse fonctionnelle du système. Cette étape peut être réduite à l'analyse des différentes fonctions présentes, voir même à un découpage simple dans le cas de systèmes simples. Cependant, la mise en œuvre de méthodes très rigoureuses s'avère nécessaire dans le cas de systèmes complexes *(EL-SHAYEB Y., 1999)*.
- L'étape suivante consiste à identifier les risques potentiels présents dans le système du point de vue des objectifs fixés. Les méthodes d'identification du risque les plus utilisées sont de nature inductives ; elles consistent à définir l'état du risque ou les effets probables à partir des causes de ce phénomène (partir des causes pour remonter aux effets probables). Ces techniques permettent de mettre en évidence et d'hiérarchiser les risques *(LEROY, 1992)*. Cette technique peut suffire pour la réalisation des études pour des systèmes ne présentant pas de redondance. Cependant, l'application de ces méthodes pour des systèmes complexes présentant une forte redondance s'avère non compatible ; il est donc généralement nécessaire de procéder à une modélisation plus avancée.
- La modélisation d'un système fait appel à plusieurs méthodes différentes ; la technique appropriée au cas étudié sera choisie selon la nature du problème traité (système statique dépendant peu ou pas du temps, système dynamique dépendant du temps ou système pour lequel

le comportement est difficile à mesurer : dans ce cas les modèles les plus appropriés sont souvent basés sur la logique floue).
- Système statique : la technique la plus utilisée dans ce cas est celle des arbres de défaillance. Cette méthode, à l'inverse des méthodes précédentes, procède d'une démarche déductive (rechercher les causes des effets redoutés).
- Système dynamique : ce comportement ne peut pas être pris en compte correctement par les arbres de défaillance, on fait alors appel à des méthodes basées sur les processus stochastiques ou d'autres méthodes non-statistiques telle que la logique floue. En effet, si on suit l'évolution d'un système dynamique au cours du temps, on le voit sauter d'états en états au bout de durées aléatoires ; un tel comportement est alors dit « stochastique » ou « aléatoire » *(EL-SHAYEB Y., 1999).*

• Le modèle choisi doit être réalisé conformément au cas étudié. Ce modèle doit permettre la réalisation d'une analyse quantitative et/ou qualitative du phénomène (selon le type de méthode choisi). Plus le modèle est conforme à la réalité, plus les résultats obtenus sont valables. La difficulté principale de ces méthodes consiste au fait que les données nécessaires sont souvent mal connues, entachées de grandes imprécisions ou même parfois totalement inconnues. Par ailleurs, ces estimations (probabilistes ou non probabilistes) peuvent être plus intéressantes si elles sont considérées relativement les unes par rapport aux autres. Cela permet ainsi la comparaison des diverses solution, l'hiérarchisation des problèmes ou la mise en évidence de la sensibilité des résultats ou des effets recherchés à la variation de certains paramètres.

I.3.2. Méthodes d'évaluation des risques d'instabilités des versants

Les travaux de recherche qui visent à évaluer les risques d'instabilité des ouvrages s'appuient le plus souvent soit sur des méthodes analytiques relativement simples à utiliser, soit sur des méthodes de modélisation numérique plus délicates à employer et aux objectifs plus ciblés *(EL-SHAYEB Y., 1999).* Dans ce paragraphe, seront présentées les différentes méthodes d'évaluation du risque d'instabilité des terrains, leur principe, les calculs qu'elles mettent en œuvre ainsi que les problèmes qu'elles posent dans la pratique.

I.3.2.1. Ellenberger (1981)

Il propose une méthode moins classique basée sur les systèmes d'information géographique. L'auteur défini une méthodologie de prédiction du risque d'instabilité des falaises par l'utilisation d'une méthode cartographique appelée « *Overlay technique* » (technique de superposition). Il utilise des paramètres concernant la géologie ou la morphologie. Cette étude montre que l'utilisation d'un système d'information géographique peut être utile dans le cas où l'on disposerait de données statistiques et géographiques du site.

I.3.2.2. Kawakami et al (1984)

Les auteurs tentent de dresser une cartographie des risques de mouvements de terrain en évaluant des paramètres quantitatifs et/ou qualitatifs tels que : la densité des vallées dans une zone, la hauteur de talus ou de falaises, la pente, la formation et la structure géologiques du site. Le poids de chacun des paramètres utilisés est évalué par des experts pour chaque site étudié. Une fonction analytique reliant les paramètres permet ensuite de donner un niveau de risque global à chaque zone ainsi considérée.

I.3.2.3. Nguyen (1985)

L'auteur travaille aussi sur la stabilité des talus mais il propose d'autres paramètres à mesurer ou à observer. Il met en œuvre une méthodologie d'analyse qui s'appuie sur la logique floue. Les paramètres utilisés par cette technique sont : la hauteur de la falaise, sa pente, son état hydrologique, sa géologie, etc. Dans ce cas aussi les pondérations sont données par des jugements des experts. Un indice final est alors obtenu ; cet indice indique le risque potentiel que présente le versant ou la falaise considéré.

I.3.2.4. Evrard (1987)

Il propose, dans un article intitulé : « risques liés aux carrières souterraines abandonnées de Normandie », d'évaluer l'aléa dans un site sans désordres décelables en surface ou l'estimation du danger rémanent après effondrement. L'auteur montre l'intérêt d'un document cartographique de synthèse rassemblant tous les indices pertinents. Le but de son travail est d'envisager la mise en œuvre de diverses méthodes de repérage des vides ou la réalisation d'étude de stabilité. Son travail est principalement basé sur la détermination et la localisation des vides souterrains. Il discute aussi les causes possibles des effondrements. Cependant, il ne propose pas de classification des risques et ne mentionne pas les notions de probabilité des événements ou d'aggravation des conséquences de l'aléa. L'étude porte en fait sur la cartographie de la sensibilité à l'instabilité non pas sur une cartographie du risque d'un phénomène naturel *(Y. EL-SHAYEB, 1999)*.

I.3.2.5. Hudson et al (1992)

Ces auteurs proposent une méthodologie générale d'évaluation des paramètres ; la technique est basée sur la notion de système. Cette méthodologie appelée « Rock Engineering system » analyse les paramètres d'un système rocheux par l'évaluation des interactions entre ses paramètres. Ces interactions sont définies par le biais d'une matrice d'interactions à partir de laquelle on tire une équation de pondération des paramètres qui donne un indice global du système. Cette méthode a été appliquée dans plusieurs domaines de la mécanique des roches. Nathanail et al (1992) présentent une application de la méthodologie de Hudson à l'étude de la stabilité des falaises dans un massif hétérogène. Ils définissent grâce à cette méthode une équation globale pour l'évaluation du risque d'instabilité en utilisant des paramètres définis par des experts sur le site.

I.3.2.6. Fares et al (1994)

Ils ont travaillé sur l'évaluation des risques naturels liés aux mouvements de terrain dans une région située au Nord du Maroc. La méthodologie employée est basée sur le traitement mathématique des indices relatifs à la topographie, à la lithologie et à la géomorphologie des versants. L'utilisation d'une cartographie de ces trois facteurs permet de délimiter le cadre propice au déclenchement des mouvements de terrain. Pour chaque zone du terrain, la méthodologie donne un indice qui correspond à une classe (4 classes pour la topographie, 5 classes pour la lithologie et 5 classes pour la géomorphologie). Le traitement mathématique de ces indices (addition) ou bien le traitement probabiliste (à chaque indice est associée une probabilité), donne un indice global de risque qui est ensuite placé dans une des quatre classes de l'instabilité (quatre classes d'aléa) et constitue une cartographie du risque de mouvement de terrain.

I.3.2.7. Tritsch et al (1996)

Ils proposent (dans le cadre d'une étude menée par l'INERIS) de définir l'aléa naturel comme étant le produit du croisement entre la probabilité d'occurrence d'un phénomène et son intensité. La probabilité d'occurrence du phénomène est estimée par le produit du croisement de la sensibilité d'un site vis-à-vis de l'instabilité redoutée et de l'activité du site. Les auteurs ont analysé les différents types d'instabilités rencontrés sur le site des falaises de Pontoise ainsi que leurs caractères spécifiques. Ils ont retenu l'hypothèse que la sensibilité de ce site pouvait être caractérisée par cinq paramètres : le pas de fracture (PF) ou réseau de fracture (LF), l'écartement et la rugosité des joints (ER), l'humidité des fissures (HF), la direction structurale par rapport au front (DIR), et l'inclinaison des fissures par rapport au front (PEN). A partir de ces indices, ils ont ensuite exprimé la sensibilité du site par la formule suivante :

$$S = (4[PF \text{ ou } LF] + 2ER + HF + DIR + 2PEN) \times (10/3) \qquad [I.1]$$

La sensibilité obtenue par la formule est ensuite placée dans une échelle de valeurs à quatre (04) classes (très favorable, favorable, défavorable et très défavorable). Le niveau d'aléa est aussi quantifié et placé dans une échelle de (04) classes (aléa négligeable, aléa faible, aléa moyen et aléa fort). Cependant, ces qualifications et croisements ne sont valables que sur le site étudié.

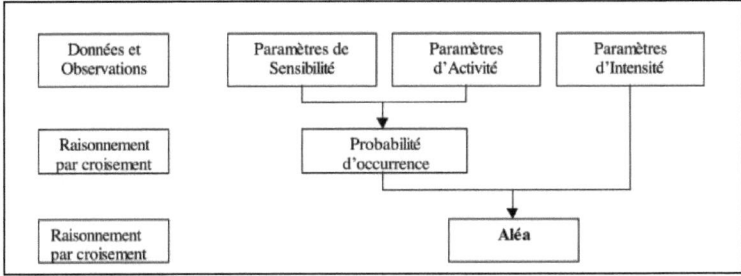

Fig. I.2. L'approche de l'INERIS pour l'évaluation de l'aléa naturel *(Y. EL-SHAYEB, 1999)*.

I.3.2.8. McMillan et al (1997)

Ils ont défini une méthodologie d'analyse multi-phases pour l'analyse du risque d'instabilité des talus d'autoroutes. Cette méthodologie permet de donner un indice de risque dans une première phase et de donner, dans une deuxième phase, un taux de risque d'instabilité à partir d'une étude détaillée du site.

I.3.2.9. Rezig et al (1997)

Ils proposent une méthodologie probabiliste d'évaluation du risque de mouvement de terrain « une approche géostatistique » basée sur l'évaluation cartographique de la géologie, l'état hydrologique, les discontinuités tectoniques, la pente stratigraphique, la végétation et la pente du terrain. Ils utilisent la base de données Trièves du BRGM (qui est une base de données régionale présentant les instabilités dans la région du Trièves avec ses amplitudes). Pour chaque paramètre, Rezig et al proposent l'utilisation des distributions spatiales de chacun des paramètres afin de permettre l'amélioration de l'utilisation de la base de données.

En effet, ces études ne sont pas les seules à traiter la problématique de l'évaluation de l'aléa mouvement de terrain des falaises ou des ouvrages souterrains, mais elles sont les plus remarquables. Nous pouvons aussi relever les travaux de : Ellison (1978), Romana (1991 et 1997), Orr (1992), Young (1993), Budetta et al (1994), Mehrotra et al (1995), etc.

Il se dégage de ce rapide panorama que ces méthodes ont en commun le principe général d'évaluer un aléa ou un risque à partir de quelques observations relativement faciles à déterminer sur le terrain. Cependant, ces techniques ne prennent pas en compte les scénarios et la probabilité que des accidents surviennent. On parle donc d'instabilité potentielle non pas de risque potentiel au sens strict du terme. Par ailleurs, pour le glissement traité dans cette thèse, il est inutile d'évaluer le potentiel de risque d'instabilité car la situation de risque est confirmée.

I.4. Méthodes d'analyse de la stabilité des versants

Plusieurs auteurs ont proposé des méthodes de calcul de la stabilité des terrains plus ou moins efficaces. Un mouvement de terrain présente différentes phases, différents mécanismes de rupture et différents matériaux. Deux aspects de ces différences sont d'ordre géométrique et doivent être connus pour pouvoir être décrits par le programme de calcul (il s'agit de la stratigraphie caractérisant le sous-sol et du régime hydraulique du site). L'étude d'un glissement nécessite donc de savoir si le problème est celui d'un instant donné ou si l'évolution est la clé de l'étude. Les données du problème vont dépendre de ce choix ; si le temps est pris en compte, le volume des données et le temps de leur acquisition vont être très importants. Le choix de la méthode appropriée au cas étudié dépend de plusieurs paramètres : les moyens disponibles, le comportement global de la pente et aussi de la possibilité d'obtenir les paramètres de calcul correspondant au modèle *(FAURE R.M., 2000)*.

I.4.1. Calculs à la rupture

I.4.1.1. Méthodes des blocs

Les méthodes de calcul à la rupture sont des méthodes où l'analyse et le calcul sont locaux, limités sur une ligne ou une surface de rupture, réelle ou potentielle, et s'opposent donc aux méthodes volumiques. Du fait de cette restriction, les hypothèses sont très fortes, mais les paramètres sont moins nombreux et faciles à déterminer. Ces techniques sont basées sur les hypothèses suivantes : le massif en mouvement peut être décomposé en un ensemble de blocs rigides et indéformables qui frottent les uns sur les autres. De plus, le comportement d'interface est souvent défini pour ces méthodes par la loi de Coulomb. Ces techniques sont appropriées quand on peut prévoir correctement la forme de la ligne de rupture. Ces méthodes distinguent une partie potentiellement mobile et un massif fixe ; séparés par une surface de rupture *(FAURE R.M., 2000)*. Plusieurs cas sont étudiés par cette méthode, on peut citer par exemple :

- Rupture plane d'un talus
- Rupture plane d'une pente infinie

En outre, d'autres cas peuvent se présenter telles que les ruptures dans les barrages en terre où la rupture se fait selon deux plans différents ou d'autres cas plus complexes (tel que équilibre de plusieurs blocs).

I.4.1.2. Méthodes des tranches

Le découpage de la masse instable en tranches verticales a permis le développement d'un très grand nombre de méthodes, symbolisées par la méthode Suédoise de Fellenius (1927). Trois hypothèses sont rajoutées par rapport à la méthode des blocs *(FAURE, R.M., 2000)*:

- Les bords des blocs sont devenus verticaux ;
- Le point de passage de la force à la base du bloc (de la tranche) est situé au centre de cette base ;
- Le coefficient de sécurité est unique et ne s'applique qu'à la base des tranches.

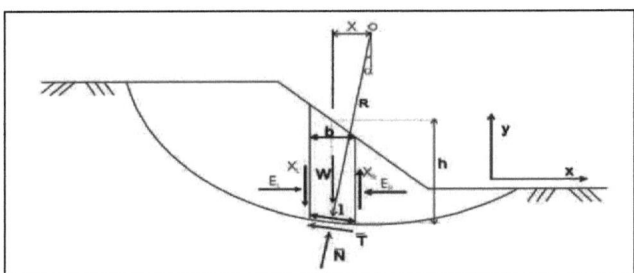

Fig. I.3. Les inconnues d'une méthode des tranches *(MASEKANYA J.P., 2008)*.

1. Méthodes issues de l'analyse de l'équilibre d'une tranche

Le dénombrement des inconnues et des équations du problème permet de comparer facilement les méthodes. Par tranches, il y a les forces situées à droite et à gauche (deux forces et leurs points de passage, soit 6n inconnues), les forces à la base mais centrées (2n inconnues), et le coefficient de sécurité qui est pris constant le long de la courbe de rupture, ce qui fait au total 8n+1 inconnues. Le principe d'action et de réaction entre tranches fournit 3(n-1) équations, l'équilibre de chaque tranche 3n équations ; on a aussi n équations de type Coulomb à la base des tranches et les 6 équations correspondant à des forces nulles aux extrémités du glissement, ce qui fait au total 7n+3 équations. Il manque n-2 équations pour résoudre le système. Le choix de c'est n-2 équations différencie les différentes méthodes.

a. Méthode de Fellenius (1927)

Cette méthode a été proposée par Fellenius en 1927, dans le cas d'un sol purement cohérent elle est basée sur les hypothèses suivantes :
- La méthode suppose une surface de glissement circulaire et divise le talus en tranches ;
- Elle néglige les forces entre les tranches (efforts verticaux et horizontaux).

La méthode de Fellenius vérifie l'équilibre global des moments tout en négligeant les forces entre-tranches. Seuls les efforts de cisaillement le long de la courbe de rupture circulaire sont pris en compte. La résistance au glissement est alors facilement calculable sous l'expression d'un moment avec un bras de levier égal au rayon R, constant. Le coefficient de sécurité est donné par la formule suivante :

$$F = \frac{\sum c'L + (W\cos\alpha - uL)\tan\varphi'}{\sum W\sin\alpha}$$ [I.2]

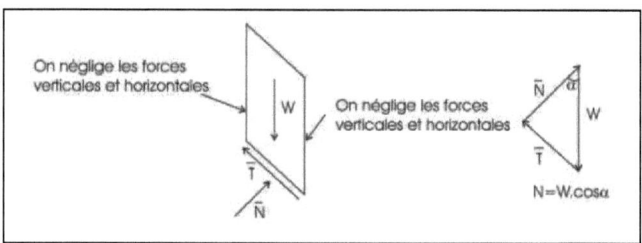

Fig. I.4. Forces appliquées sur une tranche dans la méthode de Fellenius *(MASEKANYA J.P., 2008)*.

b. Méthode de Bishop (1955)

Bishop ne néglige pas les forces horizontales inter-tranches et obtient une formule implicite dont la programmation pose quelques problèmes *(FAURE R.M., 2000)*.
Hypothèses :
- La méthode suppose une surface de glissement circulaire ;
- Elle néglige les forces verticales entre les tranches.

La méthode de Bishop vérifie l'équilibre des moments ainsi que l'équilibre vertical pour chaque tranche, mais elle néglige l'équilibre horizontal des forces. La formule du coefficient de sécurité donnée par Bishop est la suivante :

$$F = \frac{\sum [c'L\cos\alpha + (W - uL\cos\alpha)\tan\varphi']/m_\alpha}{\sum W\sin\alpha}$$ [I.3]

Avec : $m_\alpha = \cos\alpha \left(1 + \tan\alpha \frac{\tan\varphi'}{F}\right)$

Le coefficient de sécurité F se trouve dans les deux membres de l'équation, la résolution de cette formule doit alors passer par des techniques itératives. La valeur du coefficient obtenue avec la méthode de Fellenius est généralement prise comme point de départ de cette itération. Par ailleurs, cette méthode est plus précise que celle de Fellenius. Cependant, quelques anomalies numériques peuvent survenir ; le programmeur doit donc introduire des tests qui maintiennent les valeurs dans des fourchettes admissibles. Pour bien maîtriser la méthode de Bishop et l'adapter au cas étudié, il faut connaitre les tests cachés dans sa programmation *(FAURE R.M., 2000)*.

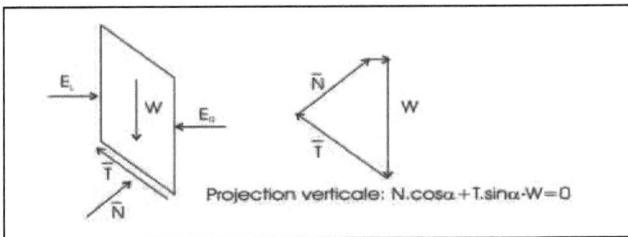

Fig. I.5. Forces appliquées sur une tranche dans la méthode de Bishop *(MASEKANYA J.P., 2008)*.

c. Méthodes simplifiée de Janbu et al. (1956)

Cette méthode repose sur les hypothèses suivantes :
- Elle suppose une surface de glissement quelconque (non circulaire) ;
- Elle suppose que les forces entre les tranches sont horizontales.

Janbu vérifie l'équilibre des forces horizontales et verticales tout en négligeant l'équilibre des moments. Il obtient la formule du coefficient de sécurité suivante :

$$F_f = \frac{\sum[c'L+(N-uL)\tan\varphi']/\cos\alpha}{\sum W\sin\alpha}$$ [I.4]

Le coefficient de sécurité obtenu est par la suite corrigé par un facteur f_0 dépendant de l'allure de la courbe de rupture et des propriétés du sol *(MASEKANYA J.P., 2008)*, le coefficient de sécurité est alors égal à :

$$F'_f = f_0 \cdot F_f$$ [I.5]

d. Méthode de Morgenstern et Pice (1965)

Les hypothèses de cette méthode sont les suivantes :
- Une surface de glissement non circulaire ;
- Les forces entre les tranches sont parallèles entre elles ; afin de rendre le problème déterminé ;
- La force normale N agit au centre de la base de chaque tranche.

Cette technique vérifie l'équilibre horizontal et vertical des forces et l'équilibre des moments en un point quelconque ; elle détermine également l'inclinaison des forces entre les tranches, ce qui donne une inconnue supplémentaire. Cette méthode est précise, elle s'applique à toutes les géométries et pour tous les types de sol *(MASEKANYA J.P., 2008)*. Cependant, la programmation de cette technique est très délicate. Fredlund et Krahn (1977) proposent un algorithme de résolution plus ou moins stable. Cette méthode est la plus précise ; elle est très utilisée mais pose toujours quelques problèmes de convergence.

e. Méthode Suédoise (U.S. Army corps of engineers)

Hypothèses :
- Cette méthode suppose une surface de glissement quelconque (non circulaire) ;
- Contrairement à la méthode de Janbu, elle suppose que les forces entre tranches sont inclinées parallèlement à la pente moyenne du versant (voir la figure).

Cette technique vérifie l'équilibre horizontal et vertical des forces, mais elle néglige l'équilibre des moments. Cependant, elle est moins précise qu'une solution avec l'équilibre complet des forces et dépend de l'hypothèse faite sur l'inclinaison des forces entre les tranches *(MASEKANYA J.P., 2008)*.

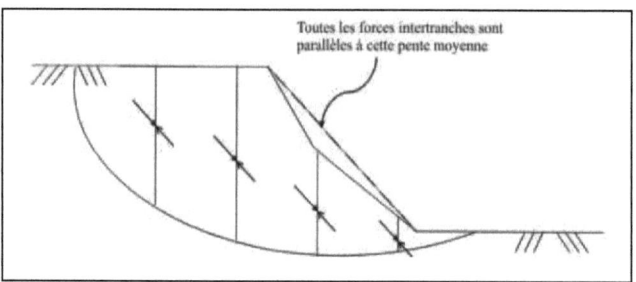

Fig. I.6. Inclinaison des forces dans la méthode Suédoise *(MASEKANYA J.P., 2008)*.

2. *Méthodes globales (FAURE R.M., 2000)*

Les méthodes globales (Caquot, 1954 ; Biarez, 1960) permettent une résolution graphique maintenant peu utilisée, mais l'informatique leur apporte un renouveau intéressant. L'intégration de valeurs le long de courbes quelconques étant très simple par discrétisation. Les hypothèses de cette méthode sont les suivantes :

- La masse en mouvement est observée dans son ensemble, elle est délimitée par la courbe de rupture ;
- Une fonction de répartition des contraintes normales est paramétrée le long de la courbe de rupture ;
- La résolution se fait avec trois équations de la statique appliquée à la masse en mouvement.

a. Les méthodes graphiques

Taylor (1937), puis Caquot (1954) ont développé une méthode graphique permettant le calcul de ruptures circulaires dans un talus homogène cohérent et frottant, appelée méthode du cercle de frottement. Le terme de cohésion le long de l'arc de cercle (de centre O et rayon R) est du point de vue force équivalente, remplacé par une force parallèle à la corde de l'arc et de valeur c'L, L étant la longueur de l'arc. La réaction le long de la courbe de rupture, inclinée à φ', est tangente au cercle de frottement centré en O et de rayon Rsinφ', et on suppose que la résultante passe par l'intersection des autres forces connues (poids, cohésion et pression interstitielle). Biarez (1960) évalue l'erreur introduite par ces hypothèses ; il trouve qu'elle est inférieure à 15% sur le coefficient de sécurité, en majorant la fonction de répartition des contraintes normales le long de la courbe de rupture *(FAURE R.M., 2000)*.

Tavenas et Leroueil (1981 et 1982) discutent dans le cadre de cette approche la signification du coefficient de sécurité F relativement à la distribution des contraintes normales. Ils montrent quelques non-sens et proposent une approche qui considère que la rupture est la fin d'un chemin de contraintes particulier en chaque point de la courbe de rupture ; ils introduisent la notion de marge de sécurité, évaluée en terme de pression interstitielle. Cette approche est donc une mise en forme différente des paramètres intervenant dans le calcul de la stabilité, en gardant le souci d'une interprétation physique simple du coefficient de sécurité *(FAURE R.M., 2000)*.

b. Méthode de Bell (1969)

Bell propose de prendre une fonction de répartition de la contrainte normale le long de la courbe de rupture définie par deux paramètres λ et μ :

$$\sigma_n = \lambda\gamma h + \mu \sin(\frac{\pi(X-X_0)}{X_1-X_0}) \qquad [\text{I.6}]$$

Où : X, X_1 et X_0 sont les abscisses curvilignes du point courant et des extrémités de la courbe de rupture. Cependant, cette fonction de répartition n'a pas permis à la méthode de fournir des résultats probants *(FAURE R.M., 2000)*.

c. Méthode des perturbations

La méthode des perturbations est une méthode globale proposée par Raulin et al (1974) et développée par Faure (1985) *(FAURE R.M., 2000)*. Cette technique permet d'effectuer des calculs en rupture circulaire ou non circulaire. Le massif de terre délimité par une courbe de rupture quelconque est alors en équilibre sous l'effet de son poids propre et de la réaction du sol sous-jacent. Dans cette méthode, on fait l'hypothèse que la contrainte normale σ sur la surface de rupture est donnée par une « perturbation » de la contrainte de Fellenius σ_F *(FAURE, 2000 et DURVILLE et al, 2003)*. La loi de Coulomb permet d'exprimer les contraintes de cisaillement maximales. Le coefficient de sécurité est défini classiquement comme étant le rapport du cisaillement maximal disponible au cisaillement nécessaire à l'équilibre.

Le système est résolu globalement à l'aide des trois équations d'équilibre appliquées à tout le massif, ce qui fournit les valeurs des trois inconnues du problème ; qui sont le coefficient de sécurité F et les deux paramètres qui modifient la contrainte approchée (λ et μ). Par ailleurs, cette méthode peut avoir des extensions très intéressantes pour la prise en compte d'inclusions ou pour le développement de méthodes en déplacements.

I.4.1.3. Méthodes probabilistes et logique floue

Ces méthodes tentent une prise en compte des incertitudes sur les différents paramètres. De nombreux modèles statistiques existent, mais souffrent d'un nombre trop réduit de données pour être vraiment opérationnels *(MAGNAN et al, 1998)*. La mise en œuvre d'une méthode de Monte-Carlo *(CHAISSON et al, 1998)* peut donner un aperçu de l'importance des incertitudes. Si chaque paramètre est défini dans un intervalle et possède une fonction de répartition, il est possible, dans un calcul itératif de prendre un tirage de tous les paramètres et d'obtenir un coefficient de sécurité (un résultat de calcul). De nombreux tirages vont permettre de construire la loi de distribution du coefficient de sécurité. La logique floue possède un immense champ d'application dans la gestion des incertitudes en mécanique des sols ; si les outils théoriques existent *(PHAM, 1994)*, leur mise en œuvre n'est pas généralisée et une mutation des modes de raisonnement est à faire *(FAURE R.M., 2000)*. La première tentative d'application de cette technique en mécanique des terrains remonte vraisemblablement à 1979 par Brown (1979). Mais ce n'est que dans les années 80, que l'application du raisonnement flou a gagné l'attention des ingénieurs et des chercheurs en mécanique des terrains *(Y. EL-SHAYEB, 1999)*. Plusieurs auteurs ont étudié des problématiques géotechniques en utilisant la logique floue, on peut citer :

- Kawakami et al. (1984) qui ont appliqué la logique floue pour la détermination des zones à risque de glissement de terrain ;

- Fairhust et al. (1985) qui ont utilisé la logique floue pour déduire un système permettant de connaitre la durée de stabilité d'une galerie sans soutènement artificiel ;

- Nguyen (1985) a tenté d'appliquer la logique floue pour la détermination des zones à risque de glissement de terrain ;

- Nguyen et al. (1985) ont tenté de réaliser une classification des sites en utilisant la logique floue ;

- Wenxiu (1987) a proposé un modèle mathématique pour l'analyse des déplacements et des déformations des massifs sous l'influence d'excavations ;

- Sakura et al. (1987) ont effectué une comparaison entre le facteur de sécurité et le nombre flou qui représente le risque ;

- Kacewicz (1987) décrit les paramètres du sol avec des nombres flous ;

- Sui (1992) applique des concepts de systèmes d'information géographiques pour l'évaluation d'un plan d'urbanisme du terrain en utilisant la logique floue ;

- Burrought et al. (1992) réalisent une classification des terrains, à l'aide d'observations et de la topographie du site, en appliquant le concept de raisonnement flou ;

- Fukagawa et al. (1996) appliquent la logique floue pour l'estimation des propriétés du sol à partir d'un forage vertical ;

- Zettler et al. (1998) développent un système flou pour le contrôle d'un tunnelier (comparaison entre un système flou et une galerie pilote).

I.4.1.4. Méthodes en trois dimensions

Azzouz et Baligh (1993) ont montré que l'influence de la troisième dimension est en général faible et ce travail supplémentaire n'a de sens que pour des études de fondations sur pentes. Cependant, Gens et al. (1988) avaient montré que l'erreur peut atteindre 30% pour les sols cohérents. Plusieurs méthodes en trois dimensions ont alors été proposées, on peut citer par exemple :

- La méthode d'équilibre de blocs en trois dimensions (les méthodes des blocs se développent facilement en trois dimensions, cependant l'introduction de la troisième composante induit des difficultés).
- La méthode des colonnes.
- Extension d'une méthode globale.

I.4.1.5. limitations des méthodes de calcul à la rupture (équilibre limite)

Les méthodes d'analyse de stabilité des pentes à la rupture (méthodes d'équilibre limite) présentent un certain nombre d'insuffisances et d'anomalies :

- La principale limitation de toutes ces méthodes, est le fait qu'elles sont fondées sur l'hypothèse de la division de la masse supposée instable en tranches. Ce qui implique des hypothèses supplémentaires sur les forces entre les tranches et par conséquent sur l'équilibre de la pente. Pour les méthodes qui satisfont à toutes les conditions d'équilibre, Fredlund et al. (1977) montrent que les hypothèses faites n'ont aucun effet significatif sur le coefficient de sécurité. Cependant, dans les méthodes qui répondent uniquement à la condition d'équilibre des forces, le coefficient de sécurité est affecté d'une façon significative par l'inclinaison supposée des forces inter-tranches *(MASEKANYA J.P., 2008)*.
- Dans l'analyse de la stabilité par les méthodes d'équilibre limite, le comportement du sol est supposé rigide parfaitement plastique. Ces techniques ne donnent en effet aucune information sur les déplacements *(MASEKANYA J.P., 2008)*.
- Le coefficient de sécurité F est supposé identique en chaque point du plan de glissement. Or, Duncan et Wright (2005) montrent que la résistance ultime au cisaillement n'est pas nécessairement mobilisée simultanément le long de la surface de glissement. De plus, ces méthodes ne permettent pas la détermination des pressions interstitielles au moment de la rupture *(DELMAS P. et al., 1987)* ;
- Pour les géométries complexes, il peut y avoir un minimum local qui reste non détecté, en plus, les surfaces de rupture complexes (non circulaires) sont en général difficilement détectables *(MASEKANYA J.P., 2008)* ;
- Les méthodes à la rupture ne permettent pas la prise en compte des phénomènes de progressivité de la rupture, qui nécessitent des modèles rhéologiques faisant intervenir les paramètres de fluage reliant les déformations et les paramètres de cisaillement au temps *(DELMAS P. et al., 1987)*.

I.4.2. Les méthodes numériques d'analyse de la rupture des versants

Tout problème mécanique peut être décrit par un modèle physique qui se traduit souvent par une équation différentielle, une équation intégrale ou une équation aux dérivées partielles. Ces équations relient entre elles les grandeurs intervenant dans le problème étudié. La résolution analytique du système se traduit par l'obtention des valeurs des inconnues du problème (déplacements, vitesses, efforts,...) en fonction d'une ou plusieurs variables pouvant prendre une infinité de valeurs possibles *(GOODMAN R.E., 1995)*. Cependant, les solutions analytiques sont remplacées actuellement par les outils de calcul numérique qui ont connu un important développement. La résolution numérique des problèmes consiste à approximer la solution continue grâce au découpage spatial et temporel des équations. Plusieurs méthodes de discrétisation peuvent être utilisées telles : la méthode des éléments finis, la méthode des différences finies, la méthode des volumes finis, etc. En mécanique des sols, l'utilisation de la méthode des éléments finis est très répondue. Elle s'adapte très bien à un grand nombre de problèmes de sol *(RAFIEE A., 2008)*. Cette méthode est utilisée dans cette thèse pour l'analyse de la rupture du versant d'Ain El Hammam.

La méthode des éléments finis

Toutes les méthodes à la rupture permettant l'analyse de la stabilité des pentes reposent sur le fait de choisir arbitrairement une série de surfaces de glissement et de définir celle qui donne la valeur minimale du coefficient de sécurité. Mais depuis un certain temps, les méthodes d'analyse numériques donnant accès aux contraintes et aux déformations au sein du sol connaissent une large utilisation. De plus, le comportement des massifs de sol avant la rupture ou au stade de la pré-rupture ne peut pas être analysé par des méthodes à l'équilibre limite, car on ne peut mettre en évidence aucune surface de rupture. Ce phénomène peut être décrit par les méthodes volumiques (méthodes des éléments finis) qui prennent en compte tout le massif dans l'analyse de la stabilité.

Plusieurs travaux ont été réalisés dans le domaine des éléments finis, on peut citer les travaux de référence de DHATT et al. (1981) ou ZIENKIEWICZ et al. (2000), l'application de VENGEON et al. (1999), les travaux de SU K. et al. (2001),...

Plusieurs types de calcul peuvent être réalisés sur un modèle géotechnique d'éléments finis. L'analyse du comportement d'un versant naturel instable nécessite d'effectuer des calculs à la rupture. Lorsqu'une pente naturelle se rompt, la résistance mobilisée n'est plus suffisante pour s'opposer aux efforts moteurs mobilisés le long de la surface de rupture. La méthode des éléments finis permet l'analyse de la stabilité des versants en utilisant la méthode Phi/c reduction. Un coefficient dit « coefficient de sécurité F » est utilisé pour la détermination de l'état de stabilité du terrain. Le versant peut être considéré dans un état stable, si le coefficient de sécurité est supérieur à 1 *(MASEKANYA J. P., 2008)*. Ce coefficient est déterminé par la méthode des éléments finis par la réduction des caractéristiques de résistance au cisaillement jusqu'à la rupture du versant. Le coefficient de sécurité est considéré égal au facteur de réduction de la résistance. Plusieurs chercheurs ont utilisé la méthode Phi/C reduction pour l'analyse de la stabilité des pentes ; on peut citer les travaux de : SAN, MATSUI et KATSURAYA (1990) ; SAN et MASUI (1991) ; UGAI (1990) ; MASEKANYA (2008), etc. Ce type de calculs permet l'étude de la propagation de la rupture du versant et de l'évolution du coefficient de sécurité. La méthode Phi/c reduction peut se résumer en trois étapes principales :

Étape 1. Application du poids propre et de l'état de contrainte initial du modèle.

Étape 2. À partir de l'équation de Mohr-Coulomb et de la définition du coefficient de sécurité, le coefficient de sécurité Fs est évalué par réduction des paramètres de résistance, d'où, l'écriture des fonctions suivantes :

$$\frac{\tau}{F_s} = \frac{c}{F_s} + \sigma\,\frac{\tan\varphi}{F_s} \quad \text{ou} \quad \frac{\tau}{F_s} = c_{crit} + \sigma\tan\varphi_{crit} \qquad \text{[I.7]}$$

Dans ce cas on obtient :

$$c_{crit} = \frac{c}{F_s} \quad \text{et} \quad \varphi_{crit} = \arctan\left(\frac{\tan\varphi}{F_s}\right) \qquad \text{[I.8]}$$

Étape 3. La procédure de la deuxième étape est répétée en incrémentant le facteur de réduction des caractéristiques de résistance au cisaillement (le coefficient Fs) jusqu'à non convergence du calcul, autrement dit jusqu'à la rupture du versant. La valeur critique de Fs devient le coefficient de sécurité pour le talus considéré.

I.4.3. méthodes énergétiques

L'amplitude et la vitesse des mouvements dépendent essentiellement de la redistribution de l'énergie potentielle devenant disponible au moment de la rupture. Pour les grandes vitesses et les grands déplacements, les méthodes classiques de l'analyse de la stabilité des pentes à la rupture font défaut ; il faut alors considérer des approches énergétiques. Dans les cas où, au sein de la masse en mouvement, la pression interstitielle joue un grand rôle (cas de coulées boueuses), les approches développées initialement pour les problèmes de fluides avec des viscosités évolutives ou des approches basées sur l'observation de terrain peuvent être utilisées.

I.5. Méthodes de prévision de l'évolution du mouvement des versants instables

Les études ont monté l'insuffisance des analyses de stabilité classiquement utilisées (en particulier le coefficient de sécurité), plus précisément leur incapacité à fournir des informations sur l'évolution des déplacements. En effet, les calculs de stabilité des pentes sont souvent réalisés par des méthodes d'équilibre-limite qui reposent sur un certain nombre d'hypothèses et d'approximations *(DURVILLE J.L. et SEVE G., 1998 ; FAURE R.M., 2000).* En outre, des tentatives d'analyses mécaniques rigoureuses des mouvements de terrain ont été menées avec un succès limité. Quelques approches basées sur des calculs empiriques ont aussi été proposées. Ces méthodes tentent de mieux comprendre les mécanismes d'évolution des versants en mouvement et en particulier la liaison entre les précipitations et la cinématique du mouvement. Ces études reposent sur l'instrumentation et le suivi du site instable. Les modèles les plus répondus seront présentés et étudiés dans les paragraphes qui suivent.

I.5.1. Prise en compte du déplacement dans les méthodes à la rupture

Afin de fournir des résultats en termes de déplacements, permettant la détermination des déplacements à venir de la pente instable, qui doivent être admissibles, des extensions des méthodes de calcul à la rupture ont été réalisés. Ces extensions permettent :

- D'expliquer le phénomène de rupture progressive ;

- D'évaluer le coefficient de sécurité en fonction d'un déplacement mesuré par inclinométrie ;

- D'étudier la probabilité de la réactivation d'un glissement en utilisant la vitesse de déformation, ce qui élimine le problème de l'état initial ;

- De comparer des méthodes confortatives ;

- De prévoir l'aléa et parfois la date de rupture, après avoir calé les paramètres du modèle par analyse à rebours sur une période connue pendant laquelle tout a été mesuré.

Les déplacements dans une pente sont difficiles à cerner. Quand on découvre le mouvement d'une pente, on ne sait jamais depuis combien de temps il se produit. Il est donc nécessaire de faire une hypothèse importante pour pouvoir poser le problème (choisir les caractéristiques au pic ou bien les caractéristiques résiduelles) *(FAURE R.M., 2000).*

a. les modèles simples

Les premières méthodes développées ne tiennent pas compte du déplacement comme paramètre de calcul. Bjerrum (1967) s'intéresse à la rupture progressive d'un versant instable. Il développe son modèle pour un glissement plan ; il considère une chute de résistance au-delà d'un seuil. Ensuite, Bishop (1971) modifie sa méthode en introduisant un facteur résiduel local prédéfini ; il montre qu'avec certaines distributions le long du cercle de rupture, le coefficient de sécurité varie de façon significative. Law et Lumb (1978) modifient une méthode des tranches avec une surface de rupture circulaire et redistribuent les efforts perdus après le pic (définis par τ_{pic}) dans un processus itératif. Ils trouvent des équilibres où un certain nombre (m) de tranches se trouve en cisaillement résiduel (défini par $\tau_{résiduel}$), alors que les autres (n) n'ont pas dépassé le pic. Le coefficient de sécurité global défini par ces auteurs tient compte des différentiations des tranches. La formule du coefficient de sécurité donnée par Law et Lumb (1978) est donc la suivante :

$$F = \frac{[\sum_1^n \tau_{pic} + \sum_1^m \tau_{résiduel}]}{\sum_1^{n+m} \tau} \qquad \text{[I.9]}$$

Chowdhury et al. (1987) développent un modèle où le phénomène de rupture progressive est régi par une loi probabiliste *(FAURE R.M., 2000)*. D'autres recherches introduisant le développement comme paramètre de calcul ont aussi été proposées. Christian et Whitman (1969) traitent un glissement plan formé d'une couche d'argile élastique (avec un module d'élasticité E) d'épaisseur constante h. il s'agit d'un problème à une seule dimension, il conduit à une équation différentielle facile à résoudre.

$$\tau = Eh \frac{\partial^2 u}{\partial x^2} \qquad \text{[I.10]}$$

Où : Ox est parallèle à la pente et u le déplacement suivant Ox.

Athanasiu en 1980 considère un ensemble de tranches élastiques dont le déplacement le long de la surface de rupture est en fonction du cisaillement. L'équation d'équilibre se transforme alors en équation aux déplacements ; elle est résolue par inversion d'un système linéaire. En outre, une analyse non linéaire peut être réalisée en déterminant, pas à pas, le module de cisaillement sécant. Bernader et al. (1984 et 1989) améliorent le modèle proposé par Athanasiu en 1980 ; ils supposent que le déplacement est le résultat d'une distorsion augmentée d'un glissement à la base. Farhat (1990) ensuite Faure et al. (1992) présentent un modèle qui tient compte de la contrainte normale le long de la courbe de rupture, ils paramètrent ensuite la loi effort-déformation en fonction de cette contrainte normale (la contrainte normale est fournie par la méthode des perturbations). Ce modèle est bien adapté pour des études comparatives de solutions confortatives ou pour un calage après une période de mesure, afin de prévoir les déplacements à venir en fonction du niveau de la nappe par exemple.

b. Introduction du paramètre temps

Après la rupture progressive (ou régressive), quelques auteurs se sont intéressés à l'évolution d'une pente au cours du temps. L'expérience montre que les ruptures peuvent se produire à chargement constant après avoir subi (encaisser) des déformations au paravent. La résistance de la pente au cisaillement peut être modélisée par décroissance logarithmique en fonction du temps et par des prises en compte de la chute de résistance après le pic. Le coefficient de sécurité obtenu est en fonction du temps. Ces approches fournissent rapidement des réponses en termes de déplacements avec des schémas de calcul simples *(FAURE R.M., 2000)*. Les calculs des déplacements ont été réalisés à partir d'une modélisation du fluage. Le fluage désigne l'aptitude d'un matériau à se déformer sous une charge constante ; le temps constitue alors un facteur important du phénomène. Plusieurs auteurs ont essayé d'évaluer le déplacement d'une pente à partir de formulations plus ou moins complexes. Cependant, les formulations proposées étaient en général incomplètes et influencées par de nombreux paramètres. On peut citer à titre d'exemple les méthodes suivantes :

- La formulation de Singh et Mitchell (1968)
- La loi de Lo et Morin (1972)
- La formulation de Ter-Stepanian (1975)
- Le modèle de Faure et al. (1992)

I.5.2. Prévision de l'évolution des mouvements à partir de séries de données cinématiques

I.5.2.1. Méthodes de prévision de la date de rupture

Ces techniques considèrent les paramètres évalués ou mesurés (déplacements, vitesses, ou accélérations) comme extraites d'une suite infinie. Cependant, une évolution totalement anarchique ne permet pas de répondre convenablement à cette problématique, ceci limite donc l'utilisation de ces méthodes dans les cas où les phases d'activité du mouvement sont stables. Ces méthodes admettent pour hypothèse que la phase de rupture se produit lorsque la courbe déplacement-temps avoisine une asymptote verticale. Par ailleurs, il est possible, dans certain cas, de définir la rupture par un seuil limite du mouvement ; avant que la courbe mouvement-temps atteigne une allure asymptotique.

a. Méthode de SAITO

La méthode de Saito (1965 et 1969) découle analytiquement d'une relation (relation n° I.11), observée pour des sols fins en laboratoire sur des essais de fluage en compression, et dans des essais in situ réalisés sur des coulées de terre.

$$\log(t_r - t) = C - D.\log\left(\frac{d\varepsilon}{dt}\right) \qquad \text{[I.11]}$$

Avec : $\varepsilon = \left(\frac{dl}{l_0}\right)$

$\frac{d\varepsilon}{dt}$: vitesse de déformation dans la phase finale.
t_r : temps où se produit la rupture.
C et D : constantes.
l_0 : distance initiale entre les deux points de mesure.

Non loin de la rupture la courbe définie par l'équation [I.11] prend la forme d'une hyperbole, on a donc D=1. En posant C=log(A).

$$\text{Log }(t_r - t) = \log(A) - \log(d\varepsilon/dt) \qquad \text{[I.12]}$$

D'où : $t_r - t = \dfrac{A}{\frac{d\varepsilon}{dt}}$ ou $\dfrac{d\varepsilon}{dt} = \dfrac{A}{t_r - t}$ \qquad [I.13]

En intégrant sur t entre t_0 et t on aura l'équation suivante :

$$\varepsilon = l_0 A \log\left(\frac{t_r - t_0}{t_r - t}\right) \qquad \text{[I.14a]}$$

Ou : $\Delta l = l_0 A \log\left(\dfrac{t_r - t_0}{t_r - t}\right)$ \qquad [I.14b]

Cette équation comporte trois (03) inconnues : $l_0 A$, t_0 et t_r (ou $t_r - t$). A partir de trois mesures de déplacement Δl_a, Δl_b et Δl_c au temps t_a, t_b et t_c (où : $t_a < t_b < t_c$), on peut déterminer ces inconnues.

Les prévisions peuvent également être réalisées graphiquement ; cette approche présente l'avantage d'être applicable même dans les cas où on ne dispose pas de mesures aux temps t_a, t_b et t_c (les mesures dans ce cas sont évaluées par interpolation).

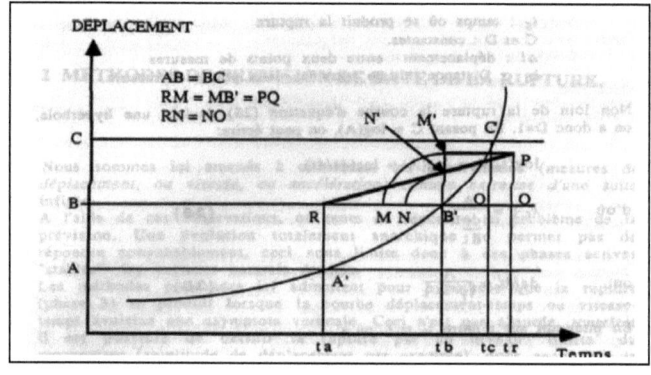

Fig. I.7. Représentation graphique des courbes déplacement-temps *(GERVREAU E., 1991)*.

Soit RQP et RB'N' deux triangles semblables (voir la figure I.7) :

$$\frac{RQ}{PQ} = \frac{RB'}{N'B'} \qquad [\text{I.15}]$$

$$\frac{t_r - t_a}{\frac{1}{2}(t_a - t_b)} = \frac{t_b - t_a}{(t_b - t_a) - \frac{1}{2}(t_c - t_a)} \qquad [\text{I.16}]$$

$$t_r - t_a = \frac{\frac{1}{2}(t_b - t_a)^2}{(t_b - t_a) - \frac{1}{2}(t_c - t_a)} \qquad [\text{I.17}]$$

Afin de mieux exploiter cette technique, il est préconisé :
- De disposer d'au moins cinq (05) points de mesure entre A et C pour permettre un lissage graphique des courbes ;
- D'effectuer un lissage de la courbe sur environ cinq (05) points successifs ;
- De conserver la même longueur du segment AC pour des prévisions successives, afin de pouvoir les comparer et suivre leur évolution au cours de l'évolution des déplacements.

Cependant, la principale limitation de cette méthode est le fait que les résultats varient sensiblement avec la grandeur des segments AB (=BC) choisie.

b. Méthode de prévision d'Asaoka (1978) modifiée par Azimi et al. (1988)

Cette méthode a été énoncée initialement pour prévoir les tassements maximaux dus à la consolidation des sols. Azimi et al. (1988) ont proposé l'utilisation de cette technique pour la prévision de la date de rupture des glissements de terrain.

Soit Y la mesure de l'évolution d'un paramètre du mouvement (déplacement ou vitesse) en fonction du temps. Le problème consiste à chercher une valeur finie du temps pour laquelle Y tend vers l'infini (le temps de la rupture). Le principe est de découper l'échelle des Y en intervalles égaux ΔY, correspondant à des temps successifs croissants t_n, t_{n-1}, dont les intervalles $\Delta t = t_i - t_{i-1}$ tendent vers zéro si Y tend vers l'infini.

La représentation graphique de cette méthode est la suivante :

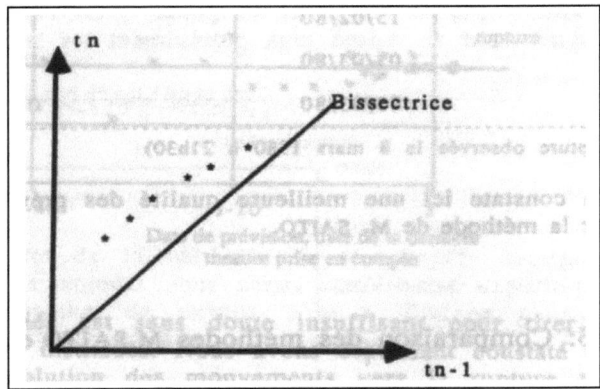

Fig. I.8. Représentation graphique de la méthode d'Asaoka *(GERVREAU E., 1991)*.

Il est possible de prévoir la date de rupture si la courbe tracée à partir des dernières mesures permet un ajustement, qui par extrapolation recoupe la bissectrice dans le futur. L'intervalle ΔY est arbitraire et a une influence sensible sur la prévision : c'est là la grande difficulté de cette méthode. Cependant, plusieurs intervalles ΔY peuvent être retenus et le graphique $t_n = f(t_{n-1})$ sera tracé avec plusieurs séries de points sur le même plan. Cette méthode ne s'applique qu'aux périodes d'évolution du mouvement continûment croissantes.

c. Méthode de Fukuzono et Voight

Il s'agit d'une variante de la méthode de Saito ; ces deux auteurs sont partis du constat expérimental qu'en phase de rupture du mouvement de terrain, l'équation suivante est vérifiée (équation [I.18]) :

$$\frac{d^2\varepsilon}{dt^2} = A \left(\frac{d\varepsilon}{dt}\right)^\alpha \qquad [\mathbf{I.18}]$$

Où : ε est le déplacement, t est le temps, A et α sont des constantes.

La vitesse à la rupture $\dot{\varepsilon}_r$ atteint de grandes valeurs ; Fukuzono (1985) obtient alors pour $\alpha > 1$ la formulation suivante :

$$\frac{1}{\dot{\varepsilon}} = [A(\alpha - 1)(t_r - t)]^{\left(\frac{1}{\alpha-1}\right)} \qquad [\mathbf{I.19}]$$

$$(t_r - t) = \frac{1}{\dot{\varepsilon}^{(1-\alpha)} A (1-\alpha)} \qquad [\mathbf{I.20}]$$

La formule [I.19] peut être représentée graphiquement comme suit :

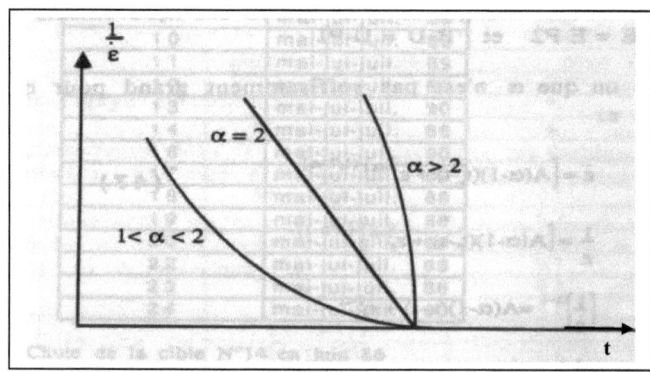

Fig. I.9. Représentation graphique de la formule I.17 *(GERVREAU E., 1991)*.

Lorsque $\alpha<1$; α n'est pas suffisamment grand pour que $\dot{\varepsilon}_r^{1-\alpha}$ soit négligeable. Voight (1988) obtient dans ce cas la formule suivante :

$$(t_r - t) = \frac{\dot{\varepsilon}^{(1-\alpha)} - \dot{\varepsilon}_r^{(1-\alpha)}}{A(1-\alpha)} \qquad [\mathbf{I.21}]$$

d. Méthode de Vibert (1987)

Vibert a proposé une méthode pour la prévision de la date de rupture. Il a appliqué sa technique sur le versant instable de la Clapière. L'auteur a montré l'opportunité d'un ajustement exponentiel de la courbe des déplacements d'une zone de glissement pour caractériser son évolution avant la rupture. Il a ensuite tenté de prévoir la rupture de l'ensemble du massif en mouvement. Il a appliqué sa méthode au glissement de la Clapière ; les ajustements exponentiels des courbes de déplacement (de 1983 à 1985) ont permis d'extrapoler vers l'évolution future des déplacements d'une vingtaine de points matérialisés sur se versant. Il a fixé un seuil limite en vitesse à 45 mm/jour ; cette valeur représente la vitesse maximale enregistrée lors de la rupture d'un ressaut rocheux très fracturé. A partir de ce seuil, il suffit de trouver sur les courbes et d'extrapoler la date à laquelle la tangente de la courbe déplacement atteint cette valeur limite. Afin d'appliquer cette approche pour les cas de glissements d'ensemble, il est préférable de considérer le déplacement moyen d'un ensemble de cibles en mouvement.

La principale insuffisance de cette méthode est la difficulté de fixer un seuil de vitesse au-delà duquel se produira la rupture. De plus, cette technique ne permet pas d'effectuer des prévisions de la rupture lorsque les vitesses sont décroissantes.

I.5.2.2. Limitations des méthodes de prévision de la date de rupture

- Toutes ces méthodes sont empiriques et commodes à utiliser, mais aucune d'entre elle n'est adaptée à tous les types de rupture ;
- Il n'est pas possible de prévoir la date de rupture lorsque le mouvement connait des décélérations ;
- Dans le cas de forte dépendance d'un élément extérieur variable au cours du temps (telles que les précipitations, les variations de température, les surcharges...) ces techniques posent plusieurs problèmes et les résultats sont souvent loin de la réalité ;
- Ces techniques sont bien adaptées pour les ruptures par fluage ;
- La méthode de Saito et ses dérivées conviennent pour des glissements dans les sols. Ces techniques ont été testés et validés sur des matériaux fins ;
- Pour les mouvements des terrains rocheux, il est préférable de se tourner vers la méthode d'Asaoka ou la méthode de Fukuzono et Voight.

I.5.2.3. Méthodes de prévision des mouvements

Les méthodes de prévision du mouvement comportent en général deux étapes :

- Une modélisation qui consiste à trouver les caractéristiques d'une série chronologique passée plus ou moins longue. Cette série doit recouvrir la période de calage.
- Une prévision appuyée sur les caractéristiques de la série passée sera calculée à un horizon plus ou moins grand. Cette prévision est basée principalement sur l'hypothèse que l'évolution de la série future sera un prolongement de la série passée.

Certaines méthodes sont dites glissantes, c'est-à-dire qu'une modélisation est faite à chaque nouvelle valeur de la série. Les prévisions par ces méthodes sont d'horizon réduit. Les autres sont non glissantes, elles ne nécessitent une nouvelle modélisation qu'à chaque fois que le prévisionniste le juge nécessaire. L'horizon de prévision pour ces méthodes peut être important, mais les résultats sont d'autant moins satisfaisants que l'on est éloigné dans le temps de la fin de la série utilisée pour le calage.

a. Méthodes de prévision de l'amplitude des mouvements par ajustement

Lorsque la série présente une évolution au cours du temps facile à mettre en équation, la méthode d'ajustement peut convenir. Il s'agit d'une méthode non glissante, elle permet des prévisions à un horizon éloigné. Cette technique consiste à choisir d'abord une équation sur une série selon le critère des moindres carrés. Une extrapolation dans le futur est ensuite effectuée (la portion de série obtenue par extrapolation constitue la prévision sur laquelle il est possible de définir un intervalle de confiance). Pour une bonne prévision, les deux conditions suivantes doivent être remplies :

- Le choix de l'équation d'ajustement doit être correct ; elle doit permettre une bonne corrélation entre les valeurs connues et les valeurs obtenues par ajustement.
- L'évolution des valeurs de la série reste la même sur les périodes de modélisation et de prévision.

- ***Prévision par ajustement d'une équation de degré zéro***

Cette méthode est applicable dans les cas où la moyenne des valeurs de la série (déplacements ou vitesses) est constante au cours du temps. Ce modèle peut convenir pour des phases stables du mouvement de terrain, caractérisées par un déplacement ou une vitesse constante. Cette méthode consiste à supposer que la prévision Y_t est défini par :

$$Y_t = \mu + \varepsilon_t \qquad [\text{I.22}]$$

Où : μ : un paramètre constant, $\{\varepsilon_t\}$: bruit blanc, il traduit l'incertitude liée à la mesure des actions mineures sur le mouvement.

L'équation de Y est indépendante de l'horizon h :

$$Y_n(h) = \frac{1}{n} \sum_{i=1}^{n} Y_i \qquad [\text{I.23}]$$

$Y_n(h)$: prévision de la série des n valeurs Y à l'horizon h ;
n : nombre de valeurs contenues dans la série.

- ***Prévision par ajustement linéaire***

Il s'agit de l'ajustement sur la série des valeurs (déplacement, vitesse,...) connues d'une droite d'équation $Y = A.t + B$. le choix de la série passée se fait généralement de façon arbitraire. Il convient toutefois de respecter les règles suivantes :
- La période de modélisation doit contenir un nombre suffisant de mesures (un minimum de deux mesures) pour que l'ajustement soit possible et que les résultats soient significatif de l'évolution de la série ;
- La période de modélisation doit être plus longue que la période qui couvre la prévision correspondante.

- *Ajustement sur deux mesures successives*

Dans ce cas, il est nécessaire que le pas de temps entre les mesures soit constant et il n'est pas possible de définir un intervalle de confiance des prévisions. A partir de ces deux mesures, une prévision pour la mesure à venir est effectuée en utilisant la formulation suivante :

Prévision de la mesure (i+1) = 2 mesure (i) – mesure (i – 1) **[I.24]**

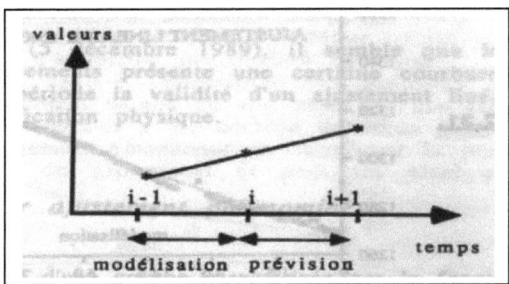

Fig. I.10. Prévision des mesures de déplacement *(GERVREAU E., 1991)*.

Ce type de prévision donne des résultats satisfaisants quand l'erreur de mesure n'est pas importante. Dans le cas contraire, il est conseillé de multiplier les valeurs de la série de modélisation ; ce qui revient à atténuer l'aléa introduit par les erreurs de mesure.

- *Ajustement sur plus de deux mesures*

Dans ce cas, il n'est pas nécessaire que le pas de temps entre les valeurs de la série soit constant. La plupart des logiciels graphiques permettent des ajustements et calculent le coefficient de corrélation R. Ce dernier, permet d'évaluer la qualité de l'ajustement, mais ne peut d'aucune manière caractériser la justesse des prévisions effectuées ensuite par extrapolation. Un coefficient de corrélation R supérieur à 0.9 peut être satisfaisant. Lorsque cette valeur n'est pas atteinte, il faut soit tenter des ajustements non linéaires, soit prendre une série plus longue, ou encore écarter la série des valeurs aberrante. S'il n'est pas possible d'améliorer la corrélation, il conviendra de rechercher une autre méthode de prévision.

- *Prévision par ajustement polynomial*

Il s'agit de l'ajustement d'une courbe caractérisée par la fonction suivante :

$$Y = \sum_{j=0}^{k} a_j t^j$$ **[I.25]**

Les coefficients a_j de la fonction sont déterminés par la méthode des moindres carrés. Le critère de choix du degré k du polynôme sera le coefficient de corrélation R obtenu lors de l'ajustement, qui doit être le plus voisin possible de 1. En effet, le choix se fait facilement à partir de l'observation de la série. Une fois l'ajustement effectué, les prévisions des valeurs futures de la série sont faites par extrapolation.

- *Prévision par ajustement non polynomial*

Les logiciels graphiques courants permettent généralement d'effectuer des ajustements de type exponentiel, logarithmique ou sinusoïdal. Cependant, lorsque le mouvement s'achemine vers la phase de rupture, aucun ajustement polynomial ou non polynomial ne permet des prévisions satisfaisantes sur de longues périodes. Seule l'évolution du déplacement ou de la vitesse sera un indicateur du caractère du mouvement.

b. Méthodes de prévision de l'amplitude des mouvements par lissage

Le nom lissage regroupe un ensemble de méthodes glissantes d'extrapolation, qui ont toutes pour caractéristiques de donner un poids prépondérant aux valeurs récentes des séries. Ces techniques sont utilisées pour la prévision à court terme. Les lissages se caractérisent par la simplicité des calculs et le petit nombre d'informations nécessaires à leur mise en œuvre. En outre, tout lissage repose sur le choix d'une fonction de prévision (d'une fonction mathématique qui va servir à l'extrapolation). La fonction choisie (souvent empiriquement) dépend d'un certain nombre de a_i qui sont calculés à partir de l'historique disponible, mis à jour à l'arrivée de chaque nouvelle observation.

- *Lissage exponentiel simple*

Le lissage exponentiel simple est une méthode adaptée à la prévision des séries qui sont soumises qu'à une variation accidentelle ; qui ne présentent ni tendance ni variation saisonnière.

La prévision à l'horizon 1

La prévision est effectuée en choisissant comme prédicteur à l'horizon 1 la relation suivante :

$$Y_T(1) = \sum_{j>1} \alpha(1-\alpha)^j Y_{T-j} \qquad \text{[I.26]}$$

Avec : $0<\alpha<1$: paramètre à optimiser ;

$Y_T(1)$: estimation effectuée au temps T de la valeur Y au temps T+1 (horizon 1).

Un coefficient de pondération $W_j = \alpha(1-\alpha)^j$ est attribué à l'observation Y_{T-j}. Le coefficient W_j est d'autant plus faible que l'estimation est ancienne tel que :

$$\sum_j W_j = 1 \qquad \text{[I.27]}$$

Pour : j = 0 à n, avec $n \rightarrow \infty$

La mise à jour de cette méthode est très simple à réaliser ; elle est réalisée en utilisant la formule suivante :

$$Y_T(1) = \alpha\, e_T + Y_{T-1}(1) \qquad \text{[I.28]}$$

e_T : l'erreur de prévision de la valeur de Y à l'instant t.

$e_T = Y_T - Y_{T-1}(1)$ [I.29]

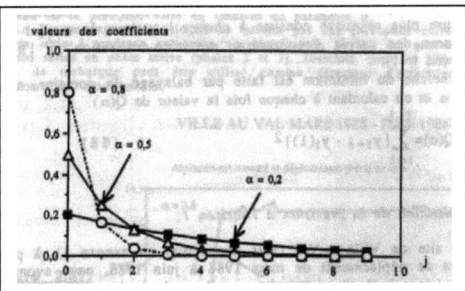

Fig. I.11. Comparaison des courbes obtenues pour les différents coefficients α *(GERVREAU E., 1991)*.

La formule [I.30], permet d'effectuer des mises à jour de la prévision, sans résoudre le problème de minimisation de la somme des carrés des résidus.

$Y_T(1) = a_0(T) = \alpha\, e_T + a_0^{(T-1)}$ [I.30]

Où $a_0^{(0)}$ représente la moyenne arithmétique des 2 ou 3 premières observations de la série. Les autres paramètres sont ensuite calculés de proche en proche $a_0^{(1)}, a_0^{(2)}, a_0^{(3)}, \ldots, a_0^{(t)}$ avec un α fixé ; ces paramètres constituent les prévisions successives du mouvement.

Le choix du coefficient α repose souvent sur des considérations empiriques ; une procédure plus objective consiste à choisir la valeur de α qui minimise la somme des carrés des erreurs « prévision-mesure » à l'horizon donné (ici à l'horizon 1). La recherche du minimum est faite par balayage du domaine, en faisant varier α et en calculant à chaque fois la valeur de Q(α).

$Q(\alpha) = \sum_{t=1}^{T-1}[Y_{t+1} - Y_t(1)]^2$ [I.31]

Prévision à l'horizon h

L'adaptation de la prévision est d'autant plus retardée, que l'horizon est important. Il est toutefois possible de choisir un horizon supérieur à 1 (pas de temps entre les valeurs de la série) ; mais cela est déconseillé dans le cas des phénomènes naturels tels que les glissements de terrain car il peut exister des évolutions brutales et importantes.

- *Lissage exponentiel double*

Pour des séries qui présentent une tendance linéaire croissante, les prévisions par lissage simple ne sont pas adaptées, elles sous estiment toujours la série ; les méthodes par lissage exponentiel double sont alors utilisées.

On suppose que les observations (mesures) peuvent être ajustées au voisinage de t=T par la droite d'équation :

$Y = a_0^{(T)} + a_1^{(T)} \cdot (t-T)$ [I.32]

Les coefficients $a_0^{(T)}$ et $a_1^{(T)}$ sont choisis de façon à minimiser Q avec :

$$Q = \sum_{j>0}(1-\alpha)^j * [Y_{t-j} - a_0(T) + a_1(T)(j)]^2$$ [I.33]

La formule de prévision à l'horizon h est alors la suivante :

$Y_T(h) = a_0^{(T)} + a_1^{(T)} h$ [I.34]

Il est possible d'établir des relations de récurrence simples pour déterminer $a_0^{(T)}$ et $a_1^{(T)}$:

$a_0^{(T)} = \lambda Y_T + (1-\lambda)[a_0^{(T-1)} + a_1^{(T-1)}]$ [I.35]

$a_1^{(T)} = \mu\left[a_0^{(T)} + a_0^{(T-1)}\right] + (1-\mu)a_1^{(T-1)}$ [I.36]

Où : $\lambda = 1 - (1-\alpha)^2$ et $\mu = \frac{\alpha}{2-\alpha}$

Remarque : la prévision à un horizon h>1 est déconseillée aussi pour le cas du lissage exponentiel double.

    c. Prévision de l'amplitude des mouvements par décomposition-recomposition

Lorsque la série comporte plusieurs composantes, il est parfois difficile d'adapter des méthodes de prévisions globales par ajustement (le choix de la fonction est difficile) ou par lissage (le choix de a, λ et μ est incertain). Dans ces cas, il est intéressant de décomposer la série suivant les techniques décrites dans les paragraphes précédents, puis d'opérer des prévisions sur les composantes obtenues par des méthodes adaptées, pour enfin recomposer la série.

I.5.2.4. Limitations des méthodes de prévision de l'amplitude des mouvements

Les méthodes de prévision à partir de données cinématiques peuvent être qualifiées d'aveugles car leur utilisation ne nécessite pas de faire une analyse mécaniques préalable du mouvement de terrain. La prévision dans ces méthodes repose sur la seule observation de l'évolution passée des déplacements ou des vitesses. Gervreau (1991) a montré que ces méthodes sont à employer lorsque les facteurs externes évoluent de façon régulière. Il a constaté aussi que lorsque ces modèles sont testés sur des glissements à surfaces de rupture bien définies, les prévisions sont souvent satisfaisantes. En revanche, lorsqu'il s'agit de mouvements sans surface de rupture bien définie (tels que les éboulements, les coulées boueuses,…) les résultats obtenus sont moins satisfaisants.

I.5.3. Prévision à partir de modèles orientés sur la cause hydraulique

Les modèles de prévision multivariés permettent une interprétation du phénomène physique. Ces modèles supposent l'existence d'une ou de plusieurs variables en sortie. Dans notre cas la variable en sortie sera une donnée cinématique (vitesse ou déplacement).

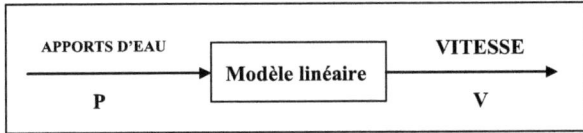

Fig. I.12. Présentation du modèle de prévision orienté sur la cause hydraulique *(GERVREAU E., 1991).*

La prévision est calculée à partir d'un modèle plus ou moins complexe qui utilise les variables d'entrée et éventuellement la variable sortie. Les paramètres du modèle sont calculés d'après la connaissance de ces variables durant la période de calage qui peut être plus ou moins longue et récente. D'après Durville et Sève (1998) les facteurs hydriques constituent la cause du déclenchement de 55% des glissements de terrain. Les études de prévision multivariées qui sont présentées sont alors orientées sur ces causes hydrauliques.

I.5.3.1. Le modèle proposé par Bouchelaghem (1987)

Bouchelaghem (1987) a proposé une méthode de prévision qu'il a appliquée au glissement de terrain de la Clapière. Il avait trouvé une relation entre les infiltrations et la cinématique de ce mouvement, puis entre les infiltrations et le débit de la Tinée (une rivière qui coule au pied du versant instable). Ces données lui ont permis de construire un modèle pour représenter le transit de l'eau dans le versant. L'auteur suppose une dépendance linéaire entre l'accélération du mouvement « A » et le niveau piézométrique H et il prévoit la cinématique du mouvement à partir du débit. Cependant, le modèle de Bouchelaghem présente l'inconvénient de comporter cinq paramètres qu'il faut caler.

I.5.3.2. Le modèle de prévision proposé par Gervreau (1991)

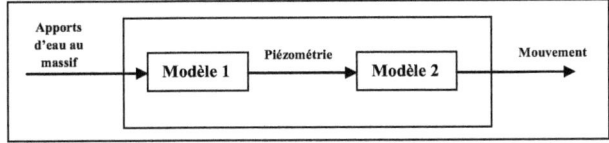

Fig. I.13. Présentation du modèle de prévision proposé par Gervreau *(GERVREAU E., 1991).*

L'auteur a testé dans un premier temps, des modèles linéaires simples. Cependant, les corrélations obtenues entre les séries « apports d'eau » et « vitesse de déplacement» n'étaient pas bonnes. Un ajustement linéaire de la liaison existante entre les apports d'eau au versant et la vitesse de son déplacement ne permet pas d'obtenir des résultats satisfaisants. L'auteur propose alors un modèle qui prend en compte le mode de transfert de l'eau à l'intérieur du versant. Il s'est inspiré de la méthode de Bouchelaghem A. (1987). Il a proposé une méthode de prévision du même type, mais qui comporte seulement deux paramètres de calage et nécessite moins d'une année de mesure pour être opérationnelle (la variable exogène de ce modèle est la quantité d'eau introduite dans le massif dont l'estimation est généralement très simple). Gervreau a proposé une liaison linéaire entre la hauteur piézométrique et le mouvement. Le modèle proposé suppose que les mouvements sont principalement expliqués par les variations des conditions hydriques du site. Après avoir effectué un certain nombre de tests, il a abouti au modèle représenté dans la figure suivante :

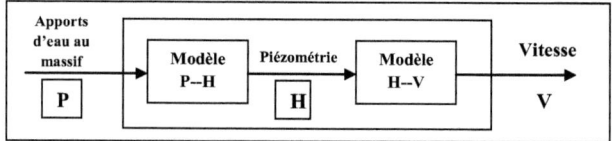

Fig. I.14. Le modèle complet de Gervreau *(GERVREAU E., 1991)*.

Ce modèle admet trois hypothèses :

- Les apports d'eau gouvernent la piézométrie ;
- Un modèle à réservoir permet de simuler la liaison entre apports d'eau au massif et piézométrie ;
- L'existence d'une liaison directe entre la piézométrie et la vitesse du mouvement.

1. Méthode à réservoir P-H

Gervreau a étudié un modèle hydraulique simple à réservoir, à surface libre, muni à sa base d'un orifice de vidange et alimenté par sa surface. Il a utilisé ce modèle pour reconstituer un paramètre piézométrique.

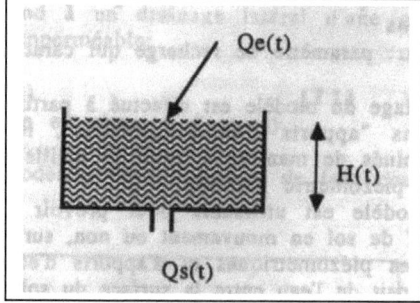

Fig. I.15. Modèle hydraulique à réservoir *(GERVREAU E., 1991)*.

$$Q_s = CA_0\sqrt{2gH} = K\sqrt{H} \qquad [\text{I.37}]$$

Avec : $K = CA_0\sqrt{2g}$

Q_s : débit sortant.
g : accélération de la pesanteur.
C : coefficient de performance de l'orifice de vidange.
A_0 : aire de l'orifice de vidange.
H : pseudo hauteur piézométrique (hauteur de remplissage du réservoir).
A_r : aire du réservoir.

Les débits entrant, Q_e sont directement disponibles en mm d'eau pour une aire de réservoir A_r égale à la surface unité. Il a obtenu alors la formule suivante :

$$H_{i+1} = (\sqrt{H_i} - B)^2 + \alpha P_i \qquad [\text{I.38}]$$

Avec : $B = \dfrac{t_{i+1} - t_i}{\left(\dfrac{2A_r}{CA_0\sqrt{2g}}\right)}$

P_i : les apports d'eau au massif ou quantités infiltrées.

Ce modèle comporte trois paramètres de calage : $H_{initial}$ (H_0), B (paramètre de décharge qui caractérise la perméabilité des terrains) et α (paramètre de recharge qui caractérise la porosité du versant).

Le calage du modèle est effectué à partir de l'histoire récente connue des liaisons « apport d'eau-piézométrie », les paramètres du modèle sont déterminés de manière à avoir la meilleure coïncidence possible entre H et la piézométrie mesurée. Ce modèle permet de prévoir la variation piézométrique d'un massif de sol stable ou non, à partir d'une série de mesures piézométriques et d'apports d'eau, à un horizon égal au temps de transit de l'eau entre la surface du sol et la nappe.

Cependant, le modèle ne tient pas compte d'une éventuelle nappe perchée, ni de zones non saturées pouvant apporter des variations particulières de la pression interstitielle, ni même de la présence d'écoulements subhorizontaux qui peuvent varier considérablement le niveau de la nappe. Ces modèles peuvent toutefois être bien adaptés aux cas où l'hydrogéologie n'est pas complexe. Par ailleurs, il est possible d'envisager d'autres modèles plus complexes. Gervreau a proposé une formulation correspondant à un drainage latéral (écoulement subhorizontal) d'une nappe à surface libre sur un substratum imperméable :

$$H_{i+1} = H_i(1 - C) + \beta P_i \qquad [I.39]$$

Remarque : en cas d'absence d'apports d'eau au massif, on aura une décroissance exponentielle.

2. Liaison entre H et V

L'auteur a modélisé la liaison entre le paramètre piézométrique calculé à partir du modèle à réservoir (ou la mesure piézométrique) et la vitesse de déplacement du versant. Il distingue trois types de liaisons :

- Liaison directement linéaire : dans les cas où les vitesses sont directement proportionnelles aux variations piézométriques.

- Liaison linéaire avec seuil haut : dans les cas où une fraction du mouvement ne trouve pas son explication dans les variations piézométriques.

- Liaison linéaire avec seuil bas : dans les cas où le mouvement est activé au-delà d'un seuil piézométrique.

    a. Le modèle complet P-V

Les deux modèles décrits aux paragraphes précédents (modèle P-H et modèle H-V) peuvent être regroupés en un seul modèle et utilisés dans les cas où on ne dispose pas de mesures piézométriques. La première partie du modèle à réservoir peut alors être allégée de l'un des deux paramètres α ou B (le modèle à réservoir comporte trois paramètres : α, B et H_0) ; la deuxième partie du modèle rend équivalente l'action des paramètres de recharge α et de décharge B pour faire la prévision. Les paramètres H_0 et B (ou H_0 et α) sont calés de manière à avoir la meilleure corrélation possible entre la série H calculée par la formule (I.38) et les vitesses observées. Cependant, ce modèle complet permet uniquement une prévision à court terme (un jour) ce qui nécessite que les données explicatives (apports d'eau) soient disponibles en temps réel. De plus, elles doivent être connues à des intervalles de temps réguliers.

I.6. Conclusion

Dans ce chapitre, ont été présentés les différents procédés de surveillance, leurs domaines d'application et les types de données qu'ils fournissent. Ces instruments peuvent être groupés en deux grandes catégories : instruments permettant la surveillance des paramètres du mouvement et instruments de surveillance des facteurs influant sur ce mouvement. Les résultats de ces techniques constituent également des données des modèles d'évaluation du risque d'instabilité d'un versant naturel ou d'un talus artificiel. L'état de risque peut être évalué à partir des données et des observations des différents paramètres du mouvement (paramètres indiquant la sensibilité du site à subir des mouvements de terrain, paramètres indiquant l'activité actuelle du mouvement,...).

Plusieurs méthodes d'analyse de la stabilité des terrains existent ; les plus utilisées ont été exposées dans ce travail. Ces méthodes ont en commun l'incapacité de fournir des informations sur l'évolution du mouvement (déplacements, vitesses, accélération,...) et la variation progressive de la géométrie du versant au cours du mouvement. Par ailleurs, quelques méthodes d'équilibre limite prenant en considération le facteur temps et les déplacements ont été proposées. Ces dernières sont basées sur une modélisation du phénomène fluage. Les méthodes des éléments finis ont connu un large champ d'utilisation, dans le domaine de la géotechnique, au cours de ces dernières années. Ces méthodes permettent une bonne appréciation du comportement des versants instables ; elles seront utilisées pour l'analyse du comportement du versant d'Ain El Hammam.

Pour les cas de glissements de grandes ampleurs difficiles à renforcer, il est préférable d'opter pour des méthodes de prévision. Plusieurs modèles de prévision du mouvement des versants instables ont été présentés. Cependant, les résultats des prévisions sont souvent non satisfaisants et loin de ceux observés sur le terrain. Deux types de prévision sont présentés dans ce chapitre : les prévisions à partir des données cinématiques et les modèles multivariés orientés sur la cause hydraulique. En outre, il est conseillé de poursuivre cette démarche principalement préventive, en essayant d'introduire d'autres paramètres permettant une meilleure prévision. En effet, ces techniques ne permettent pas la modélisation des régimes hydrologiques complexe et ne prennent pas en considération l'évolution des caractéristiques mécaniques du terrain au cours du temps. La dégradation de la résistance de ces formations est due essentiellement au mouvement (apparition des fissures et des zones de faiblesse, remaniement du sol, etc.) et aux facteurs climatiques (séchage-mouillage, gel-dégel, variations de la température,...). En effet tous les modèles proposés ne prennent pas en compte l'évolution des facteurs mécaniques ; ils sont basés uniquement sur des effets physiques (facteur hydrique) et cinématiques du mouvement.

Les résultats de la recherche bibliographiques ont permis de mieux comprendre le mouvement de terrain d'Ain El Hammam ainsi que l'analyse et le traitement des données disponibles. Ces études sont appliquées pour la caractérisation de ce mouvement de terrain et la définition de ses paramètres principaux.

CHAPITRE II

CARACTÉRISATION DU GLISSEMENT DE TERRAIN D'AIN EL HAMMAM.

La géomorphologie du Nord algérien étant caractérisée essentiellement par des montagnes de pentes raides et abruptes, les mouvements de terrain constituent l'un des risques naturels les plus répondus. Ce phénomène est observé dans plusieurs wilayas du pays : Alger, Béjaia, Constantine, Mila, Média, Tizi-Ouzou, etc. La région de la Kabylie connait ces dernières années une activité intense de cet aléa ; plusieurs versants naturels connaissent des mouvements de terrain plus ou moins étendus et actifs. Nous avons choisi de mettre en exergue et d'étudier le glissement de terrain d'Ain El Hammam vu sa complexité et l'importance des enjeux qu'il induit. Il s'agit d'un mouvement de terrain très actif affectant une pente collinaire fortement urbanisée. Il est localisé dans des terrains métamorphiques essentiellement schisteux et micacés. Le contexte géologique, morphologique et climatique de la région permet de mieux cerner la problématique. Dans ce chapitre seront exposés et étudiés les différentes conditions du site instable (climatiques, hydrologiques, géologiques, géomorphologiques et la sismicité de la région) ainsi qu'un aperçu général sur le mouvement de terrain d'Ain El Hammam, son historique et les résultats des différentes études et investigations menées dans ce site.

II.1. Historique du mouvement de terrain d'Ain El Hammam

Le glissement de terrain d'Ain El Hammam remonte à un temps lointain ; des observations du site et des photographies aériennes montrent l'existence d'indices de mouvements de terrain très anciens. La présence de terrains remaniés en profondeur et l'équilibre fragile du versant peuvent s'expliquer par un déplacement dû à des glissements de panneaux de schistes remaniés de volumes très importants, cette activité a disparu pendant une longue durée et ses indices ont été masqués par l'érosion du versant et la végétation.

Dans les documents dont nous disposons, seules les instabilités apparues depuis 1969 sont reportées, donc on ignore complètement si des signes d'instabilité ont été observés avant cette date.

En 1969 : les premiers signes d'instabilité ont commencé au mois de décembre, après de fortes pluies, les indices les plus visibles ont été localisés au Nord-Ouest de l'ancienne ville *(LNTPB, 1973)*. Suite à ces désordres des études géotechniques ont été réalisées par le laboratoire « Ex. L.N.T.P.B ». Le laboratoire a effectué (9) sondages carottés et (8) puits à ciel ouvert en 1971 (en plus des essais de laboratoire), des essais in situ au pénétromètre dynamique et une reconnaissance géophysique (réalisation de deux profils sismiques) ainsi que la réalisation d'une tranchée drainante. Les informations tirées de ces travaux ont permis de déterminer les causes d'instabilité, la position de la surface de rupture, l'allure du substratum qui est irrégulière et la proposition de solutions pour stabiliser le sol ainsi que quelques recommandations. Ces études indiquent que la couche instable est de faible épaisseur, elle concerne la couche du remblai et la zone altérée du substratum.

Vers les années 1990 : des bâtiments (R+5) ont été édifiés le long du boulevard Colonel Amirouche. Des instabilités ont été signalées dans le site (lors de la construction du bâtiment de la BDL, l'école située en amont a connu des désordres dans la structure et dans la maçonnerie, des affaissements ont été observés à plusieurs endroits,...).

En 2002 : les désordres réapparaissent au niveau du centre-ville (Boulevard Amirouche, l'école des garçons, etc).

En 2004 : de nouveaux désordres sont apparus après les précipitations et la neige abondante de l'hiver de 2004-2005. Des signes d'instabilité ont commencé à apparaitre pour la première fois dans le versant après la fonte de la neige.

Hiver 2005-2006 : suite à de fortes pluies orageuses, plusieurs bâtiments du boulevard Colonel Amirouche ont subi des désordres. Le bureau d'étude GEOMICA a été alors engagé pour effectuer une étude géotechnique et une reconnaissance par sondages.

Un léger affaissement de la petite route descendante au Sud-Est a été observé, ce qui démontre que le mouvement affecte aussi le versant. Les mouvements, pendant cette période allant jusqu'à novembre 2008, ont été relativement lents (centimétriques à décimétriques).

En novembre 2008 : des pluies abondantes ont provoqué une réactivation du mouvement, et les déplacements ne cessent de s'amplifier pour atteindre un maximum en mars et avril 2009. Les déplacements pendant cette période étaient de grande ampleur (dislocation d'immeubles et d'ouvrages de soutènement, des désordres dans les chaussées, la rupture des réseaux hydrauliques…). Sous l'effet des infiltrations issues des réseaux hydrauliques défectueux et des précipitations, un risque de poursuite et d'aggravation des mouvements ne serait pas exclu.

En mai et juin 2009 : plusieurs immeubles ont été évacués et démolis, et depuis la vitesse du mouvement a diminué surtout dans la partie située à l'amont du marché. Dans le versant, les déplacements sont toujours visibles et des signes de mouvements sont apparents.

De août 2009 à ce jour : Le mouvement continue d'évoluer dans la ville et le versant ; de nouveaux désordres ont été recensés. Quelques immeubles constituant un danger ont également été démolis. La longue période hivernale de l'année 2011/2012 a réactivé l'instabilité. Plusieurs désordres ont été observés pendant cette période : rupture de mur de soutènement, routes lézardées, escarpements, fissures de traction, etc.

II.2. Les conditions majeures à la formation du glissement de terrain d'Ain El Hammam

II.2.1. Cadre géologique

II.2.1.1. Cadre géologique de la région

La région d'Ain El Hammam est rattachée au massif de la Grande Kabylie qui constitue un ensemble homogène. Ce massif s'étale sur une longueur de 70 km et une largeur de 20 km ; il occupe une position centrale dans les Magrébides. Cette formation domine le bassin de Tizi-Ouzou au Nord et assure une transition avec la chaîne de montagnes de Djurdjura vers le Sud (fig. II.1). Le massif est limité à l'Est par l'affleurement des flyschs du haut Sebaou et à l'Ouest par les flyschs supra-kabyles. Les hauteurs maximales qui culminent entre les côtes 1000 et 1300 m sont situées dans la région orientale de ce massif. Les zones internes de ce segment alpin (massif de la Grande Kabylie) comportent trois ensembles géologiques *(GEOMICA, 2009)*:

- Le premier est métamorphique ; il est composé de terrains anciens cristallins et surtout cristallophylliens du Paléozoïque.
- Le second est de nature sédimentaire, peu ou pas métamorphique d'âge cambrien à carbonifère.
- Le troisième forme la dorsale (ou la chaîne calcaire) ; il est d'âge mésozoïque à cénozoïque.

L'ensemble lithologique du socle de Grande Kabylie a subi plusieurs déformations souples et cassantes. Les déformations souples se sont manifestées principalement dans les schistes ; leurs plans axiaux sont de direction N220° et de plongement de 30° vers le Sud-Est. Les failles sont de direction principale orientée Est-Ouest, Nord-Sud et Nord Est-Sud Ouest ; elle affecte généralement plusieurs ensembles lithologiques à la fois. Les contacts entre les différents massifs sont généralement caractérisés par des zones cataclastiques indiquant qu'il s'agit de contacts tectoniques *(GEOMICA 2009)* :

- Contact micaschistes-schistes satinés.
- Contact micaschistes-gneiss.
- Contact schistes satinés-gneiss.

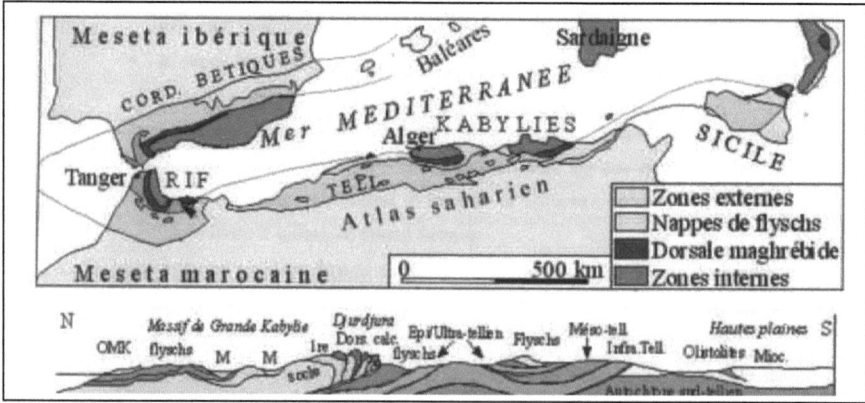

Fig. II.1. Carte structurale schématique de la chaîne Maghrébide montrant la distribution des zones externes et internes de la grande Kabylie *(DURAND DELGA 1980)*.

II.2.1.2. Cadre géologique local

Le contexte géologique de la région d'Ain El Hammam et la nature des structures présentes sont les principaux facteurs de prédisposition du site à subir des glissements. La carte géologique de Fort national réalisée par Ficheur M.E. et Savornin M.J. en 1906 permet de déterminer la nature géologique et structurale de la région d'Ain El Hammam composée essentiellement de terrains métamorphiques. Les études géologiques menées par le laboratoire GEOMICA (phase I en 2006 et phase II en 2009) dans la zone instable montrent l'existence d'un schiste satiné et altéré ainsi que la présence dans cette région des niveaux lithologiques suivants :

- Un ensemble schisteux constitué de schistes satinés et de micaschistes.
- Un ensemble gneissique contenant des gneiss oeillés et des gneiss fins.
- Un ensemble intrusif formé de granites, de pegmatites et d'aplites.
- Un ensemble de roches basiques s'exprimant par des amphiboles.

La zone affectée par le mouvement de terrain est constituée essentiellement de schistes satinés de couleur grise foncée dans lesquelles s'intercalent localement des bancs de quartzites. Cette formation présente une structure feuilletée d'une schistosité de direction moyenne orientée ENE-WSW et d'une inclinaison de 40° à 60° vers le Sud (dans le sens de la pente). Cette formation est souvent en contact avec les micaschistes. Les micaschistes constituent une formation de couleur crème foncée à marron claire qui présente une structure feuilletée d'une schistosité de direction ENE-WSW. En effet, ces deux types de roche se débitent en plaquettes suivant leur plan de schistosité principal. Cependant, la formation schisteuse rencontrée dans cette zone est souvent altérée. L'altération a été facilitée par la structure feuilletée et fissurée de cette formation ainsi que la présence d'eau en abondance dans cette région. L'altération de la roche produit un limon argileux de couleur rougeâtre contenant des fragments (des débris) de schistes.

II.2.2. Description géomorphologique

La pente affectée par le glissement de terrain d'Ain El Hammam se présentait à l'origine sous forme d'une pente abrupte orientée généralement suivant une direction Nord-Sud. Cependant, l'allure de la crête du versant a été largement modifiée par les travaux d'urbanisation récents et l'allure de la partie non construite du versant (située en aval de cette crête) remodelée par les mouvements de terrain récents (fig. II.2 ; fig. II.3 ; fig. II.4 ; fig. II.5 ; fig. II.6 ; fig. II.7). Le glissement de terrain d'Ain El Hammam affecte une surface supérieure à 23.5 ha *(DJERBAL L. et MELBOUCI B., 2012)*. La longueur maximale de la masse du sol en mouvement entre la couronne et le pied est supérieure à 700 m et sa largeur au niveau du boulevard Colonel Amirouche est d'environ 590 m avec une dénivelée entre la couronne et le pied du glissement d'environ 295 m *(DJERBAL L., 2010)*. De plus, une ligne d'arrachement d'une épaisseur maximale supérieure à 1,65 m (mesurée en mars 2011) est localisée dans la partie amont du versant (à la limite avale de la maison abritant une menuiserie) sur une longueur de l'ordre de 350 m ; d'après le rapport phase I de GEOMICA, en 2006, cet affaissement se présentait sous forme d'une fissure de traction d'une ouverture maximale de l'ordre de 30 cm. Non loin de là, une seconde zone d'arrachement se présentant en avril 2010 sous forme d'une fissure de traction, d'une ouverture maximale d'environ 20 cm a été également observée ; cette zone a subi un affaissement d'environ 1m. En outre, des cicatrices d'arrachement montrant des rejets allant jusqu'à plus de 5 m marquant les limites à gauche et à droite du glissement sont aussi reconnues. Une série de fissures de traction (d'ouvertures, d'épaisseurs et de longueurs variables) a été aussi rencontrée dans la partie avale de la ville et dans le versant instable. Des écoulements de type torrentiel semi-permanant ont creusé des ravins dans ce versant et causent des déplacements dans les rives qui longent ces cours d'eau. L'effet du mouvement de terrain sur cette pente et très visible en surface ; les déformations donnent au versant instable une forme en gradins (voir les figures suivantes). Le pied de ce glissement est constitué de schistes broyés et écrasés.

Fig. II.2. Déformations superficielles sous forme de gradins.

Fig. II.3. Dislocation du sol.

Fig. II. 4. Affaissements du terrain.

Fig. II.5. Arrachement du sol.

Fig. II.6. Immeuble incliné.

Fig. II.7. Pilonnes électriques inclinés.

II.2.3. Cadre climatique et hydrogéologique

L'eau constitue souvent un facteur déstabilisant des versants et agit négativement sur les caractéristiques géotechniques du sol ; elle est la cause du déclenchement d'environ 55% des glissements de terrain *(DURVILLE J.L. et SEVE G., 1998)*. Une étude de ce facteur s'avère donc indispensable dans l'analyse de la stabilité des versants.

II.2.3.1. Cadre climatique

Le climat de Ain El Hammam est de type méditerranéen, continental, relativement froid et humide en hiver, chaud et sec en été *(GEOMICA, 2006)*. La période des fortes pluies s'étale dans cette région sur 5 à 6 mois (entre novembre et mars, voir les tableaux et les figures ci-dessous). A partir d'une étude des données climatiques, d'Ain El Hammam (qui s'étale sur plusieurs années), nous avons relevé les constats suivants :
- Le mois le plus pluvieux de l'année est le mois de décembre et le plus sec est le mois de juillet,

- Les températures varient suivant les années, de 25° à 35° en juillet et août avec parfois des pics qui dépassent 40° ;
- Le mois le plus pluvieux de l'année est le mois de décembre avec une pluviométrie mensuelle moyenne qui oscille autour de 175 mm ;
- Le mois le plus sec de l'année est le mois de juillet, avec une pluviométrie moyenne de l'ordre de 5 mm ;
- Les précipitations moyennes annuelles oscillent autour de 1050 mm avec un extremum en 1974 atteignant 1559 mm.

Quelques données climatiques de la région d'Ain El Hammam

Tableau II.1 : Valeurs des précipitations mensuelles de la période (1913/1938) après comblement *(GEOMICA, 2006)*.

Station	SEP	OCT	NOV	DEC	JAN	FEV	MAR	AVR	MAI	JUN	JUI	AOU	Année
Ain El Hammam	47	94	159	162	153	137	154	113	83	32	6	9	1149

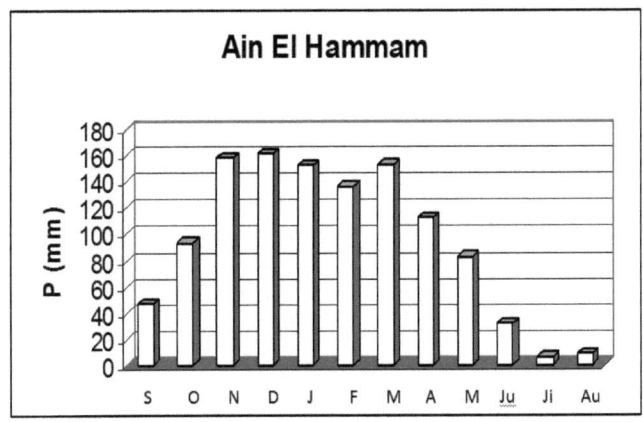

Fig. II.8. Histogramme de la période (1913/1938) *(GEOMICA, 2006)*.

Tableau II.2 : Valeurs des précipitations mensuelles d'Ain El Hammam (1968/1994) *(GEOMICA, 2006)*.

Station	SEP	OCT	NOV	DEC	JAN	FEV	MAR	AVR	MAI	JUN	JUI	AOU	Année
Ain El Hammam	49.86	83.10	130.92	177.34	130.99	138.82	137.13	109.74	64.95	18.58	4.99	12.54	1058.8

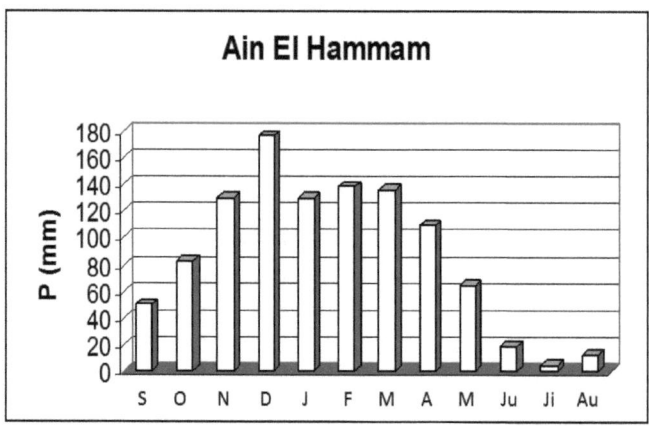

Fig. II.9. Histogramme de la période (1968/1994) *(GEOMICA, 2006)*.

Tableau II.3 : Valeurs des précipitations annuelles après comblement (données (ANRH, 1968/1994)) *(GEOMICA, 2006)*.

Station d'Ain El Hammam Code C021703 X=644.15m Y=364.50m Z=1140m	
Année	Précipitations annuelles après comblement
1968	441.6
1969	1150.2
1970	806.8*
1971	1098.9
1972	882.0
1973	1559.4
1974	889.4
1975	1358.4
1976	1127.3
1977	1074.4*
1978	995.0
1979	1095.9
1980	1317.9
1981	984.6*
1982	1070.8
1983	1251.2
1984	1167.2
1985	1059.8

1986	1316.1
1987	819.7
1988	1028.4
1989	784.2
1990	1093.0
1991	1075.7*
1992	924.1
1993	956.0
1994	1260.3
Moyenne	1058.8

(*) Valeurs comblées par régression linéaire

Tableau II.4 : Valeurs des précipitations moyennes mensuelles à la station d'Ain El Hammam période (1997-2006) *(GEOMICA, 2006)*.

MOIS	SEP	OCT	NOV	DEC	JAN	FEV	MAR	AVR	MAI	JUI	JUIL	AOÛ
P.moy (mm)	42,6	67,2	130,8	186,9	160,7	100,8	56,9	116,6	117,3	7,2	4,4	18,4

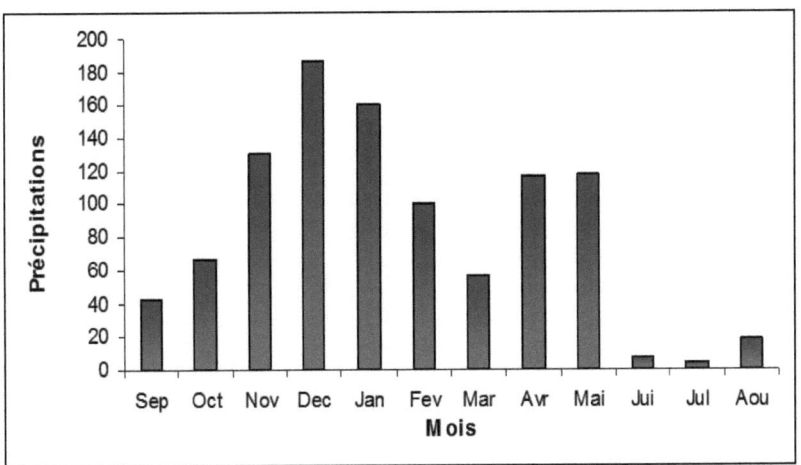

Fig. II.10. Histogramme des précipitations pour la période (1997/2006) *(GEOMICA, 2006)*.

Les températures moyennes mensuelles de la région d'Ain El Hammam (période 1997/2006) sont résumées dans le tableau et le graphe ci-dessous :

Tableau II.5 : récapitulatif des températures moyennes annuelles pour la période (1997/2006) *(GEOMICA, 2006)*.

Mois	Sep	Oct	Nov	Dec	Jan	Fev	Mars	Avr	Mai	Jui	Juil	Août
T(C°) Max	31,7	30,1	23,8	16,7	15,19	16,84	20,7	25,2	29	33	37,1	35,83
T(C°) Moy	24,8	22,9	16,9	11,95	09,15	10,37	14,65	17,7	21,7	25,75	29,21	28,36
T(C°) Min	17,9	15,7	10,1	07,2	03,1	03,9	08,6	10,18	14,4	18,50	21,32	20,9

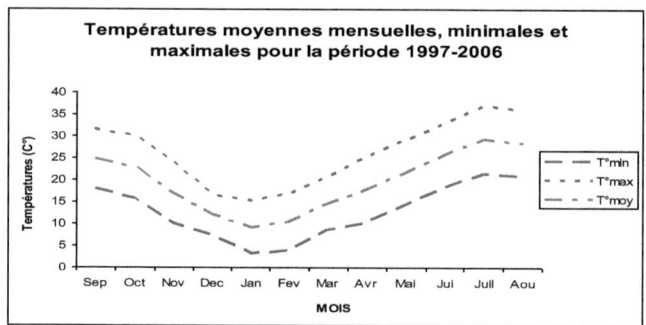

Fig. II.11. Valeurs des températures moyennes annuelles pour la période (1997/2006) *(GEOMICA, 2006)*.

II.2.3.2. Hydrologie du site

L'hydrologie de la région d'Ain El Hammam est caractérisée par des cours d'eaux d'écoulement torrentiel et semi-permanant et par la présence de nombreuses sources d'eau (d'où l'appellation d'Ain El Hammam). Le versant affecté par le mouvement de terrain est traversé par plusieurs cours d'eau. Il comporte également plusieurs sources d'eau (voir les figures). De plus, la sortie avale de cette pente (située en aval de la ville instable) sert d'exutoire pour les eaux usées et les eaux pluviales (suppression du réseau hydrographique initial qui permettait le drainage des eaux pluviales).

Fig. II.12. Source d'eau.   Fig. II.13. Écoulement des eaux usées.

Fig. II.14. Cours d'eau.

II.2.4. Sismicité de la région d'Ain El Hammam

Le Nord Algérien a connu plusieurs séismes dévastateurs au cours de l'histoire (1716, 1825, 1856, 1954, 1980, 2003,...). Les données et les documents existants n'ont rapporté aucun séisme destructeur en Kabylie excepté le séisme de 2003 qui a affecté une partie de la Kabylie littorale orientale. Les cartes de sismicité historique d'Algérie montrent une distribution spatiale des épicentres. Les épicentres des rares séismes ayant affecté la Kabylie forment deux alignements : le premier est orienté Nord Ouest-Sud Est ; il correspond à l'axe Isser-Bouira. Le second est orienté Est-Ouest puis Nord Est-Sud Ouest ; il correspond à la bordure Sud des massifs Kabyles (il correspond à l'axe Ain El Hammam – Tizi-Ouzou).

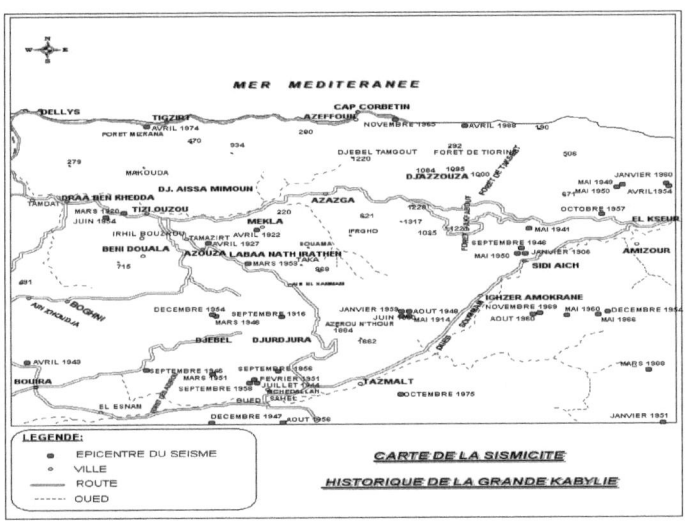

Fig. II.15. Carte de la sismicité de la grande Kabylie *(GEOMICA, 2006)*.

La carte de sismicité élaborée par le CGS après le séisme du 21 mai 2003 (figure II.16.) montre que la région d'Ain El Hammam (wilaya de Tizi-Ouzou) est située dans une zone de sismicité moyenne (zone IIa) *(document technique réglementaire DTR BC 2 48 2003)*. Les effets induits par un séisme moyen sur le mouvement de terrain d'Ain EL Hammam doivent donc être évalués et pris en considération par les instances concernées.

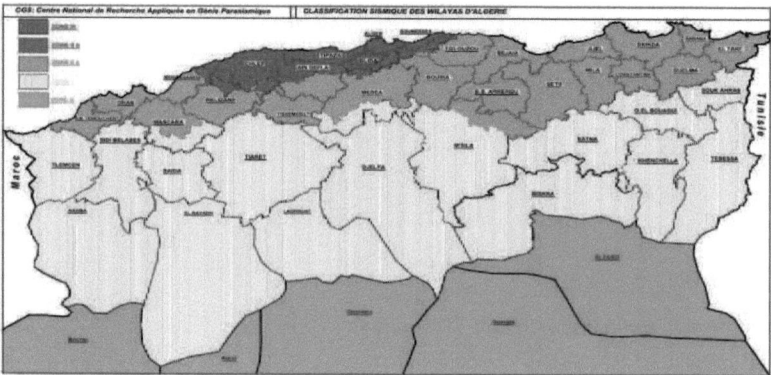

Fig. II.16. Carte du zonage sismique de l'Algérie *(document technique réglementaire DTR BC 2 48 2003).*

II.3. Causes du déclenchement et de l'activité du glissement de terrain d'Ain El Hammam

Une multitude de facteurs interagissent dans ce mouvement de terrain. En se basant sur les études géologiques et géomorphologiques de la région et l'analyse de l'historique des différentes conditions climatiques et anthropiques qui ont précédées et accompagnées les différentes phases d'activité du mouvement. Quelques causes pouvant être l'origine probable de ce glissement ont été définies. Ces facteurs déjà caractérisés par de nombreux auteurs *(SLOSSON et al, 1992; AZIMI et DESVARREUX, 1996)* peuvent être regroupés en deux grandes catégories selon Campy et Macaire (1989) : les facteurs passifs qui sont des facteurs de prédisposition du site à glisser, et les facteurs actifs qui sont des facteurs qui contribuent souvent au déclenchement des instabilités.

II.3.1. Facteurs passifs
Ils regroupent les facteurs liés à la géologie, la géomorphologie et l'hydrologie du site.

II.3.1.1. Les facteurs géologiques

Il s'agit d'un ensemble de facteurs liés à la structure et à la lithologie du versant (l'épaisseur et la structure des différentes couches, la nature granulométrique, minéralogique et les caractéristiques géotechniques des différentes formations...).

1. La structure schistosée du versant et le pendage aval des couches

Le mouvement de terrain affecte une formation schisteuse très altérée. Cette roche se débite en plaquettes suivant la direction de schistosité principale. Cependant, la direction de ces plans de schistosité se trouve dans le sens de la pente et favorise ainsi le glissement des feuillets qui est facilité par la présence d'eau qui joue le rôle de lubrifiant. La présence de couches fortement altérées à pendage aval au sein des couches résistantes dans cette zone est un facteur supplémentaire de l'instabilité. En effet, H.D. BAURAT et al. (1974) ont prouvé que le système de fissuration initial du massif est le second facteur important dans la stabilité des masses rocheuses, après la nature de celle-ci.

1. La nature des formations géologiques

Les résultats des huit (08) sondages carottés réalisés dans la ville d'Ain El Hammam par le laboratoire GEOMICA montrent (voir l'implantation des sondages Fig. II.26) :
- Une couche de remblais et d'éboulis de faibles caractéristiques d'une épaisseur allant de 1.70 m à 9.70 m.
- La présence de schistes satinés de faible résistance mécanique ;
- L'altération de la roche en profondeur marquée par l'alternance en profondeur de sols peu consistants et altérés avec des schistes compacts plus résistants (un schiste altéré et remanié est observé à une profondeur supérieure à 35 m dans les sondages Si01 et Si02 ; Fig. II.17) ;
- La fracturation du substratum rocheux.

Caractéristiques géotechniques des formations

Les études géotechniques permettent de définir les conditions qui ont provoqué le glissement, en s'appuyant sur différentes disciplines telles que la géomorphologie, la géologie, l'hydrogéologie, la géotechnique, etc *(DELMAS et al., 1987)*. Les résultats obtenus par le laboratoire GEOMICA à partir des essais effectués sur des échantillons de sols intacts ou remaniés prélevés au niveau des sondages exécutés montrent *(GEOMICA, 2009)* :

- En surface, un recouvrement superficiel de remblais et d'éboulis d'une épaisseur allant de 1.70 m à environ 10 m, caractérisé par :
- Un état non saturé avec des teneurs en eau assez faibles variant de 7.71% à 13.61% ;
- Une courbe granulométrique qui montre une granulométrie caractéristique d'un sol très hétérogène ;
- Des densités sèches moyennes à élevées variant entre 1.88 et 2.02
- De faibles cohésions et des angles de frottements élevés (une cohésion variant de 17 à 34 KPa et des angles de frottement qui varient de 36.80° à 46.50°) ;
- Un état très peu plastique avec une limite de liquidité W_L d'environ 24% et un indice de plasticité I_p d'environ 3.43%.
- L'essai oedométrique montre que la couverture superficielle se trouve dans un état peu consolidé non gonflant et moyennement compressible (avec : 59 KPa < Pc < 184 KPa ;   1.19% < C_g < 2.06% et 15.81% < C_c < 16.13%) ;

- En profondeur, les passages altérés de la formation schisteuse sont peu consistants profonds et peuvent être le siège de glissements de terrains profonds. Leurs caractéristiques géotechniques ont été analysées et étudiées. Les résultats des essais réalisés montrent *(GEOMICA, 2009)* :

- Des teneurs en eau naturelles faibles et très variables (4.38 < W% < 11.65) ;
- Les courbes granulométriques obtenues pour ces couches montrent une granulométrie caractérisant un sol très hétérogène ;
- Des densités sèches moyennes à élevées ; variables de 1.79 à 2.31 ;

- Les caractéristiques mécaniques faible des passages altérés ; avec des cohésions très faibles variant de 9 à 58 KPa et des angles de frottement faibles à élevés variant de 14.27° à 35.37°. En effet, les schistes altérés et déstructurés grisâtres de moyenne consistance (situés au-dessous de 23 m de profondeur au niveau du sondage carotté (SC03 (fig. II.17)) affichent les plus faibles caractéristiques) ;
- Un état peu plastique avec des limites de liquidité très variables (19.05% <W_L < 31.78%) et un indice de plasticité très faible et variable (1.47% < I_P < 7.3%) ;
- Un état peu à moyennement consolidé, non gonflant et moyennement compressible (avec : 114 KPa< P_c < 125 KPa ; 1.30%< C_g< 1.51% et 10.86% < C_C < 11.15%).

Il ressort de ces essais que la majeure partie de ces passages altérés et remaniés profonds montre une faible résistance mécanique et présente des caractéristiques favorables aux glissements de terrain, en particulier la couche située au-dessous de 23 m de profondeur au niveau du sondage SC03 (voir la figure II.17). La variation importante des caractéristiques physiques et mécaniques des sols est due à la présence de couches discordantes dans ce versant ; les caractéristiques mécaniques élevées sont observées pour les échantillons prélevés dans les passages résistants et les plus faibles sont observées pour les couches les plus altérées. Les matériaux rencontrés dans cette zone atteignent rapidement la limite de liquidité et perdent ainsi leurs propriétés de résistance mécaniques.

Rappelons que l'indice de plasticité représente le domaine de plasticité d'un sol ou matériau naturel, et lorsque la teneur en eau de ce dernier approche ou dépasse la limite de liquidité, le sol devient apte à se déformer sous l'action de facteurs externes tels que la gravité et la pression *(FALEH et SADIKI, 2002)*. Cet indice est très faible aussi bien pour les sols constituant le couvert superficiel que pour les couches de schistes altérées et remaniées profondes rencontrées dans la zone instable d'Ain El Hammam. En fait, le sol passe rapidement de l'état plastique à l'état liquide et constitue une zone de faiblesse en profondeur favorisant ainsi le déplacement des panneaux schisteux.

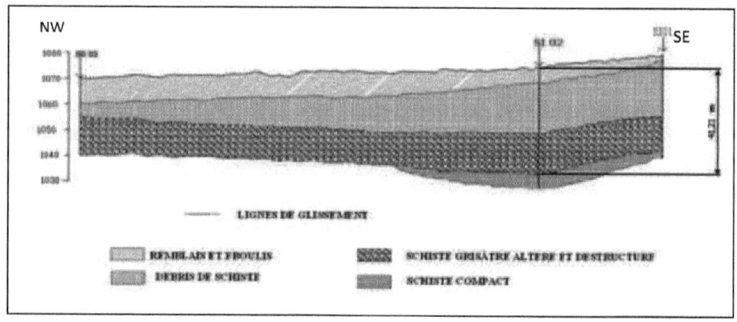

Fig. II.17. Coupe géologique réalisée à partir des sondages (SC03, Si02, Si01) *(DJERBAL, 2010)*.

2. La perméabilité du couvert superficiel et des passages altérés profonds

La forte perméabilité de la couche superficielle de remblais et plus en profondeur des passages schisteux altérés contribue considérablement au déclenchement d'instabilités et à une évolution latérale et en profondeur du glissement de terrain d'Ain El Hammam. En effet, la couche superficielle de remblai, qui repose sur un substratum schisteux peu perméable et fissuré, permet une rapide infiltration de l'eau de pluie dans les fissures des schistes du substratum et favorise, en l'accélérant, le processus d'altération du substratum schisteux. Ce processus d'infiltration réduit considérablement les caractéristiques mécaniques de la couche superficielle, mais aussi et surtout des couches profondes (l'eau brise l'effet de cohésion existant entre les particules). Dans ce cas, l'écoulement dans les couches profondes est souvent transversal, et les panneaux de schistes altérés sont le plus souvent piégés entre deux couches de schistes très peu perméables. Par ailleurs, dans ce processus, les écoulements d'eau (issus de plusieurs sources d'eau existantes dans le bas du versant instable ; ce qui suppose que la nappe est profonde) transportent les particules fines du sol en laissant des vides et provoquent en aval un colmatage du terrain augmentant la pression interstitielle (marquée par des sorties d'eau subites et par une augmentation des débits des sources). En outre, dans ces niveaux drainants, le sol passe d'un état plastique à un état liquide en créant des zones de faiblesse propices à l'apparition de surfaces de ruptures profondes.

Minéralogie des schistes d'Ain El Hammam

Deux échantillons de schiste ont été prélevés à deux dates différentes et dans deux endroits distincts, aux limites Est et Ouest du glissement (Fig. II.26). Une étude minéralogique et pétrographique a été effectuée au laboratoire CETIM de BOUMERDES sur ces échantillons de schistes en utilisant la méthode du broyage et de diffraction RX. Les résultats de cette étude sont récapitulés dans le tableau II.6 et la fig.II.18.

L'altération du schiste réduit sa résistance mécanique. La roche altérée comporte un taux élevé de minéraux argileux (kaolinite, muscovite) qui dépasse les 50%, ce qui indique un niveau d'altération météorique avancé. Ces observations minéralogiques confirment la forte altération des schistes d'Ain El Hammam, altération qui est à mettre en relation avec la structure de la roche, et ne peut que participer à une accentuation du mouvement de terrain.

Tableau II.6 : Composition minéralogique des deux échantillons de schiste *(KECHIDI Z., 2010)*

Code de l'échantillon	Composition minéralogique en % minéraux						
	Quartz	Albite	Chlorite	Kaolinite	Muscovite	Anatase	Minéraux ferrugineux + fond RX
Échantillon 1	22.5	9	8.5	14.5	37.5	1	7
Échantillon 2	34	8	8	9.5	33	1	6.5

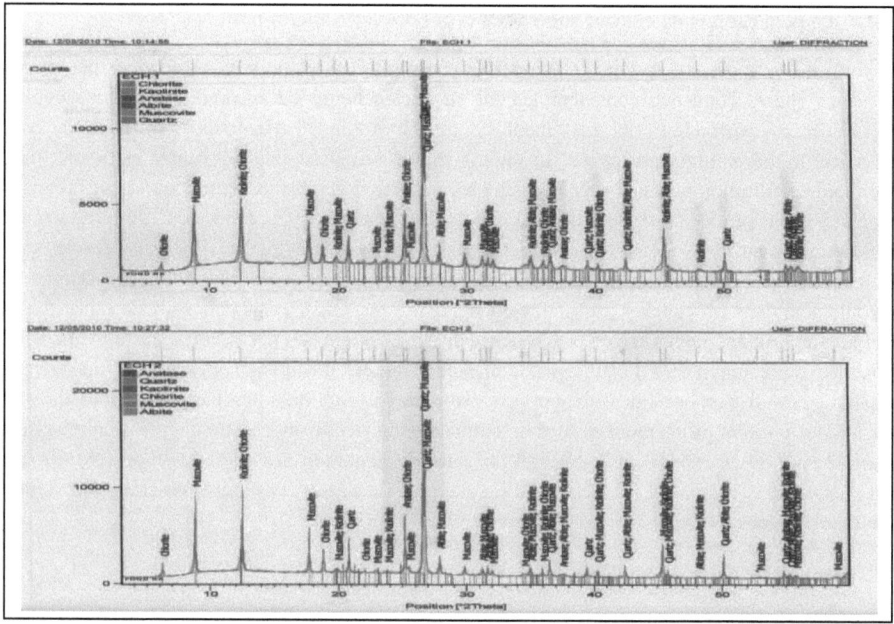

Fig. II.18. Pourcentages des minéraux constituant des échantillons 1 et 2 *(Kechidi Z., 2010)*.

II.3.1.2. Les facteurs morphologiques

La nature morphologique du terrain joue un rôle important dans l'amorce des mouvements de terrain et dans la détection de la prédisposition et la susceptibilité d'une pente à glisser. En outre, l'âge des formations géologiques, la topographie du site et la stratigraphie de la pente constituent des facteurs principaux de prédisposition du site à subir des glissements de terrain.

Comme nous l'avons déjà indiqué, le versant instable d'Ain El Hammam est caractérisé par l'alternance de couches résistantes et d'autres peu consistantes d'un pendage orienté dans le sens de la pente. Cette disposition est caractéristique d'un mouvement de terrain très ancien ayant déplacé les panneaux de schiste qui reposent en profondeur sur un terrain naturel remanié de faible résistance. Cet état favorise la réactivation du mouvement du fait que la couche remaniée de faible résistance mécanique se trouve en profondeur et constitue ainsi une zone de faiblesse du versant. A cet effet est associée l'importante inclinaison de ce versant raide (une inclinaison allant de 30° à 60°) orientée dans le sens du plan de stratigraphie principal des couches. Les fissures importantes observées dans la partie avale de la ville (constituant des zones de faiblesse pour les infiltrations d'eau) contribuent à l'altération des couches de schiste profondes.

II.3.1.3. Hydrologie du site

L'analyse des photographies aériennes et des résultats des investigations ainsi que les constatations et les conclusions tirées lors des visites du site instable montrent :

- La présence de plusieurs sources d'eau dans le versant instable ;

- La présence de plusieurs cours d'eau d'écoulement de type torrentiel et semi-permanant ;
- La présence d'une éventuelle nappe phréatique.

Cette hydrologie accélère le processus d'érosion tant superficielle qu'en profondeur par infiltration dans le versant et induit une réduction considérable des caractéristiques mécaniques des terrains déjà historiquement instables. En effet, les débits des sources, après les fortes pluies, ont augmenté et l'eau à la sortie est chargée de fines. Des essais de cisaillement à la boite de Casagrande réalisés par KECHIDI Z. en 2010 sur les deux échantillons de schiste après broyage (prélevés respectivement dans les limites Est et Ouest du glissement) démontrent la dégradation des caractéristiques mécaniques de cette formation en milieu saturé. Ces essais renseignent sur le rôle de l'eau (essai en milieu saturé) dans la modification des caractéristiques mécaniques de la pente du versant composée principalement de schistes broyés et déstructurés. Ces zones de schistes broyés sont reconnues par forage au niveau de ce site. De plus, l'érosion superficielle modifie considérablement l'allure du versant déstabilisant ainsi que l'équilibre de celui-ci.

II.3.2. Facteurs actifs

Il s'agit des facteurs déclencheurs et déstabilisateurs des pentes ; ils sont liés à l'action de l'eau, des séismes ou anthropiques. Ces facteurs restent toutefois difficiles à évaluer sur le site étudié. Ils influent considérablement sur la dynamique d'évolution du mouvement. Pour le cas du glissement d'Ain El Hammam, nous avons constaté que trois facteurs actifs influent considérablement la cinématique de ce mouvement et pouvant probablement être à l'origine de son déclenchement et réactivation : il s'agit de l'eau, des séismes et de l'homme.

II.3.2.1. L'action climatique

L'activation et/ou la réactivation du glissement de terrain d'Ain El Hammam est fortement liée aux différentes actions climatiques.

- L'effet des fortes précipitations

L'analyse de l'historique de ce mouvement montre l'existence d'un lien important entre la pluviométrie (la hauteur des précipitations aqueuses) et l'évolution de la cinématique du mouvement. En effet, l'activation et la réactivation de ce mouvement sont souvent précédées par des événements climatiques exceptionnels, caractérisés par de fortes précipitations. Selon des témoins de la région, cet effet a été très visible en particulier lors du premier déclenchement du mouvement en décembre 1969 et lors de la réactivation de novembre 2008 où des déplacements très importants ont été observés. Par ailleurs, les fortes précipitations qui caractérisent le climat de la région d'Ain El Hammam ont un rôle très important dans le déclenchement, l'activité et l'évolution de ce glissement de terrain.

- L'effet de la couverture neigeuse

La région d'Ain El Hammam localisée au pied de la montagne de Djurdjura est caractérisée par une importante couverture neigeuse. Cette couverture favorise les infiltrations lentes et continues propices à l'altération des formations schisteuses en profondeur. En effet, la fonte progressive de la neige contribue considérablement à garder le sol saturé pendant une longue durée en éliminant l'effet de l'évaporation de l'eau. Cette eau s'infiltre progressivement dans les diaclases du schiste et sépare les feuillets de cette formation provoquant ainsi une altération progressive du substratum et une réduction des caractéristiques mécaniques des sols superficiels. En outre, l'effet du gel-dégel sur cette formation doit aussi être évalué et étudié.

II.3.2.2. Facteurs anthropiques

L'action humaine constitue l'un des facteurs déclencheurs des instabilités de terrain les plus répondus. Nous avons relevé à Ain El Hammam les causes suivantes :

- L'effet de la surcharge importante en amont du glissement (crête)

Malgré les signes d'instabilité apparus il y a plus de 40 ans, des constructions et des surcharges importantes ont été réalisées dans cette zone en particulier au niveau de la ligne crête du versant instable. Ces travaux ont modifié considérablement le relief du site et surchargé la pente instable. En effet, les travaux réalisés ont modifié les conditions de stabilité initiales d'un site se trouvant en état d'équilibre fragile. L'amortissement et le ralentissement du mouvement, en particulier au niveau de la crête du glissement, après la démolition d'un certain nombre de constructions confirme le rôle important de cette surcharge et son effet sur la cinématique du mouvement.

- L'effet de la suppression des réseaux de drainage

Les réseaux de drainage réalisés en 1969 afin de stabiliser le versant et d'éviter la mise en pression des terrains ont été totalement supprimés et colmatés par les travaux d'urbanisation et les jets anarchiques de remblais. Cette modification a favorisé l'infiltration des eaux et l'altération du substratum rocheux. Ainsi, l'érosion superficielle et profonde du versant a modifié les conditions géométriques d'équilibre et les caractéristiques mécaniques des formations.

- L'effet des réseaux d'assainissement non raccordés et des eaux issues de l'abattoir

Les eaux usées issues de l'abattoir et du réseau d'assainissement principal de la ville d'Ain El Hammam (un réseau non raccordé) se déversent directement dans les lignes de rupture apparentes dans le versant instable. Une partie de ces eaux usées ruisselle sur le versant et suit les ravins des cours d'eau, l'autre partie s'infiltre dans les lignes de glissement et contribue à la réactivation et à l'évolution du glissement. Ces eaux contenant des agents chimiques contribuent considérablement à l'érosion du versant et à l'activité du mouvement.

II.3.2.3. L'effet de la sismicité de la région

Les séismes jouent un rôle important dans le déclenchement des instabilités de versant. La région d'Ain El Hammam étant localisée, selon le Règlement Parasismique Algérien *(document technique réglementaire DTR BC 2 48 2003)*, en zone IIa (dite zone de sismicité moyenne). L'effet de celui-ci doit être pris en charge dans les calculs de stabilité. De plus, les effets induits d'un séisme moyen doivent être évalués et pris en considération par le système d'alerte. En effet, les séismes contribuent à l'accentuation et à la réactivation des instabilités de terrain (*CHEN et al., 2005 ; KHEMISSA et al., 2008*).

Plusieurs réseaux hydrauliques (réseaux d'assainissement et d'alimentation en eau potable) ont été rompus suite au mouvement de terrain. Les infiltrations des eaux issues de ces réseaux défectueux contenant souvent des produits chimiques ont certainement contribué à l'évolution du mouvement. Les habitants de la région interrogés affirment que le mouvement a ralenti après la réparation de certains réseaux.

II.4. Les phases d'évolution du mouvement de terrain d'Ain El Hammam

Le glissement de terrain qui affecte la ville d'Ain El Hammam, depuis son amorce en décembre 1969, n'a pas cessé d'évoluer et d'affecter des masses et des volumes de plus en plus importants (tableau II. 7). L'analyse de l'historique de ce glissement a permis de déceler cinq (05) périodes d'évolution de cette instabilité :

Tableau II.7 : Récapitulatif de l'évolution du glissement d'Ain El Hammam entre 1969 et 2010.

Paramètres du mouvement	En 1969	En 2010
- Longueur maximale de la zone instable	Environ 100 m	Supérieure à 700 m
- Largeur maximale de la zone instable	70 à 90 m	Environ 590 m
- Dénivellation de la zone instable	Environ 20 m	Environ 295 m
- La profondeur maximale de la ligne de rupture au niveau la ville.	Inférieure à 10 m	Supérieure à 45 m
- Nombre de surfaces de glissement	Une seule surface	Plusieurs surfaces emboitées et superposées

II.4.1. Période de 1969 à 2005

Le mouvement de terrain s'est déclenché, suite à de fortes pluies en décembre 1969 *(LNTPB, 1972 ; LNTPB, 1973 ; BOUGDAL, 2010)*. Le laboratoire Ex. L.N.T.P.B a été alors engagé pour réaliser une étude de cette instabilité et la possibilité d'un confortement. Le laboratoire a effectué neuf (09) sondages carottés et huit (08) puits à ciel ouvert en 1971 (en plus des essais de laboratoire), des essais in situ au pénétromètre dynamique et une reconnaissance géophysique (réalisation de deux profils sismique). Les résultats de tous ces travaux ont permis de déterminer :

- Les causes de l'instabilité,
- L'allure et la position de la surface de glissement ;
- L'étendue de la surface instable.

a. Résultats de l'étude

Les investigations réalisées par le laboratoire Ex. L.N.T.P.B ont permis de déterminer la nature et l'allure du substratum ; le substratum est formé de micaschistes sains et compacts. Les micaschistes sont généralement surmontés d'une zone fissurée et altérée d'épaisseur variable. Cependant, la détermination de la limite exacte entre le remblai et la formation altérée qui surmonte le substratum est très difficile ; ceci est dû au fait que les matériaux qui constituent le remblai et ceux du couvert altéré sont semblables (débris de schistes broyés). Le substratum dans cette zone se trouve à une profondeur supérieure ou égale à 10 m ; par ailleurs, l'allure de cette formation est souvent irrégulière. La surface de glissement se trouvait, à cette époque, à une profondeur maximale d'environ 10 m *(LNTPB, 1972)*. Elle s'est développée à l'interface entre le substratum rocheux et le couvert superficiel (voir la figure II.19). Les dimensions de la zone instable étaient comme suit : sa longueur maximale a été estimée à environ 100 m, sa largeur à environ 70 à 90 m et la dénivellation entre la couronne et le pied du mouvement était d'environ 20 m. Le mouvement affectait à cette époque la zone du marché et les bâtiments environnants. Les désordres observés pendant cette période étaient d'ampleur moyenne (à l'exception des désordres observés lors de l'amorce du mouvement en 1969 et de la réactivation de 1990). La vitesse du mouvement était faible et les déplacements très lents (de l'ordre de quelques centimètres par an).

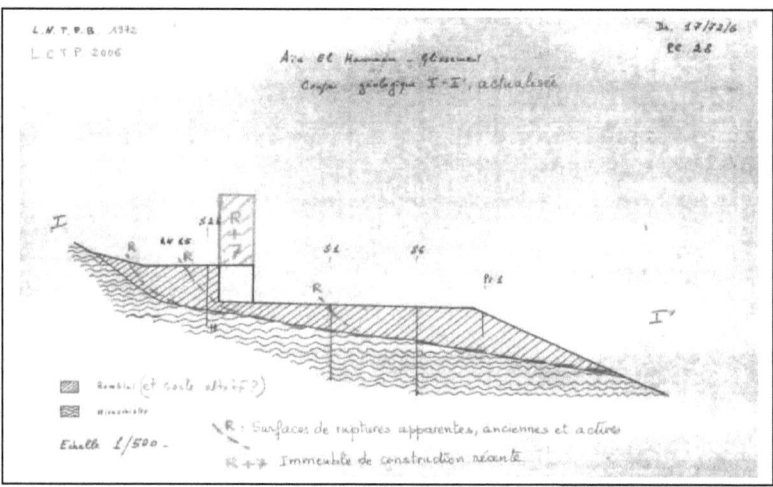

Fig. II.19. Coupe géologique ancienne actualisée en 2006 du glissement d'Ain El Hammam
(LNTPB, 1972).

Les causes probables de ce mouvement de terrain sont (selon le laboratoire Ex. LNTPB) :

- Les infiltrations des eaux non canalisées et des eaux de pluies ;
- La morphologie du substratum ;
- La nature du remblai et du substratum ;
- La surcharge en tête du glissement due au trafic.

b. Recommandations du laboratoire
- Exécution d'une tranchée drainante d'une profondeur d'environ 2 m ; la tranchée s'étend sur une longueur de 70 m et une largeur moyenne d'environ 0.8 m. L'exécution d'une extension de cette tranchée à également été recommandée ;
- Colmatage des fissures existantes ;
- Réparation des réseaux d'assainissement ;
- Nivellement de la surface du marché qui doit garder une pente d'environ 5% vers le talus ; pour réduire au maximum les infiltrations ;
- Bitumage du petit chemin qui relie la RN15 à la route d'Azazga (CW 17) ;
- Implantation de repères topographiques sur lesquels devront être effectués des mesures de déplacement régulières ;
- Démolition des bâtiments fissurés ;
- Déplacement de l'abattoir.

II.4.2. Période de 2005 à 2008

L'instabilité prend une nouvelle ampleur pendant cette période et affecte le versant et des zones initialement stables de la ville. Suite aux désordres observés en 2006, le laboratoire GEOMICA a été engagé pour effectuer une étude géotechnique du site. Le laboratoire a étudié la zone du marché et ses périphériques immédiats, soit une superficie globale de 12 ha (voir la figure II.20). Des études géologiques, géomorphologiques et hydro-climatiques ont été effectuées dans la région. Ces études ont permis de déceler quelques causes pouvant être à l'origine de ce mouvement de terrain qui sont liées principalement à :

- La lithologie du versant affecté par l'instabilité ;
- L'action de la pente raide ;
- L'action de l'eau (eau de pluie et de ruissellement, la couverture neigeuse et les eaux accidentelles) ;
- L'action de la sismicité de la région ;
- L'effet des surcharges importantes de la crête du glissement ;
- L'effet des terrassements et des jets anarchiques de remblais ;
- L'effet du déboisement.

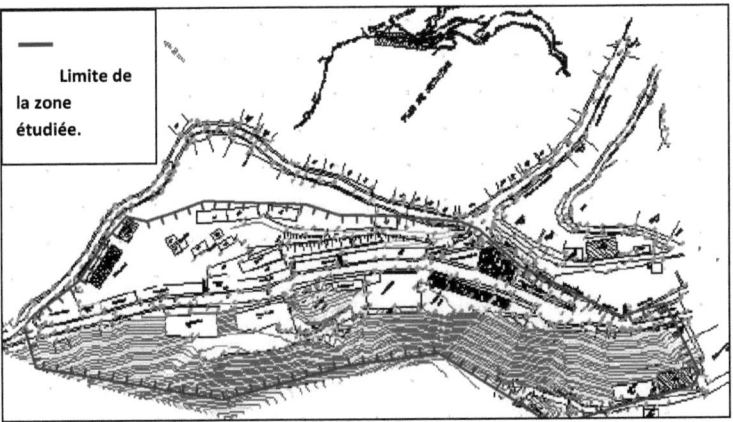

Fig. II.20. Délimitation de la zone d'étude *(GEOMICA, 2006)*.

L'instabilité du versant a été confirmée par l'apparition d'un léger affaissement de la petite route descendante vers le Sud–Est et la rupture du gabionnage (voir les figures ci-dessous). Les bâtiments du boulevard Colonel Amirouche ont subi des désordres dans la structure et la maçonnerie. Les déplacements étaient d'ordres centimétriques à décimétriques (mouvements relativement lents). Cependant, l'absence de suivi topographique et de mesures inclinométriques rend l'évaluation exacte de la dynamique d'évolution de ce mouvement impossible.

Fig. II.21. Affaissement.

Fig. II.22. Désordres observés dans l'immeuble APC/CNEP.

Fig. II.23. Rupture du gabionnage.

II.4.3. Période de novembre 2008 à avril 2009

L'instabilité était bien marquée pendant cette période ; avec des déplacements relativement rapides. Une période de mouvement très actif à été observée entre mars et avril 2009. Les déplacements de la partie orientale étaient de l'ordre du mètre. L'instabilité du versant (le versant situé en aval de la ville instable) était bien marquée. Des signes morphologiques de mouvement de terrain étaient visibles dans celui-ci sous forme d'affaissements, fissures de traction, affaissements compartimentés,...

Après l'observation de désordres importants dans la ville et le versant, le laboratoire GEOMICA a complété ces études en réalisant une série d'investigations pour tenter de mieux analyser le mouvement et la possibilité d'un confortement. Le laboratoire a réalisé cinq (05) sondages carottés de profondeurs allant de 20 à 30 m (trois équipés de piézomètres et deux équipés d'inclinomètres). Les sondages ont été implantés au niveau de la partie fortement urbanisée du site (les bâtiments les plus touchés par le mouvement de terrain). Ils ont également réalisé sept (07) profils sismiques (voir la figure II.25).

- **Résultats des investigations**

Les investigations réalisées ont permis de déterminer la nature et les caractéristiques des couches rencontrées dans ce site, la profondeur de la ligne de glissement dans cette zone ainsi que la nature et la profondeur du substratum rocheux. Le substratum est constitué de schistes satinés compacts, il se trouve à des profondeurs qui atteignent dans certains endroits plus de 30 m. Cette couche est surmontée d'une couche de schiste broyé et très fracturé dans laquelle s'intercalent localement des passages argileux (d'épaisseurs variables) de faibles caractéristiques mécaniques. La couche de schiste broyé est surmontée d'un remblai d'une épaisseur de 1.70 m à environ 10 m constitué de limons argileux. Les surfaces de glissement se produisent probablement le long de ces interfaces et/ou le long des fissures du substratum schisteux. La qualité médiocre du carottage et la nature du sol (qui est friable) n'ont pas permis l'observation des surfaces de rupture dans les carottes extraites. Cependant, l'installation de quelques inclinomètres et piézomètres a permis d'observer quelques ruptures (rupture à environ 16 m de profondeur dans le sondage SC04, une rupture à 17 m de profondeur dans le sondage SC02 et une rupture à 26 m de profondeur dans le sondage SC01 équipé de piézomètre). Le mouvement a évolué aussi bien latéralement et en profondeur. L'évolution a probablement été facilitée par les infiltrations d'eau et la fissuration du substratum. Les infiltrations ont contribué également à l'altération et au remaniement du substratum schisteux.

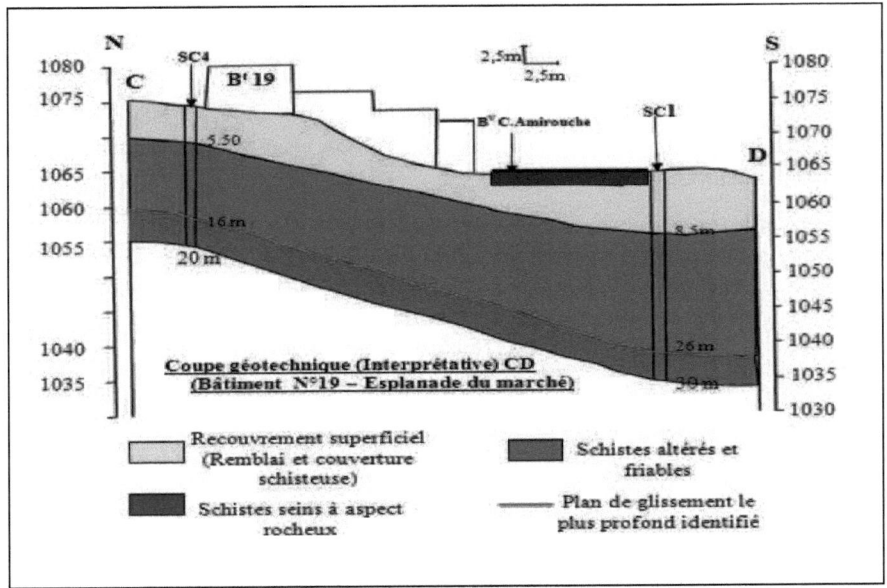

Fig. II.24. Coupe longitudinale du glissement *(GEOMICA, 2009)*.

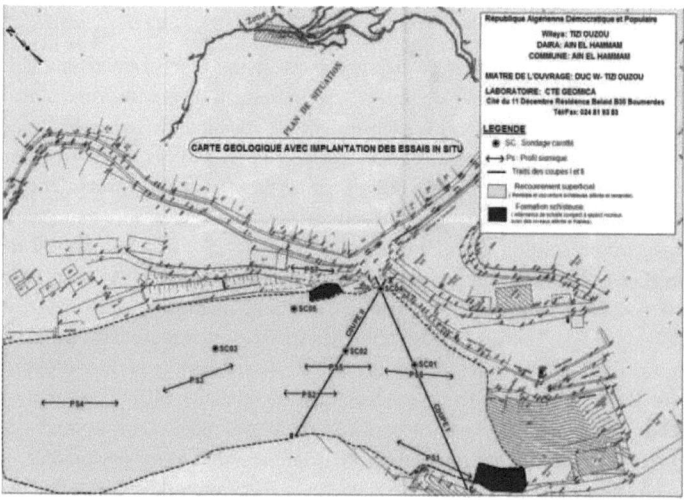

Fig. II.25. Implantation des sondages et des profils sismiques *(GEOMICA, 2009)*.

II.4.4. Période de juillet 2009 à juin 2010

Le mouvement a sensiblement ralenti pendant cette période en particulier au niveau de la zone urbanisée du versant. Les déplacements mensuels mesurés sont d'ordre centimétriques à décimétriques. Par ailleurs, plusieurs nouvelles instabilités ont été observées dans le versant et les déplacements dans certains endroits sont très importants. Les rejets observés dans cette zone sont d'ordres décimétriques à métriques.

Le groupement des trois laboratoires franco-algériens (ANTEA-HYDROENVIRONNEMENT-TTI) a été engagé en mai 2009 pour réaliser une étude détaillée de l'aléa glissement de terrain dans la commune d'Ain El Hammam. Les études et les investigations du groupement ont été focalisées sur le glissement étendu et très actif affectant la ville d'Ain El Hammam. Dans le cadre de ces études, ont été réalisés :

- Des travaux topographiques qui consistent en un suivi topographique régulier de 157 repères implantés dans la ville et le versant instable (voir la figure II.26) ;
- Une compagne de reconnaissance par sondages carottés qui consiste à réaliser trois (03) sondages carottés (deux équipés d'inclinomètres et un équipé de piézomètre) d'une profondeur inférieure ou égale à 45 m (début des travaux en juin 2009). les sondages ont été implantés dans les zones les plus touchées de la ville ;
- La réalisation de deux profils de tomographie électrique au niveau de la zone du marché. Le premier est dans le sens perpendiculaire au mouvement et le second dans le sens du mouvement (voir les résultats de l'essai représenté dans les figures II.27, II.28 et II.29) ;
- La réalisation des profils GEORADAR pour reconnaitre des discontinuités en profondeur et détecter d'éventuelles anomalies dans les réseaux enterrés (réseaux d'assainissement et d'alimentation en eau potable). Les profils ont été implantés dans les zones où des signes de glissement de terrain été considérables (voir les zones indiquées dans la figure II.30) ;

- La réalisation d'une interférométrie radar satellite InSAR Stable Point Network (SPN) afin de reconnaitre et de localiser d'autres instabilités de terrain sur l'ensemble du territoire de la commune d'Ain El Hammam.

Fig. II.26. Implantation des 157 repères mobiles implantés dans le versant.

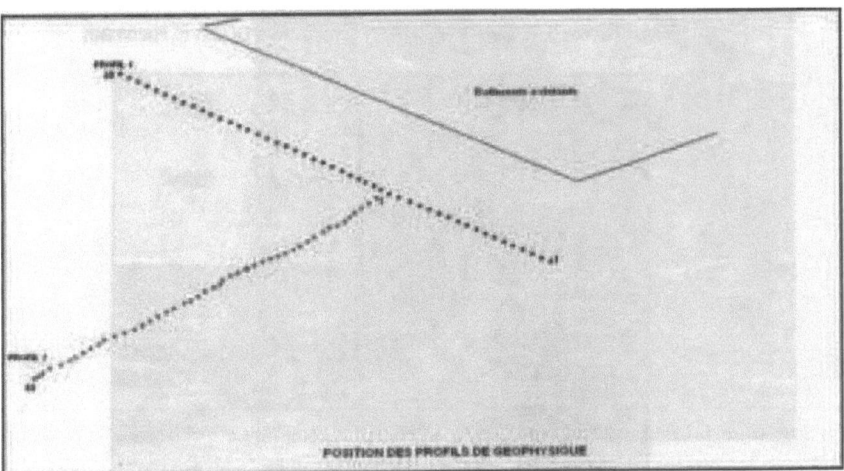

Fig. II.27. Les profils de tomographie électrique *(ANTEA-HYDROENVIRONNEMENT-TTI, 2010)*.

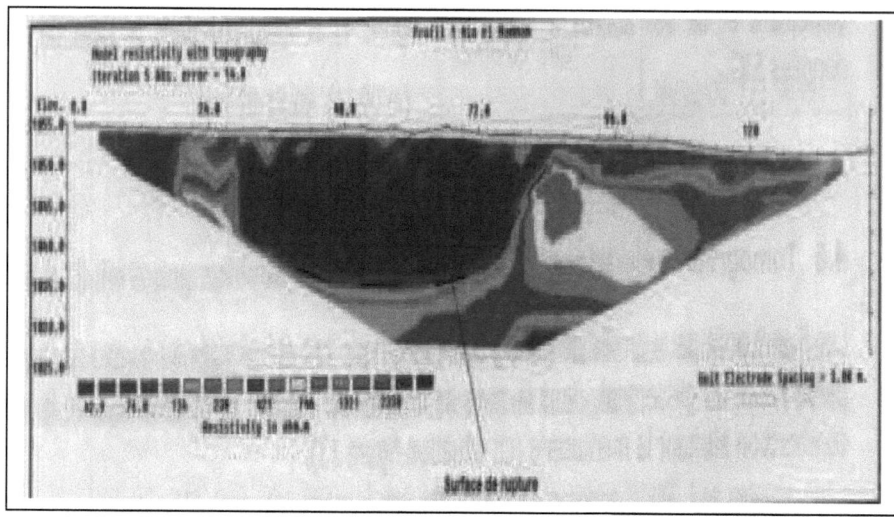

Fig. II.28. Profil transversal (profil 1) *(ANTEA-HYDROENVIRONNEMENT-TTI, 2010)*.

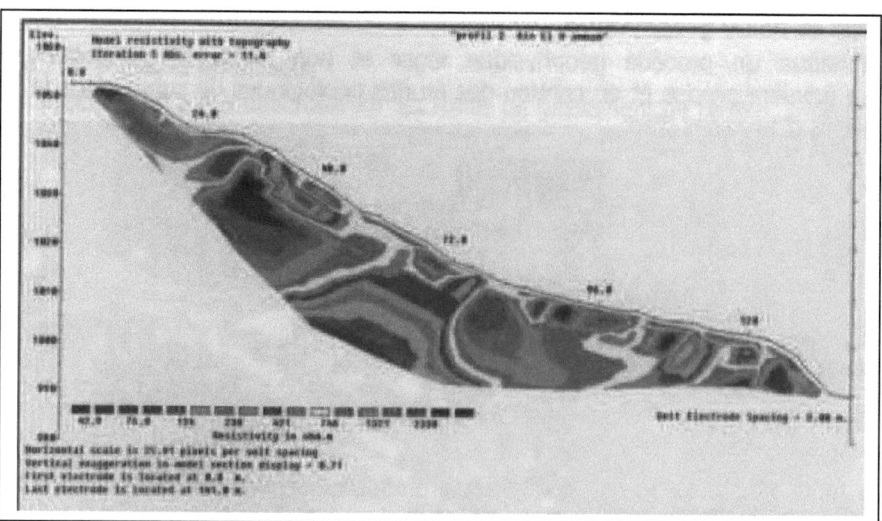

Fig. II.29. Profil transversal (profil 1) *(ANTEA-HYDROENVIRONNEMENT-TTI, 2010)*.

Fig. II.30. Zone d'auscultation Géoradar *(ANTEA-HYDROENVIRONNEMENT-TTI, 2010)*.

II.4.5. La période de 2010 à ce jour

Les visites effectuées au site instable nous ont permis de suivre l'évolution du mouvement et de déceler quelques indices d'instabilité dans le versant. Toutes les études réalisées dans cette région étaient concentrées et focalisées dans les parties urbanisées qui constituent la tête du versant instable ; notre étude s'intéresse aussi bien aux zones urbaine ainsi qu'aux sites non urbanisés de la ville instable (l'étude s'intéresse à l'instabilité d'ensemble et non pas à la tête du glissement uniquement). Plusieurs cicatrices de mouvements récents ont été observées dans ce versant, elles sont reconnues sous forme de fissures de traction, d'affaissements compartimentés, etc. La partie amont du glissement (la zone urbanisée) est caractérisée par un mouvement lent et irrégulier (déplacements d'ordres millimétriques à centimétriques par an). Par contre, la partie avale du versant (zone abrupte du versant) est caractérisée par un mouvement plus actif (observation d'affaissements montrant des rejets d'ordres métriques à décimétriques en moins d'une année) et l'observation de nouvelles instabilités probablement peu profondes. L'étude de la cinématique de ce mouvement s'avère très difficile vu la complexité des mécanismes de ce glissement qui résultent de plusieurs mouvements de terrain (certains sont emboités et d'autres superposés). Ils se traduisent en surface par des affaissements compartimentés, qui donnent une forme en gradins au versant instable (voir les photos du versant). En outre, de nouvelles instabilités marquées ont été observées après la fonte de la neige en mars 2012.

II.5. Conclusion

Le glissement de terrain d'Ain El Hammam est très étendu, il affecte une pente collinaire abrupte et fortement urbanisée. Ce mouvement est favorisé par la nature du terrain et les conditions hydro-climatiques de la région. L'analyse des résultats des sondages carottés a montré l'existence de sols de faible résistance mécanique, remaniés et altérés, en profondeur ainsi qu'une couche superficielle (d'une épaisseur de 1.70 m à 9.70 m) constituée de remblais et d'éboulis de faibles caractéristiques mécaniques. Le régime climatique de la région d'Ain El Hammam est caractérisé par de fortes précipitations qui s'étalent sur une période de cinq à six mois. L'hydrologie de cette ville se caractérise par la présence de cours d'eau d'écoulement de type torrentiel et semi-permanent traversant tout le versant instable et l'existence de plusieurs sources d'eau dans celui-ci.

Le mouvement de terrain résulte de plusieurs facteurs qui interagissent simultanément. Ces facteurs ont été groupés en deux grandes catégories : les facteurs passifs et les facteurs actifs. Les facteurs passifs définissent les caractéristiques propres du versant instable. Les facteurs actifs sont l'ensemble des actions externes qui déstabilisent la structure des formations géologiques du versant. En effet, les facteurs responsables de cette morpho-dynamique accélérée sont liés à la prédominance des roches tendres, aux précipitations intenses et irrégulières et aux pentes fortes.

Le glissement de terrain d'Ain El Hammam est caractérisé par une structure très complexe. Les mécanismes induits par cette instabilité sont très difficiles à étudier du fait de la superposition et de l'emboitement des mouvements. Cette forte instabilité est caractérisée par des phases de calme et d'accélération du mouvement. En outre, le mouvement a nettement évolué au cours des dernières décennies (depuis 1969) aussi bien latéralement qu'en profondeur.

Les études réalisées dans cette région ont été concentrées dans les zones urbanisées du versant instable ; c'est là la principale limitation de toutes ces investigations. Les zones non urbanisées n'ont fait objet d'aucune reconnaissance ; une modélisation globale du glissement ne peut pas alors être réalisée à partir de ces dernières (car on ne dispose d'aucune coupe lithologique du versant instable).

La récolte des données disponible du site étudié constitue une étape importante pour l'analyse de l'instabilité. Ces données vont servir à la réalisation d'un système d'information géographique pour ce glissement de terrain actif et étendu.

CHAPITRE III

CARTOGRAPHIE ET SUIVI DU GLISSEMENT DE TERRAIN D'AIN EL HAMMAM.

L'appréciation du comportement et l'analyse de la déformation progressive d'un versant se heurtent à plusieurs difficultés. La complexité des mécanismes mis à l'œuvre est souvent la principale source d'incompréhension. Ce problème est rencontré particulièrement dans les grands versants (tel que le versant instable d'Ain El Hammam en Algérie) dans lesquels se produisent plusieurs processus de déformations et de ruptures progressives au cours du temps. Progresser dans la connaissance scientifique de ces phénomènes impose alors un suivi de la déformation progressive du mouvement au cours du temps *(VENGEON J-M. et al., 1999).*

La cartographie constitue un moyen efficace pour l'étude des problèmes de la géotechnique, elle permet le géo-référencement des données spatiales et facilite leur traitement. Afin de faciliter l'étude de l'instabilité de terrain d'Ain El Hammam, toutes les informations disponibles (résultats du suivi topographique, les informations tirées des sondages carottés, les informations in situ,...) seront exploitées pour la réalisation d'un système d'information géographique (SIG). Le système d'information géographique, une fois conçu, permettra une meilleure gestion du phénomène et facilitera le traitement des données disponibles.

III.1. Définition d'un système d'information géographique (SIG)

Un système d'information géographique (SIG) est un moyen de gestion de base de données conçu pour saisir, stocker, manipuler, analyser, combiner et afficher des données à référence spatiale en vue de résoudre des problèmes complexes de gestion et de planification *(FISCHER et al., 1993; HAMMOUM H. et al., 2010)*. Les SIG sont des outils d'aide à la décision, ils permettent une meilleure gestion des aléas naturels (tels que les mouvements de terrain, les inondations, …) et des risques technologiques. Ces systèmes utilisent des données spatiales issues de plusieurs moyens d'acquisition (la topométrie, la géodésie, la photogrammétrie, la télédétection,…). Il est actuellement utilisé dans de nombreux domaines tels que la géographie, la géologie, le génie civil, etc. Le SIG inclut plusieurs composantes (voir la figure III.1). Ces systèmes possèdent plusieurs intérêts :

- Le stockage sous forme numérique de gros volumes de données géographiques de manière centralisée et durable ;

- La gestion des données à référence spatiale qui sont associées à des objets ou à des phénomènes qui se caractérisent par une position (à titre d'exemple : les coordonnées géographiques) et très souvent par une forme géométrique (polygones, polyligne, ligne, point) *(SERRE, 2005 ; HAMMOUM H. et al., 2010)* ;

- Il a la capacité d'accepter et de convertir des données sous des formes géométriques *(SERRE, 2005)* ;

- Il permet la gestion des formes géométriques entre elles selon leur aspect géométrique grâce à des fonctions topologiques (la topologie est un sous-ensemble de la géométrie qui se réfère aux relations spatiales existant entre les entités géographiques) *(SERRE, 2005)* ;

- Il permet d'actualiser ou de modifier les données sans avoir à créer un nouveau système d'information géographique.

Tous les auteurs s'accordent sur la puissance des SIG et donc sur leur excellence en tant qu'outils de gestion des données à référence spatiale. La caractéristique fondamentale qui distingue les SIG des logiciels graphiques, notamment de la cartographie numérique, est leur capacité d'effectuer des analyses spatiales *(LAARIBI, 2000)*. Cependant, les fonctionnalités incorporées au sein du SIG répondent généralement aux besoins immédiats qui sont beaucoup plus axés sur la gestion des données que sur leur analyse *(BURROUGH, 1990 ; FISCHIER et al., 1993)*.

En outre, les SIG ont bénéficié des progrès réalisés indépendamment dans deux branches importantes de l'informatique : d'une part la conception assistée par ordinateur (CAO) et le dessin assisté par ordinateur (DAO), dont dérive la cartographie assistée par ordinateur ; d'autre part les systèmes de gestion de bases de données (SGBD) *(HAMMOUM H. et al., 2010)*.

Remarque : *L'analyse spatiale peut être définie comme étant un raisonnement qui permet de déduire les caractéristiques d'un phénomène en faisant intervenir des données géographiques.*

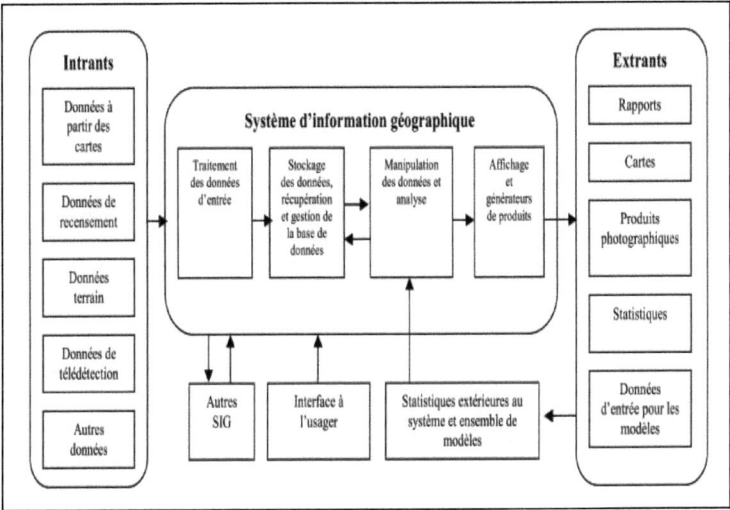

Fig.III.1. Composantes d'un SIG *(FISCHIER et al., 1993)*.

III.2. Choix du logiciel à utiliser pour la réalisation du SIG

La réalisation d'une cartographie et d'un système d'information géographique (SIG) incluant les champs et les données importants du glissement de terrain d'Ain El Hammam constitue une étape importante dans l'étude de ce mouvement de terrain. Le choix s'est porté sur le logiciel Mapinfo version 6.5 pour la réalisation de ce travail ; il s'agit d'un logiciel convivial doté d'une interface conviviale de type « pointer-cliquer ». MapInfo fournit un ensemble d'outils permettant de visualiser, d'explorer, d'interroger, de modifier et d'analyser des informations géographiques ainsi que la construction de documents cartographiques de qualité. Il est bien plus qu'un logiciel de cartographie ; il offre des outils performants *(HAMMOUM H. et al., 2010)*:

- D'analyse spatiale ;
- De géocodage par adresse ;
- De visualisation des résultats ;
- De création et d'édition de données géographiques et tabulaires ;
- D'accès aux bases de données externes (de type Excel) pour extraire des enregistrements de données ;
- De réalisation des études thématiques et des mises en page.

En outre, toutes les performances et les manipulations qu'offre le logiciel MapInfo permettent et facilitent la réalisation du travail de cartographie et d'analyse spatiale envisagés dans cette étude.

III.3. Le Système d'Information Géographique réalisé sous MapInfo

III.3.1. Calage des cartes disponibles

Les photographies aériennes et les cartes d'état-major de la zone instable d'Ain El Hammam ont été scannées et enregistrées sous des fichiers supportés par le logiciel MapInfo (sous un format JPEG). Ces images « Raster » vont servir de fonds pour la cartographie envisagée (fond pour la digitalisation des informations, fond pour les analyses spatiales,...). Afin de pouvoir utiliser ces images dans la cartographie, elles doivent être calées ; leurs coordonnées géographiques seront alors indiquées (en indiquant à quels points de la carte elles correspondent) selon un système de projection bien défini (dans notre cas, il s'agit du système UTM WGS 84). Cette opération permet alors d'effectuer des calculs géographiques sur ces images (distances, surfaces,...).

Le calage des cartes d'état-major et des images extraites de Google Earth est effectué, en exploitant les points de repère, selon le système de projection UTM WGS 84. Cependant, le calage des images aériennes extraites des rapports géotechniques a posé beaucoup de problèmes. En effet, on ne dispose d'aucun point de calage pour ces dernières. Afin de pouvoir exploiter ces cartes nécessaires à l'étude, les coordonnées de certains points de repère ont été recherchées sur les cartes calées. On rajoute les points jusqu'à l'obtention d'un bon calage des images aériennes (une bonne jointure des routes par exemple). Les étapes du calage des images Raster sont indiquées dans l'annexe B.

III.3.2. Construction des couches vectorielles

Les images et les cartes calées ont servi de fonds pour la réalisation de plusieurs couches vectorielles.

III.3.2.1. Digitalisation des courbes de niveau

La morphologie du versant instable d'Ain El Hammam et de ces alentours est définie par les courbes de niveau (digitalisées à partir de la carte d'état-major). Ces courbes sont représentées dans la table « *courbes de niveau.TAB* » réalisée sous MapInfo par des éléments polyligne de couleur jaune ; elles sont digitalisées à partir de la carte d'état-major calées. Chaque courbe porte un identifiant « ID » qui indique son altitude. Cette couche vectorielle a servi pour le calcul des pentes, la définition de l'état du site en 1960, l'identification de plusieurs plans de rupture, le repérage des réseaux hydrographiques, etc.

Fig.III.2. Les courbes de niveau du versant d'Ain El Hammam.

III.3.2.2. Les réseaux hydrographiques

L'hydrologie constitue un élément important dans l'étude de l'instabilité d'Ain El Hammam puisqu'elle représente l'une des causes principales de celle-ci. Une couche vectorielle où tous les réseaux hydrographiques sont implantés a été créée. La couche vectorielle « *hydrologie.TAB* » est réalisée en utilisant des éléments « ligne » uniquement. Pour la création de cette couche, nous avons digitalisé les réseaux apparents sur la carte d'état-major calée et repéré les autres en exploitant les courbes de niveau et les images aériennes.

Fig.III.3. L'hydrologie du versant instable d'Ain El Hammam.

III.3.2.3. Les sondages carottés

La couche vectorielle « *implantation des sondages.TAB* » est réalisée en introduisant les coordonnées des sondages à des éléments de type « point ». Une base de données contenant huit champs (le numéro du sondage, son abscisse, son ordonnée, son altitude, la profondeur du substratum, le type d'équipement installé et des observations) est associée à chaque sondage. La base de données permet d'accéder aux informations des sondages, de les afficher, de les modifier à chaque fois qu'une nouvelle information est disponible et d'effectuer des opérations statistiques ou thématiques.

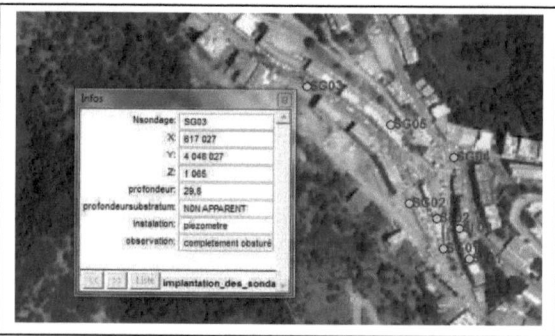

Fig.III.4. Cartographie des sondages carottés.

III.3.2.4. Les profils sismiques

Les profils sismiques réalisés par le laboratoire GEOMICA de Boumerdès dans le site instable d'Ain El Hammam sont digitalisés à partir des cartes calées (ils sont représentés sur la couche vectorielle « *implantation des profils sismiques.TAB* »). Les profils sont repérés à l'aide d'éléments « ligne » qui portent des identifiants indiquant leur numéro (de SR1 à SR7). Les identifiants sont définis en utilisant le bouton « i » de la barre d'outils Général.

Fig.III.5. Cartographie des profils de sismique réfraction à Ain El Hammam.

III.3.2.5. Les profils Géo-radar

Les zones d'implantation des profils géo-radar sont indiquées sur les cartes réalisées. Les points de départ des profils sont repérés sur la couche vectorielle « *implantation des profils géoradar.TAB* » que nous avons établie par des éléments « point » et leur direction par des flèches (voir la figure III.6). Chaque point (six points au total) porte un identifiant qui indique l'appellation de la rue dans laquelle le profil a été réalisé. Les identifiants des points sont définis à l'aide du bouton « i » du menu Général.

Fig.III.6. Cartographie des profils géo-radar.

III.3.3. Semi des repères topographiques mobiles

La table « données topographiques.TAB » est réalisée à partir d'un levé topographique du versant instable. La cartographie d'un levé topographique consiste à importer un fichier Excel contenant les données récoltées sur le terrain à partir d'un tachéomètre électronique dans le logiciel de cartographie MapInfo (les levés sont réalisés par le cabinet CEHTP). Les données sont présentées dans le fichier Excel « données topographiques.xls » comme suit :

Tableau III.1 : Organisation des données du levé topographique (voir la suite du tableau à l'annexe A).

N°	X[m]	Y[m]	Z[m]	PROFIL
1	616963,571	4048152,663	962,93	A1
2	616949,667	4048130,412	952,622	A2
3	616940,571	4048115,409	945,418	A3
4	616933,724	4048103,44	944,907	A4
5	616918,731	4048079,38	931,42	A5
6	616884,98	4048023,514	905,683	A6
7	616857,659	4047978,467	883,364	A7
8	616816,648	4047909,873	853,323	A8
9	616768,439	4047831,848	818,735	A9
10	617041,017	4048121,893	972,294	B1
11	617022,164	4048095,317	955,849	B2
12	617011,736	4048075,334	955,014	B3
13	617004,175	4048066,617	946,202	B4
14	616996,962	4048055,677	946,122	B5
15	616977,433	4048024,214	931,226	B6
16	616926,394	4047943,827	884,088	B7
17	616903,827	4047908,81	864,149	B8

Où :
- N° : numéro du point ;
- X : abscisse du point ;
- Y : ordonnée du point ;
- Z : altitude du point.

III.3.4. Construction d'une base de données pour la table « données topographiques.TAB »

Une base de données contenant un grand nombre de champs est associée à la table « données topographique.TAB ». Ce fichier de données contient des informations concernant l'évolution de la cinématique du mouvement des 157 repères implantés dans le versant. Le suivi du glissement s'étale entre octobre 2009 et juin 2011 (une période d'interruption des mesures est observée entre août 2010 et avril 2011). La base de données est augmentée de trois nouveaux champs (correspondant aux déplacements observés dans les trois directions principales X, Y et Z entre T_i et T_j) après chaque nouvelle mesure.

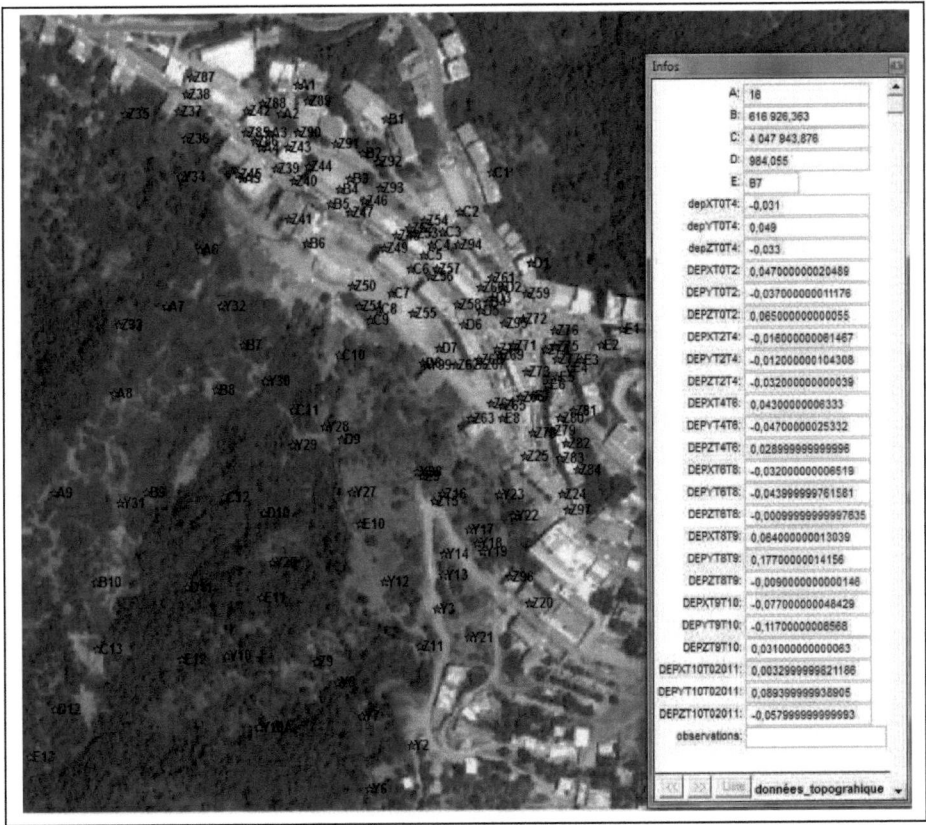

Fig.III.7. Cartographie du suivi topographique.

Tableau III.2 : Extrait du tableau des mesures de déplacements.

N°	DEP X	DEP Y	DEP Z	PROFIL
1	-0,02	-0,002	-0,03	A1
2	-0,023	0,006	-0,042	A2
3	-0,056	-0,05	-0,006	A3
4	-0,048	-0,043	-0,003	A4
5	0,073	0,056	0,012	A5
6	0,1	0,053	-0,047	A6
7	-0,077	0,07	-0,141	A7
8	-0,036	-0,054	-0,1	A8
9	0,005	-0,115	-0,099	A9
10	-0,006	0,016	-0,01	B1
11	-0,026	0,03	-0,027	B2
12	-0,009	0,017	-0,025	B3
13	-0,113	-0,022	-0,017	B4

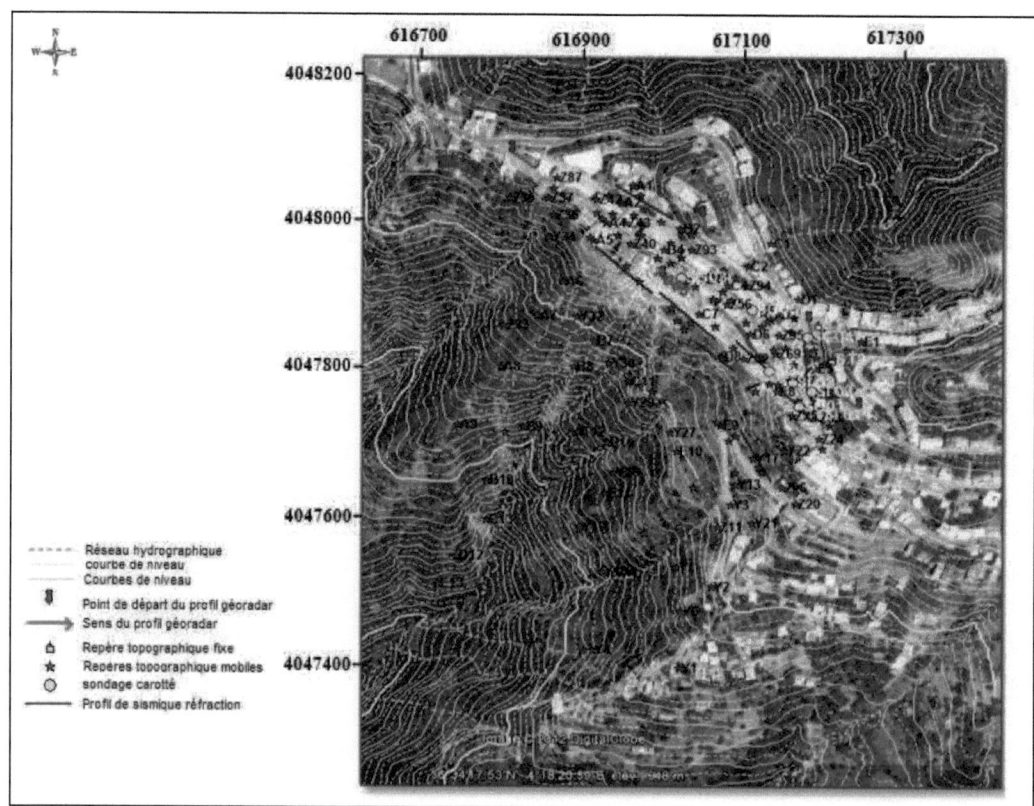

Fig.III.8. Cartographie du versant instable d'Ain El Hammam et ses alentours *(DJERBAL et MELBOUCI, 2013)*.

III.4. Le suivi du glissement de terrain

Le suivi de l'évolution des mouvements de terrain permet de lier leur activité à l'une de leurs causes principales (le climat), de définir les limites de précipitation au-delà desquelles un risque de réactivation et/ou d'accélération important est à prendre en charge et de définir le temps que prend l'incident climatique pour activer ou réactiver le mouvement du versant (la relation pluviométrie-piézométrie-mouvement). Toutes ces études permettent une meilleure gestion de la sécurité et une bonne maîtrise du phénomène glissement de terrain (une bonne maîtrise du comportement du versant instable). Afin de réussir l'étude cinématique d'un mouvement de terrain, il faut réaliser :

- Une surveillance de l'évolution du mouvement du versant instable (déplacements, vitesses, rotations,…) par rapport à un référentiel fixe (situé en dehors de la zone instable ou de références connues) ;
- Un relevé climatique journalier (la quantité des précipitations) ;
- Une surveillance piézométrique régulière.

Dans la région d'Ain El Hammam une étude similaire (un suivi du mouvement et une surveillance piézométrique), ayant pour objectif la gestion de la sécurité de certains bâtiments, a été engagée en 2009.

III.4.1. L'étude cinématique

III.4.1.1. le suivi topographique

157 repères, implantés dans le versant instable, font l'objet d'un suivi topographique mensuel depuis octobre 2009 (une période d'interruption des mesures a été observée entre août 2010 et avril 2011). La surveillance des sites instables permet d'une part une bonne gestion de la sécurité des habitants et d'autre part une meilleure analyse du comportement et des paramètres du mouvement. En effet, la bonne connaissance des paramètres du mouvement (en particulier une bonne connaissance de sa cinématique) permet d'adopter un confortement adéquat au cas d'instabilité étudié. Pour la région d'Ain El Hammam, le suivi topographique montre une nette influence des facteurs hydriques sur l'évolution du glissement (toutes les réactivations sont précédées par des événements climatiques favorables et l'accélération des déplacements coïncide avec les périodes de précipitation). Des figures montrant l'évolution du mouvement de quelques profils entre octobre 2009 et août 2010 ont été tracées (Fig.III.9). Les graphes montrent un mouvement aléatoire très complexe et une évolution du mouvement non concordante et dissemblable d'un point à l'autre (instabilité complexe). Une analyse spatiale des déplacements a également été réalisée à l'aide du logiciel MapInfo (Fig.III.10 et Fig.III.11). Cependant, les analyses effectuées montrent que les déplacements mesurés présentent les caractéristiques d'un mouvement relatif mesuré par rapport à un repère mobile. En effet, les déplacements cumulés sont très négligeables et ne représentent pas la déformation réelle observées sur le site. De plus, une importante discordance spatiale des déplacements a été observée pour toutes les périodes de la surveillance et dans les trois directions du mouvement.

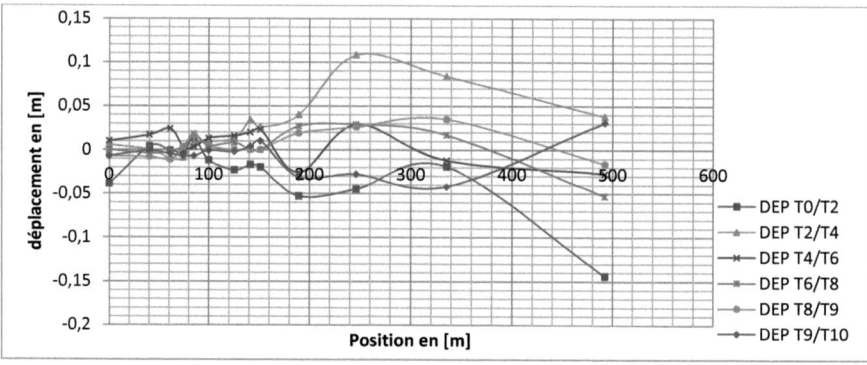

Fig.III.9. Évolution du mouvement de certains points entre 2009 et 2010 (profil C-C de la figure III. 13).

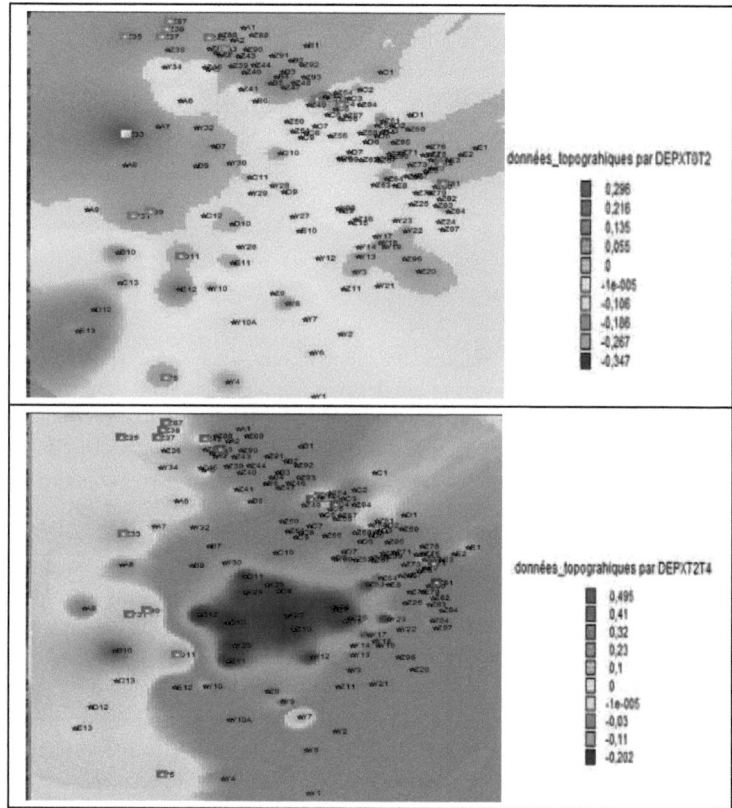

Fig.III.10. Quelques résultats de l'analyse spatiale des déplacements observés dans le sens transversal du glissement de terrain d'Ain El Hammam.

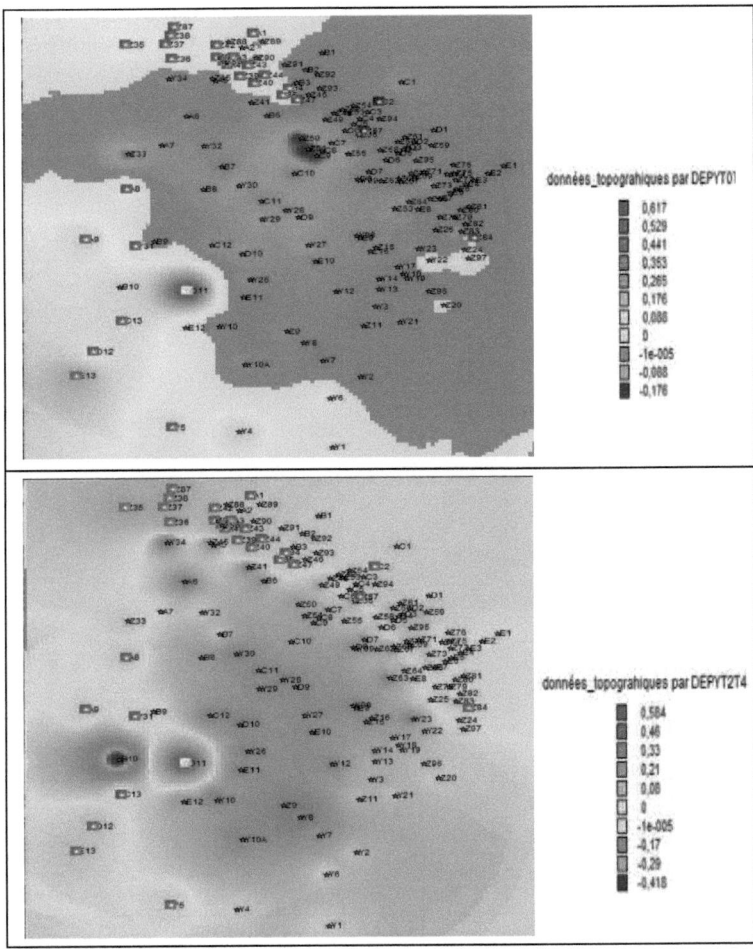

Fig.III.11. Quelques résultats de l'analyse spatiale des déplacements observés dans le sens longitudinal du glissement de terrain d'Ain El Hammam.

Afin de confirmer l'hypothèse du mouvement relatif, les stations topographiques, qui ont servi de repère pour les mesures, ont été implantés dans le SIG réalisé.

Semi des stations topographiques fixes (ST1 et ST2)

Un fichier Excel contenant les coordonnées des deux repères topographiques considérés fixes est importé sous le logiciel MapInfo (le fichier permet l'implantation des stations topographiques). Ce fichier contient le numéro de chaque station, son abscisse, son ordonnée et son altitude. La réalisation du semi des stations fixes consiste à exécuter les commandes du semi d'un relevé topographique (voir l'annexe B). Un fichier attributaire est ensuite créé sous MapInfo et la table de données est affichée.

Fig.III.12. Image montrant l'implantation des stations topographiques.

Les stations topographiques sont implantées à l'intérieur de la zone instable (à quelques mètres du sondage SC04 et d'un profil géo-radar où des signes d'instabilité ont été observés (Fig.III.12)). Elles sont donc affectées par le mouvement de terrain. Les résultats du suivi topographique étant erronés et non représentatifs de la dynamique réelle du mouvement, ils ne pourront pas être utilisés pour l'étude de la cinématique du mouvement ni pour la prévision de son évolution. Par ailleurs, il a servi à tracer l'évolution du mouvement entre 1960 et 2010 et à la définition des limites de certaines instabilités le long d'un profil longitudinal du versant (Fig.III.13 et Fig.III.14).

Fig.III.13. Localisation des profils dans le versant d'Ain El Hammam.

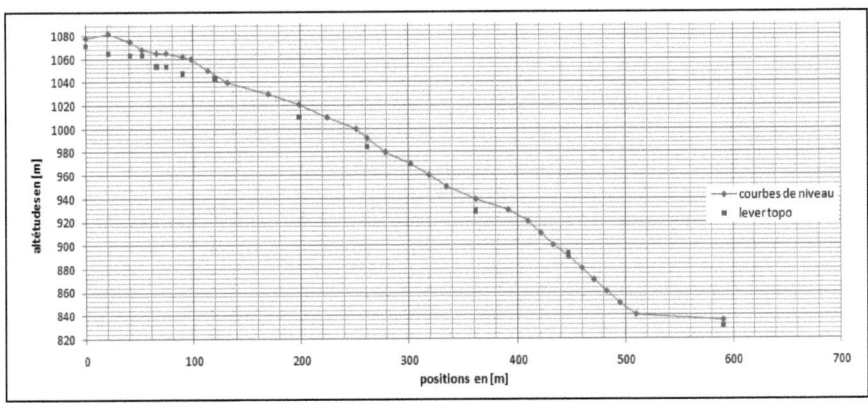

Fig.III.14. Représentation de l'évolution du mouvement entre 1960 et 2010 le long tu profil EE de la figure III.13.

III.4.1.2. Le suivi inclinométrique

Quatre inclinomètres ont été installés au niveau du centre-ville d'Ain El Hammam (les sondages inclinométriques SC02 et SC04 réalisés par le laboratoire GEOMICA et les sondages SI-1 et SI-2 réalisés par le groupement ATEA-HYDROENVIRONNEMENT-TTI). Cependant, les inclinomètres se sont dégradés rapidement. Les résultats tirés de ce suivi sont insuffisants pour définir la cinématique du mouvement ; seules deux mesures ont été effectuées pour les sondages SC02 et SC04 (voir le tableau récapitulatif). Ils nous ont par ailleurs permis de déterminer la profondeur de la rupture dans certains endroits (profondeur des premiers plans du glissement).

Tableau III.3 : Récapitulatif des mesures inclinométriques du sondage SC02

Sondage Inclinomètrique	Lecture	Date De Lecture	Direction Principale A (Côté Sud)	Direction Secondaire B (Côté Est)
SC02 À coté des Bâtiments APC/CNEP 14 et 15	L0 (Mesure d'étalonnage)	07/04/09	/	/
	L1	15/04/09	Déplacement maximal = 2.2 cm	Déplacement maximal = 0.32 cm
	L2	28/04/09	Déplacement maximal = 7 cm	Déplacement maximal = 1.72cm

III.4.2. Le suivi piézométrique

La connaissance de la profondeur et des fluctuations de la nappe est une étape importante dans l'étude des instabilités du terrain. À Ain El Hammam, quatre sondages ont été équipés de piézomètres (les sondages SC01, SC03 et SC05 réalisés par GEOMICA en mars et avril 2009 et le sondage SI-3 réalisé par le groupement ATEA-HYDROENVIRONNEMENT-TTI) en mai et juillet 2009). Cependant, juste après avoir effectué les premières mesures, ces derniers ont été endommagés et obturés. Les mesures, étant faites sur un intervalle court et pendant une période de faibles précipitations (d'avril à juin et de juillet à août), ne permettent pas d'avoir la profondeur critique de la nappe et d'étudier les effets des fluctuations piézométriques sur le mouvement de terrain (la relation Pluviométrie-Piézométrie-Mouvement). En outre, des pertes d'eau ont été observées par le laboratoire pendant le forage à plusieurs profondeurs. Cela est dû à la forte perméabilité des formations schisteuses altérée (dans le sens transversal) qui favorise l'écoulement transversal dans le versant et l'altération profonde de celui-ci (apparition de plans de faiblesse dans le schiste).

Tableau III.4 : Récapitulatif des mesures piézométrique du sondage SC05

Date de mesure	Niveau d'eau mesuré
05/04/09 (Fin des travaux sur le sondage)	8.00m
15/04/09	8.60m
25/04/09	9.20m
05/05/09	10.00m
12/05/09	10.80m
15/05/09	> 11m (Piézomètre obstrué par le mouvement à partir de 11.00m)

III.4.3. Discussion des résultats du suivi

Les résultats des études cinématiques et piézométriques n'ont pas pu être exploités ; les inclinomètres et les piézomètres ont été vite obturés et le suivi topographique est réalisé par rapports à des stations implantés à l'intérieur de l'instabilité. Nous nous sommes alors contentés d'un suivi (manuel ou visuel) et d'un relevé réguliers de certains indices morphologiques du mouvement pour la suite du travail (évolution du mouvement des escarpements, ouverture des joints de dilatation, affaissements, évolution des fissures,...).

L'étude de la cinématique du glissement de terrain d'Ain El Hammam (relevés manuels des signes morphologiques) montre un mouvement continu et étendu. En outre, des variabilités saisonnières sont observées après chaque période de fortes précipitations (voir l'historique du mouvement et la figure III.13). L'intensité du mouvement dépend de la qualité, de la durée et du type des précipitations (pluie, pluie torrentielle, neige). La partie amont du glissement est caractérisée par un mouvement d'ensemble de l'ordre de quelques centimètres par an. La partie médiane (située en aval du Boulevard Amirouche) est caractérisée par un mouvement compartimenté d'ordres centimétriques à décimétriques. La partie sud du glissement (versant abrupt) est affectée par de nombreux désordres d'ampleur élevée. Les signes d'instabilité, dans cette partie du site, sont très remarquables en surface (fissures de traction, affaissements,...) et les déplacements cumulés sont d'ordres décimétriques à métriques (voir les Fig.III.15 et Fig.III.16).

Fig.III.15. Allure globale de la morphologie du versant d'Ain l Hammam.

Fig.III.16. Comparaison de quelques photos du glissement d'Ain El Hammam.

III.5. Conclusion

Les systèmes d'information géographiques ont connu, au cours de ces dernières années, un important champ d'utilisation. Le domaine de la géotechnique (particulièrement les géo-risques) a bénéficié des progrès que connait cet outil d'aide à la décision. Le travail de cartographie réalisé pour le versant affecté par le mouvement de terrain d'Ain El Hammam a permis une bonne appréciation des conditions morphologiques et hydrographiques du versant. Le système d'information géographique conçu a facilité la gestion spatiale des informations disponibles.

Le suivi de l'évolution cinématique du mouvement réalisé dans le versant, en utilisant un tachéomètre automatique, a également été introduit dans le système d'information géographique. Par ailleurs, l'analyse spatiale de ce suivi a permis de détecter qu'il est effectué par rapport à un référentiel implanté à l'intérieur de l'instabilité. Le mouvement mesuré, étant relatif, ne reflète pas la réalité du terrain. Son utilisation pour l'étude du mouvement de terrain est alors non adéquate.

Le traitement spatial des données du système d'information géographique réalisé a permis la description géomorphologique et hydrologique du mouvement de terrain. De plus, il facilite considérablement la détermination de la structure et des mécanismes de déformation du versant.

CHAPITRE IV

DESCRIPTION MORPHOLOGIQUE ET HYDRO-CLIMATIQUE DU GLISSEMENT DE TERRAIN D'AIN EL HAMMAM.

La gestion des géo-risques constitue une problématique d'actualité. Les glissements de terrain de grande ampleur causent énormément de problèmes aussi bien pour les pays développés que ceux en voie du développement. Plusieurs chercheurs (SAITO 1965, ASAOKA 1978, BOUCHELAGHEM 1987, VIBERT 1987, AZIMI et al. 1988, GERVREAU 1991, ...) ont proposé des modèles pour la prévision de l'évolution et/ou de la date probable de la rupture des versants naturels instables. Or, ces modèles sont souvent basés sur l'historique de l'évolution cinématique du mouvement (certains incluent également le suivi hydrologique). Par ailleurs, les études ont démontré que les glissements de terrain ont généralement un comportement aléatoire et discontinu au cours du temps.

Le travail proposé dans ce chapitre constitue une contribution à la cartographie du risque et de l'aléa engendrés par le glissement de terrain d'Ain El Hammam. Les méthodes de cartographie du risque existante étant globales et non adéquates au cas étudié (elles introduisent des facteurs qui ne présentent pas de variabilité spatiale dans le site étudié), une nouvelle méthode sera proposée. Les travaux d'analyse et de cartographie réalisés dans les chapitres III et IV ont permis d'observer certains facteurs qui présentent des variabilités spatiales marquées. Ces derniers seront exploités dans ce chapitre pour :

- Déterminer et cartographier le potentiel de risque d'une rupture brusque et catastrophique de la ville d'Ain El Hammam (carte d'aléa) ;
- Évaluer et cartographier le niveau de risque dû au glissement de terrain ;
- Proposer un mode de gestion de la sécurité.

IV.1. Description géomorphologique du glissement

La morphologie des versants permet d'étudier l'évolution des anciens mouvements de terrain et les indices de l'amorce de nouveaux. Elle constitue à la fois l'une des causes principales des glissements de terrain et un moyen pour les étudier. L'introduction de l'évolution géomorphologique du versant d'Ain El Hammam dans un système d'information géographique (SIG) facilite considérablement l'analyse du mouvement de terrain. Ces SIG permettent, en le facilitant, le traitement spatial des données géomorphologiques du glissement. La localisation de ces indices permet également la détermination des mécanismes et de la structure du mouvement.

IV.1.1. Les indices morphologiques observés sur le versant d'Ain El Hammam

Plusieurs indices de mouvement de terrain sont observés dans le versant d'Ain El Hammam. Les premiers signes morphologiques d'instabilité ont été relevés en décembre 1969 au niveau de la zone du marché et ses périphériques immédiats. Ces indices se réduisaient à l'époque en quelques fissures d'ouvertures millimétriques à centimétriques observées sur les immeubles (ouverture de joints de dilatation et fissures de la maçonnerie, etc.) et au niveau du sol. Au niveau du Boulevard Amirouche et de la rue Bounouar, les premiers indices d'instabilité remontent à 1990 (suite à la construction des immeubles APC/CNEP). Par ailleurs, des indices d'instabilité du versant sont recensés un peu plus tard ; une fissure de traction a été observée pour la première fois au niveau de la ruelle qui mène vers Ait Sidi Saïd après la fonte de la neige de l'hiver 2004-2005. D'autres indices d'instabilité plus marqués ont été observés en mars 2009 ; ces derniers étaient d'ordres décimétriques à métriques.

IV.1.1.1. Les indices observés en crête de la colline

Les signes morphologiques d'instabilité de terrain marquée remontent dans la ville (crête du versant), selon les rapports disponibles et les témoignages des habitants, à décembre 1969. L'instabilité a connu plusieurs phases d'activation et d'évolution. Les phases d'évolution les plus marquées sont : l'activation de décembre 1969, l'activation de l'hiver 1991, celle de mars 2009 et la réactivation de l'hiver 2012. Les désordres les plus importants ont été observés en 2009. Les zones touchées par l'instabilité au niveau de la ville sont :

- La rue Bounouar : Plusieurs ouvrages de la rue Bounouar sont gravement touchés par le mouvement de terrain (Fig.IV.1). Les immeubles APC/CNEP ont subi plusieurs fissures d'ampleurs variables et l'école des garçons a été fortement endommagée (elle a été démolie en 2010). De plus, la rue a subi plusieurs lézardements et affaissements qui ont nécessité dans certains endroits le recours au confortement (la construction de deux murs de soutènement pour maintenir la route en service (Fig.IV.2)).

Fig.IV.1. Vue globale de l'état de la rue Bounouar en 2009.

Fig.IV.2. Images des murs de soutènement réalisés pour maintenir la circulation dans la rue Bounouar.

- Le Boulevard Colonel Amirouche : Tous les ouvrages de ce Boulevard ont été touchés par les désordres. Les immeubles les plus endommagés (les bâtiments APC/CNEP N° 14, 15 et 19 ainsi que les immeubles Timssiline) ont été démolies (Fig. IV.3). Par ailleurs, la route a subi d'importants désordres et le mur de soutènement qui la maintenait a été partiellement démoli par l'instabilité (Fig. IV.4). De plus, un escarpement de terrain a été observé le long de cette route. La route a été réparée par les organismes concernés. Néanmoins, de nouveaux désordres ont apparu depuis sa réparation (Fig. IV.5).

Fig.IV.3. Démolition des Immeubles APC/CNEP N° 14 et 15.

Fig.IV.4. Images montrant les désordres observés sur un mur de soutènement.

Fig.IV.5. Photos des désordres observés dans le Boulevard Amirouche en 2011.

- La zone du marché : les signes d'instabilité dans la zone du marché sont les plus anciens et les désordres observés sont les plus importants. Cette zone a subi un affaissement et un déplacement globaux de l'ordre du mètre pendant l'activation du mouvement en 2009 (Fig.IV.6). Tous les ouvrages de cette zone ont été fortement endommagés. Certains ouvrages ont été complètement démolis par le mouvement de terrain (tel que le marché d'Ain El Hammam) et d'autres affectés par d'importants désordres dans la structure et l'infrastructure (Fig.IV.7). Plusieurs immeubles de cette zone sont encore habités malgré le risque qu'ils constituent. De plus, deux escarpements sont observés au niveau de la zone du marché. Le premier est situé en aval du Boulevard Amirouche et le second à la limite avale de l'immeuble Taleb Ghozali (voir la figure IV.8).

Fig.IV.6. Affaissement de l'entrée de la zone du marché.

Fig.IV.7. Images de quelques habitations affectées par le mouvement de terrain.

Fig.IV.8. L'arrachement de terrain observé en aval de l'immeuble Taleb (menuiserie).

- Le sommet de la colline instable : Les signes du mouvement étaient très faibles (quelques fissures dans la maçonnerie, fissure d'un mur de soutènement,...) jusqu'à l'hiver 2012. Après la fonte lente et progressive de la neige (en mai 2012) plusieurs désordres et signes d'instabilités ont été recensés dans cette zone (une zone initialement classée stable). L'instabilité a été bien marquée par la ruine d'un mur de soutènement en pierre, l'allure inclinée des arbres et des pylônes électriques, la fissuration de plusieurs immeubles, etc. (Fig. IV.9).

Fig.IV.9. Figures montrant quelques signes d'instabilité observés en crête du versant en 2012.

IV.1.1.2. Les indices observés en aval de la ville (dans le versant abrupt)

L'instabilité prononcée du versant remonte à l'hiver 2006. L'importante couverture neigeuse de l'hiver 2004-2005 a nettement contribué, par son infiltration lente et progressive dans les diaclases du substratum, à l'instabilité du versant. Plusieurs signes d'instabilité sont observés dans le versant :

- Au niveau de la ruelle descendante vers le Sud-Est, un déplacement et un escarpement de l'ordre du mètre sont observés en mars 2009 (voir la figure IV.10). le mouvement continue d'évoluer mais avec une vitesse lente.

Fig.IV.10. Vue de l'escarpement observé dans la ruelle descendant vers le Sud-Est.

- Dans le versant abrupt, une multitude de fissures de traction et d'escarpements sont recensés. Les escarpements sont continus et parallèles (ils donnent au versant une allure en gradins (voir la figure IV.11)). L'ampleur du mouvement dans cette zone est facilement observable à l'œil nu (d'ordres décimétriques à métriques par an). Le mouvement est accentué par l'effet des eaux usées issues des réseaux d'assainissement non raccordés qui se déversent directement dans les escarpements longitudinaux du glissement (Fig. IV.20). En effet, cette eau, qui contient plusieurs substances chimiques qui agressent le substratum, réalimente directement la surface de rupture et contribue à l'activité du mouvement de terrain.

Fig.IV.11. Allure déformée du versant instable.

IV.1.2. Les pathologies observées sur les ouvrages

Le mouvement de terrain d'Ain El Hammam est très complexe. Il entraine des types de pathologies variés, expliqués par l'allure irrégulière du substratum schisteux et la complexité de la lithologie du site.

IV.1.2.1. Les bâtiments APC/CNEP (bâtiments 14, 15 et 19)

Les bâtiments APC/CNEP ont subi des désordres importants qui ont conduit à leur démolition par les instances réglementaires en juin 2009. Les immeubles 14 et 15 ont subi un important déplacement vers le Sud, une rotation vers l'Ouest et un affaissement (Fig. IV.12). La rotation de l'immeuble est due à l'irrégularité du substratum qui engendre des poussées latérales sur l'immeuble (le substratum est moins profond en se rapprochant de la limite Est du mouvement). L'immeuble n° 19 a également subi un affaissement important (Fig. IV.12). Vu l'ampleur importante des pathologies et le danger que ces ouvrages constituaient, ces derniers ont été démolis en juin 2009.

Fig.IV.12. Les pathologies observées sur les immeubles APC/CNEP n° 14, 15 et 19.

IV.1.2.2. Immeubles Timssiline

Il s'agit de deux constructions anciennes appartenant à un particulier. Les maisons ont subi d'importants désordres qui ne peuvent pas être confortés (vu la dégradation totale de la structure) ; ils ont alors été démolis (Fig. IV.13). Les pathologies reconnues sur ces immeubles sont dues principalement au tassement différentiel engendré par le glissement de terrain (ils sont traversés par une zone d'arrachement de terrain).

Fig.IV.13. Les pathologies observées sur les immeubles Timssilines.

IV.1.2.3. Immeuble Taleb Ghozali (menuiserie)

Il s'agit d'un immeuble en RDC + 2 sous-sols construit en 1983. Il a subi plusieurs désordres dans la maçonnerie et la structure (fig.IV.14). Les désordres sont dus aux tassements différentiels des fondations (une ligne d'arrachement traverse l'immeuble). De plus, une niche d'arrachement, d'une épaisseur d'environ 1.50 m, est observée à la limite avale de la maison (Fig. IV.14). L'affaissement du terrain induit le glissement des fondations vers le Sud causée par la suppression de butée.

Fig.IV.14. Vue globale de l'immeuble Taleb Gozali.

IV.1.2.4. Immeuble Taleb Ahcène

L'immeuble subit un tassement différentiel dû à la perturbation du sous-sol par le glissement de terrain. Des fissures sont observées sur les poteaux, sur les poutres, sur la maçonnerie et sur les planchers de cette construction. Une inclinaison des planchers vers le Sud est également notée. Cet immeuble est en effet encastré au niveau des planchers à une maison en pierres (voir la figure IV.15). La partie encastrée dans la construction en pierres (à partir du premier étage) reste fixe mais les fondations et le rez-de-chaussée sont tirés dans le sens du mouvement de terrain (l'immeuble est traversé par une niche d'arrachement). Ceci explique le cisaillement des bases des poteaux du premier niveau (Fig. IV.16). Vu le danger important que représente cet immeuble (en plus, il risque d'endommager la maison en pierres) la partie endommagée (les étages encastrés dans la maison en pierres) a été démolie en 2010.

Fig.IV.15. Image de l'immeuble Taleb Ahcène.

Fig.IV.16. Poteaux cisaillés de l'immeuble Taleb Ahcène.

IV.1.2.5. L'école des garçons (école primaire)

Il s'agit de constructions anciennes en RDC + 3 étages. L'école a subi une instabilité lors de la construction des immeubles APC/CNEP (en 1990) situés en aval de celle-ci. La réactivation du glissement de terrain d'Ain El Hammam en 2009 a causé à cette école d'importants désordres, dus au glissement du sol de fondation, qui sont apparents sur la structure et la maçonnerie (Fig. IV.17). Vu l'aléa qu'elle constituait, l'école a été démolie en 2010.

Fig.IV.17. Vue de l'ouverture d'un joint de dilatation de l'école des garçons d'Ain El Hammam.

IV.1.2.6. Les immeubles APC/CNEP N° 11 et 12

Il s'agit d'immeubles en RDC+5 étages fondés sur pieux. L'immeuble N°11 a subi un renversement vers le Nord (Fig. IV.18). Le renversement de l'immeuble dans le sens opposé au mouvement s'explique par la présence d'un mur de soutènement qui adhère à la structure du bâtiment (la structure se trouve à environ 50 cm en aval du mur). Ce mur reprend toutes les poussées des terres dues au glissement et les transmet par ces fondations à la base des pieux de l'immeuble. Ce qui engendre un moment de rotation vers le Nord. L'immeuble N° 12 a subi à son tour un renversement vers le Sud (dans le sens du glissement de terrain (Fig. IV.18)). Ce renversement est dû à la poussée des terres sur la partie ancrée dans le sol du bâtiment (absence de mur de soutènement dans cette partie du site).

Fig. IV.18. Images des pathologies observées sur les immeuble APC/CNEP N° 11 et 12.

IV.2. Étude hydro-climatique de l'instabilité

L'eau constitue souvent un facteur déstabilisant des versants et agit négativement sur les caractéristiques géotechniques du sol *(SLOSSON et al, 1992 ; AZIMI et DESVARREUX, 1996 ; DURVILLE et SEVE, 1998)*. Une étude de ce facteur s'avère donc indispensable dans l'analyse de la stabilité des versants.

Le mouvement de terrain d'Ain El Hammam s'accélère après chaque période hivernale (Fig. IV. 19). Les études réalisées dans la région d'Ain El Hammam montrent que le mouvement de terrain du centre-ville a une commande hydraulique ; il est nettement affecté par le taux, le type et la durée des précipitations. L'importante couverture neigeuse qui caractérise cette région permet une infiltration lente et profonde de l'eau dans les couches superficielles de la colline. L'eau infiltrée dans le couvert superficiel s'infiltre dans les strates du schiste (perpendiculaires au versant Nord de la colline). L'eau infiltrée dans les fissures du schiste se met sous pression et crée des fissures dans les feuillets de ce dernier. L'infiltration des eaux de pluie et les cycles gel-dégel contribuent à l'évolution et la propagation progressive des fissures du substratum (altération du substratum). L'altération se manifeste en aval par l'apparition de sources d'eau. Ce processus d'altération explique l'alternance en profondeur de couches altérées et de schiste résistant (d'après les résultats des sondages carottés réalisés sur le site).

Fig.IV.19. Rupture du mur de soutènement après la fonte de la neige de l'hiver 2012.

Fig.IV.20. Réseau d'assainissement non racordé qui se déversent dans la ligne d'arrachement longitudinale.

Le régime hydrographique d'Ain El Hammam est caractérisé par la présence de plusieurs cours d'eaux d'écoulement torrentiel et semi-permanant et de nombreuses sources d'eau (d'où l'appellation de Ain El Hammam). Le versant d'Ain El Hammam est caractérisé par une hydrologie complexe et une structure géologique très sensible à l'eau. L'absence des réseaux hydrographiques dans le versant accélère et facilite l'infiltration profonde de l'eau dans celui-ci. L'eau infiltrée agit sur les caractéristiques mécaniques et chimiques des formations géologiques qui composent ce versant (diminuent les forces résistantes) d'une part et augmente les forces motrices (en augmentant le poids des formations) d'autre part. De plus, en l'absence de réseaux hydrographiques, l'eau cherche des chemins aléatoires et faciles (telles que les lignes d'arrachement longitudinales) pour s'écouler et cause ainsi une érosion superficielle intense et l'infiltration de l'eau dans les surfaces de glissement préexistantes. L'hydrologie complexe de ce site est combinée à des apports d'eaux usées. En effet, la sortie aval du site (le versant situé en aval de la ville) sert d'exutoire pour les eaux usées et les eaux pluviales (Fig.IV.20). Ces dernières se déversent généralement dans les zones de fissurations et d'escarpement rencontrées dans le versant et facilitent la réactivation du mouvement de terrain.

IV.2.1. Interprétation de l'évolution du mouvement pendant la période 2006-2008

L'instabilité prend une nouvelle ampleur pendant cette période et affecte le versant et des zones initialement stables de la ville. Des désordres ont été observés sur plusieurs bâtiments du boulevard Colonel Amirouche et sur les routes. La rupture et le déplacement (vers le Sud) du terrain indiquent l'apparition d'une nouvelle instabilité affectant le versant. L'importante évolution du mouvement observée pendant cette période est due principalement à la neige de l'hiver 2004-2005. La fonte lente et progressive de la neige a causé l'infiltration de l'eau dans les diaclases du schiste du substratum (à partir du versant opposé) et a créé des zones de faiblesse dans le substratum.

IV.2.2. Interprétation de l'évolution du mouvement pendant la période 2008-Avril 2009

Les résultats des investigations réalisées ont montré que le mouvement a évolué et s'étale sur une importante superficie (estimée à d'environ 23 ha). Le glissement de terrain s'est produit le long d'une zone de faiblesse du schiste. La fonte lente et progressive de la neige de l'hiver 2004-2005 a permis une intense infiltration de l'eau dans les strates du schiste à partir du versant opposé de la colline (vu que les plans de stratigraphie sont perpendiculaires à ce dernier). Sous l'effet de la pression interstitielle (infiltration des eaux de pluies et des eaux usées dans les fissures du substratum) et du gel-dégel les liaisons qui existaient entre les feuillets du schiste ont été brisés progressivement jusqu'au pied du glissement. Ce processus d'altération explique l'alternance en profondeur de couches de schiste altérées et de schistes sains non altérés (d'après les résultats des sondages carottés). Ce processus hydrogéologique explique l'évolution importante, en profondeur et latérale, du mouvement de terrain observée en 2009.

IV.2.3. Interprétation du mouvement pendant la période 2009-2012

Le mouvement a sensiblement ralenti pendant cette période en particulier au niveau de la zone urbanisée du versant. Les déplacements mensuels mesurés sont d'ordre centimétriques à décimétriques. Par ailleurs, plusieurs nouvelles instabilités ont été observées dans le versant réalimenté par les eaux usées. De plus, plusieurs nouvelles instabilités ont été observées dans la crête et l'aval du versant après la fonte de la neige de janvier 2012. En outre, une réactivation catastrophique du mouvement au cours des années prochaines n'est pas à exclure. En effet, l'infiltration des eaux dues à la neige de février 2012 favorise la création de zones de faiblesse dans le substratum et l'apparition d'un nouveau plan de rupture. Or, ce type de processus est très lent et risque de prendre plusieurs années car il dépend des conditions hydro-climatiques futures. En effet, le même phénomène est observé pour la neige de l'hiver 2004-2005 (apparition de signes du mouvement en 2006 et amorce de la rupture en 2009).

IV.2.4. Évolution spatiale du glissement d'Ain El Hammam

L'évolution du mouvement depuis sa première activation en décembre 1969 a été représentée sur la figure IV.21. En outre, une importante évolution du mouvement est observée au cours des dernières années (entre 2006 et 2012). La superficie du mouvement en 1969 était d'environ 0.55 ha, en 1990 elle a atteint environ 2.92 ha, en 2009 elle était d'environ 15 ha et actuellement elle est évaluée à plus de 23 ha.

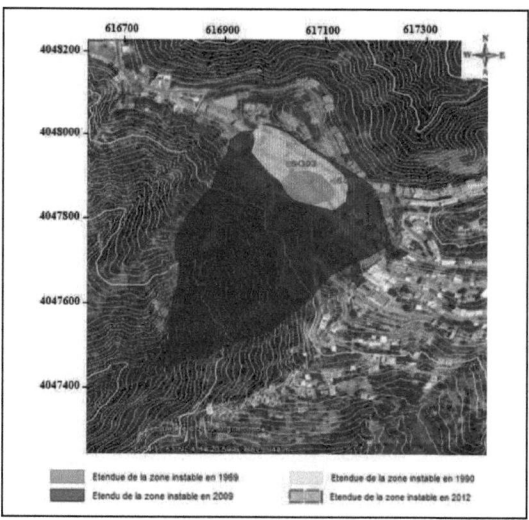

Fig.IV.21. Carte de l'évolution du mouvement entre 1969 et 2012.

IV.3. Étude des mécanismes de déformation du versant et détermination des limites du glissement

Le glissement de terrain qui affecte la ville d'Ain El Hammam est très complexe. Ce mouvement met en jeu plusieurs mécanismes simultanément. En effet, plusieurs surfaces de glissement ont été reconnues et observées dans cette zone (dans la partie instable de la ville et du versant), ainsi que des indices de mouvements récents dans le versant et la partie aval de la ville.

Les visites effectuées sur le site instable ont permis de déceler quelques indices d'instabilité ainsi que des informations concernant les mécanismes de ce mouvement. Plusieurs arrachements de terrain ont été reconnus dans cette zone. Les indices de glissement avec différentes lignes d'arrachement (affaissements) ou de bombement ont été attestés par les mesures topographiques dans le versant. Elles traduisent une morphologie résultant de l'existence de plusieurs surfaces de glissement, certaines profondes, d'autres superficielles. Par ailleurs, les mécanismes principaux de déformation du versant instable d'Ain El Hammam sont définis à partir d'une analyse spatiale de l'évolution du mouvement (suivi topographique) et des constats tirés des visites et expertises du versant et de la ville instable (les escarpements observés). Trois mécanismes principaux sont définis :

IV.3.1. Le mécanisme M1

Il affecte une surface d'environ 4.5 ha et se développe dans la couche superficielle constituée de débris de schistes argileux (la profondeur maximale de l'instabilité est d'environ 40 m). L'arrachement principal est localisé à environ 70 m au Sud de l'ancien marché ; il est repéré en trait jaune continu (Fig. IV.22). Les limites Est et Ouest sont définies, en exploitant les résultats du suivi topographique (zones où le versant subit un bombement) ; elles sont représentées en trait jaune discontinu.

IV.3.2. Le mécanisme M2

Il affecte une grande partie du versant instable et englobe le mécanisme M1 (il affecte une surface d'environ 13.5 ha). Il se développe à l'interface entre la couche superficielle (débris de schiste argileux) et le schiste altéré et déstructuré. La limite amont de ce mécanisme est située en amont du Boulevard Amirouche (Fig.IV.22). Les limites Est et Ouest sont marquées par les escarpements verticaux qui montrent des rejets allant jusqu'à plus de 5 m d'épaisseur. Ce mécanisme est caractérisé par un processus de déformation régressif qui remonte de plus en plus vers le Boulevard Amirouche.

IV.3.3. Le mécanisme M3

Ce mécanisme affecte tout le versant (il englobe les deux premiers mécanismes). Il s'agit d'un glissement lent et progressif qui se développe le long des schistosités du substratum et affecte une surface d'une épaisseur supérieure à 75 m (Fig.IV.22). L'amorce de cette instabilité est favorisée par les infiltrations lentes et profondes des eaux dans les diaclases du schiste ; en particulier celles dues à la fonte de la neige des hivers 2005 et 2012. Les limites exactes de ce mécanisme ne sont pas très bien connues à ce jour ; par conséquent, seules les zones où des signes d'instabilité ont été recensés au cours de ces dernières années sont incluses dans ce mécanisme. Les limites de ce mouvement sont représentées sur la figure en trait rouge discontinu. Par ailleurs, l'analyse de la structure du versant a permis de délimiter la surface instable en supposant l'existence d'un escarpement subhorizontal (dû au déplacement le long des schistosités du substratum) dans le versant opposé qui n'a pas été ausculté. En effet, la ville est fondée au sommet d'une colline constituée de schistes d'un pendage de 40° à 60° orienté vers le Sud (dans le sens du glissement). Ce mécanisme permet une délimitation préliminaire du mouvement de terrain. En effet, nous avons observé des déformations qui confirment cette hypothèse sur le terrain (des ouvrages inclinés vers le Sud dans le versant opposé). De plus, les résultats du suivi topographique confirment l'instabilité de cette zone de la colline.

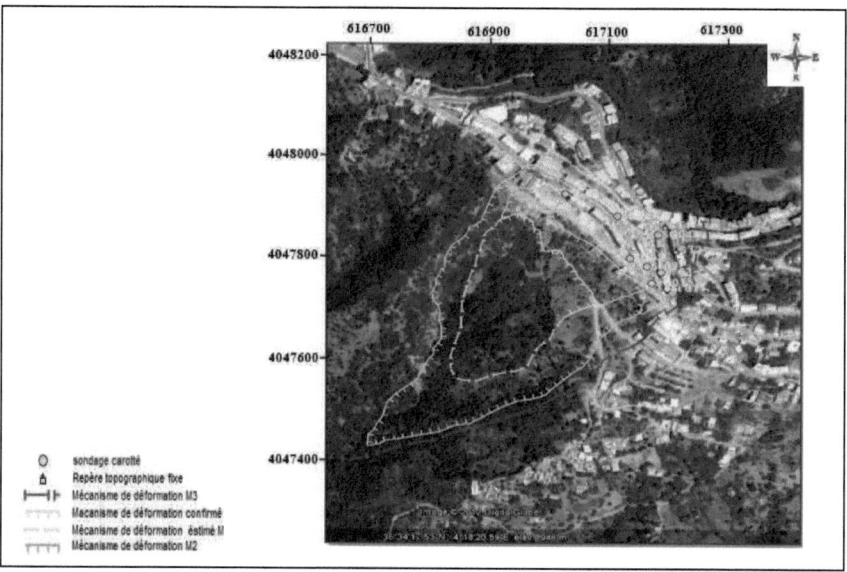

Fig.VI.22. Délimitation des mécanismes de déformation du glissement de terrain.

IV.4. Détermination de la structure du mouvement

Le mouvement résulte de l'emboîtement et de la superposition de plusieurs surfaces de rupture formant une instabilité globale du versant (Fig.IV.24). Le fait, que le mouvement résulte de plusieurs glissements simultanés et superposés rend l'étude de cette instabilité très complexe. La détermination de la forme et de la profondeur exactes des surfaces de rupture étant impossible, nous ne pouvons à ce stade de l'étude, qu'esquisser la position et la profondeur des surfaces en se basant sur les informations recueillies lors des visites du site, des résultats des investigations ainsi que des données cinématiques et morphologiques du mouvement.

Au moins trois surfaces de glissement ont été observées dans la partie urbaine du versant instable et trois autres dans la zone non construite de cette pente. En profondeur, la position des surfaces de rupture a été définie après une étude des résultats des sondages carottés et du suivi inclinométrique réalisés uniquement dans la partie urbanisée du site instable et du suivi topographique de 157 repères (Fig.III.13 et Fig.IV.23) implantés dans le versant.

Fig.IV.23. Implantation du profil EE et des repères topographiques.

IV.4.1. Rupture (1)

Il s'agit d'un glissement superficiel ; il affecte la couche de remblais et d'éboulis (Fig.IV.24). Il s'est produit à l'interface entre le couvert superficiel et le schiste altéré et déstructuré. La surface de rupture se trouve à une profondeur maximale de 15 m. le mouvement affecte une faible partie de la pente instable. La position probable du pied de ce mouvement a été déterminée par un suivi de l'évolution du mouvement du versant instable (analyse du suivi topographique) ; il s'agit d'une zone où le site a subi un léger gonflement au cours du temps.

IV.4.2. Rupture (2)

Ce mouvement est semi-profond ; son amorce est favorisée par l'altération du substratum et les écoulements subhorizontaux. Le mouvement mobilise une couche de sol d'une épaisseur supérieure à 25 m. Ce glissement affecte une grande partie du versant instable. Un bombement a été observé dans le versant et marquerait la base du glissement. Il s'agit probablement du pied du mouvement où le versant instable subi généralement un soulèvement dit « bourrelet frontal » *(BESSON, 2005)*.

IV.4.3. Rupture (3)

Ce glissement est profond, il mobilise tout le versant instable sur une profondeur maximale de 75 m, à la limite entre les couches de schistes altérés et la roche schisteuse en place. Le déplacement est favorisé par la nature lisse et plastique de la formation située à l'interface avec le substratum. La loupe du glissement est constituée de schistes écrasés et broyés. Cette couche s'étale sur une surface d'environ 400 m^2.

IV.4.4. Rupture (4)

La tête de ce mouvement a été localisée sur le site instable ; elle se présente sous forme d'une zone d'arrachement de terrain (affaissement) montrant un rejet maximal d'environ 1,65 m. Cette instabilité a été observée pour la première fois en 2006. Il s'agit d'un glissement profond ; la rupture s'est développée probablement le long d'une zone de faiblesse ou d'une rupture dans le schiste. Ce mouvement affecte une très grande surface du versant instable, cependant, la coupe de la figure IV.23 (profil EE) n'atteint pas la limite inférieure de cette instabilité qui n'a pas encore été déterminée.

IV.4.5. Rupture (5)

Cette instabilité est fortement liée à la précédente (rupture 4), il s'agit de deux mouvements emboîtés et reliés. Cette rupture constitue une extension vers l'amont de la rupture 4. Après l'amorce de ce glissement, située à environ 10 à 15 m au Nord du glissement (rupture 4), l'évolution du mouvement en crête du glissement a sensiblement ralenti, ce qui démontre que ces deux mouvements sont liés et évoluent sans déplacement relatif.

IV.4.6. Rupture (6)

Il s'agit d'un glissement semi-profond, d'une épaisseur supérieure à 40 m, affectant une faible partie du versant instable. La tête de ce glissement a été observée sur le site au droit du point E9 (Fig.IV.23), avec un rejet maximal d'environ 30 à 40 cm. L'instabilité a été observée sur le site et localisée sur photographie aérienne (voir E9, Fig.IV.23). La date probable du déclenchement de ce mouvement a été estimée, après analyse des séries de déplacements, entre les mois de juillet et d'août 2010. Le bombement de terrain marquant la partie aval du profil a permis de positionner le pied de cette instabilité (Fig.IV.24).

La structure hypothétique du glissement est représentée sur un profil longitudinal du versant où l'évolution globale du mouvement de terrain d'Ain El Hammam entre 1960 et septembre 2010 a été évaluée (Fig.IV.24), avec la topographie récente (2010 ; trait noir figure IV.24) et celle de 1960 (trait bleu). Cependant, l'absence d'un levé topographique global récent du versant instable ne permet pas de connaître la topographie du versant en 2012, l'évolution actuelle des mouvements et d'atteindre le pied des instabilités. Par ailleurs, les points utilisés pour le tracé de l'allure du versant en 2010 sont souvent très espacés (Fig.IV.23). L'évaluation exacte de la topographie actuelle du versant reste à finaliser. Les observations actuelles lors des visites du site permettent de constater quelques variations de la topographie du versant en particulier après la neige de janvier 2012.

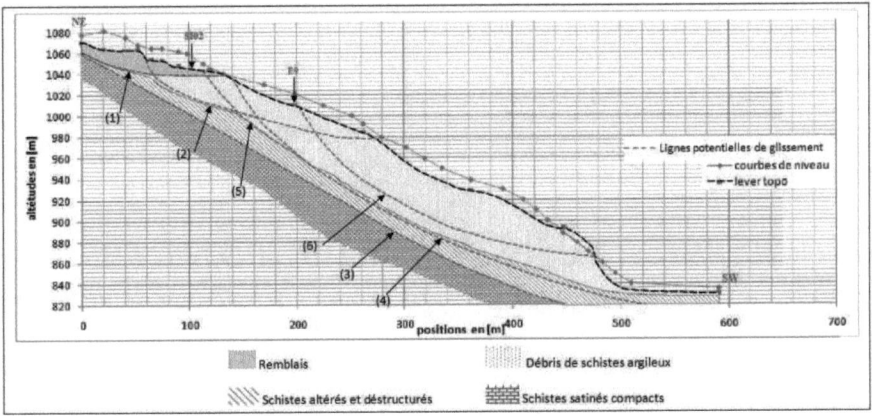

Fig.IV.24. Évolution de l'allure du versant instable (profil EE) entre 1960 et 2010 montrant les principaux glissements reconnus par sondage et par l'évolution morphologique de la pente entre 1960 (trait bleu) et 2010 (trait noir, les points rouges représentent les repères topographiques). Voir localisation du profil EE figure IV.23.

IV.5. Conclusion

Le mouvement de terrain qui affecte la ville d'Ain El Hammam et ses alentours est caractérisé par des phases de calme et d'activation (d'accélération du mouvement). Les phases d'accélération correspondent généralement aux périodes de forte pluviométrie (généralement entre octobre et avril). L'hydrologie très complexe de cette région et l'existence des sources d'eau favorisent les écoulements transversaux dans le versant instable. Ces écoulements se produisent probablement le long des fissures du schiste. La structure lithologique du substratum et sa morphologie facilitent considérablement le processus d'altération du substratum. En outre, la morphologie et l'hydro-climatologie du versant d'Ain El Hammam sont les principaux facteurs de prédisposition de ce site aux glissements de terrain. Ils constituent également l'un des facteurs les plus influents sur l'évolution de la cinématique et de la géométrie de celui-ci.

L'analyse géomorphologique du versant instable a permis une bonne appréciation du mouvement de terrain ; elle constitue un moyen d'investigation efficace des mouvements de terrain de grande ampleur. Cette analyse a facilité la détermination des mécanismes de déformation du versant, l'étude de sa structure et une délimitation primaire de la surface instable. Trois mécanismes de déformation, dont un qui présente un processus régressif (le mécanisme M2), sont observés dans le versant d'Ain El Hammam. La structure du glissement est très complexe ; elle résulte de l'emboitement et de la superposition de six plans de rupture. Par ailleurs, une investigation complémentaire reste nécessaire pour bien définir les limites des couches ainsi que l'allure et les positions exactes des plans de rupture.

Les résultats de l'analyse du comportement géomorphologique et hydrique du mouvement seront utilisés pour l'évaluation du potentiel de risque engendré par ce mouvement de terrain.

CHAPITRE V

CARTOGRAPHIE ET GESTION DU POTENTIEL DE RISQUE ET DE L'ALÉA DUS AU GLISSEMENT DE TERRAIN D'AIN EL HAMMAM.

La gestion des géo-risques constitue une problématique d'actualité. Les glissements de terrain de grande ampleur causent énormément de problèmes aussi bien pour les pays développés que ceux en voie du développement. Plusieurs chercheurs (SAITO 1965, ASAOKA 1978, BOUCHELAGHEM 1987, VIBERT 1987, AZIMI et al. 1988, GERVREAU 1991, ...) ont proposé des modèles pour la prévision de l'évolution et/ou de la date probable de la rupture des versants naturels instables. Or, ces modèles sont souvent basés sur l'historique de l'évolution cinématique du mouvement (certains incluent également le suivi hydrologique). Par ailleurs, les études ont démontré que les glissements de terrain ont généralement un comportement aléatoire et discontinu au cours du temps.

Le travail proposé dans ce chapitre constitue une contribution à la cartographie du risque et de l'aléa engendrés par le glissement de terrain d'Ain El Hammam. Les méthodes de cartographie du risque existante étant globales et non adéquates au cas étudié (elles introduisent des facteurs qui ne présentent pas de variabilité spatiale dans le site étudié), une nouvelle méthode sera proposée. Les travaux d'analyse et de cartographie réalisés dans les chapitres III et IV ont permis d'observer certains facteurs qui présentent des variabilités spatiales marquées. Ces derniers seront exploités dans ce chapitre pour :

- Déterminer et cartographier le potentiel de risque d'une rupture brusque et catastrophique de la ville d'Ain El Hammam (carte d'aléa) ;

- Évaluer et cartographier le niveau de risque dû au glissement de terrain ;

- Proposer un mode de gestion de la sécurité.

V.1. Évaluation et cartographie de l'aléa dû au mouvement de terrain

La gestion des risques engendrés par les instabilités de terrain dans la région d'Ain El Hammam se heurte à plusieurs problèmes. Le manque de données exploitables et la complexité du phénomène sont les contraintes majeures rencontrées dans ce cas d'instabilité. Les méthodes classiques d'évaluation de l'aléa sont mal adaptées à ce cas ; nous avons alors proposé une méthode qui tient compte des paramètres disponibles pour ce site. Le risque dû au glissement de terrain est évalué pour la ville d'Ain El Hammam et ses alentours (colline affectée par le glissement actif) en fonction de deux paramètres : le degré du risque d'une rupture brusque (aléa) et la densité de l'urbanisation (vulnérabilité). L'avantage principal de la méthode proposée est la possibilité d'effectuer des études ponctuelles du risque dans les versants naturels et les pentes artificielles.

$$I_{risque} = I_{aléa} \, I_u \qquad \qquad \text{[V.1]}$$

V.1.1. Évaluation de l'aléa glissement de terrain $I_{aléa}$

Pour quantifier le risque potentiel d'une réactivation du mouvement du versant d'Ain El Hammam, nous avons proposé une méthode qui prend en compte les facteurs influents sur cette instabilité qui présentent une variabilité spatiale dans ce versant et ses alentours. Cette méthode prend en considération cinq facteurs principaux qui peuvent être répartis en deux grandes catégories :

- Les paramètres de l'instabilité : l'ampleur des signes d'instabilité observés en surface, le nombre de plans de rupture observés et la vitesse d'évolution du mouvement ;

- Les causes de l'instabilité : l'hydrologie et le pendage des couches.

V.1.1.1. Description des facteurs du modèle d'évaluation de l'aléa

    a. L'ampleur des signes d'instabilité observés en surface

Plusieurs signes d'instabilité sont observés sur le versant instable d'Ain El Hammam. Ces derniers nous renseignent de l'ampleur, du sens et de la vitesse du glissement. Ils permettent également de délimiter les mécanismes de déformation, l'étendue de la zone affectée par le mouvement et l'allure probable des plans de rupture (notamment par l'analyse de l'évolution et de la forme des niches d'arrachement et des différents escarpements). Nous avons analysé ces signes et délimité trois zones principales qui définissent l'ampleur des instabilités dans le versant d'Ain El Hammam et ses alentours.

- La première zone est notée en rouge (Fig.V.3) ; elle s'étale sur une superficie d'environ 13,54 ha. Elle est caractérisée par l'observation de plusieurs affaissements compartimentés et de signes d'instabilité d'ampleur remarquable (désordres élevés). Un poids $I_i=3$ a été affecté à cette zone ;

- La deuxième zone est notée en jaune (Fig.V.3) ; elle s'étale sur une superficie supérieure à 9.63 ha. Elle est caractérisée par un mouvement lent et hétérogène (désordres moyens). Un poids $I_i=2$ est affecté à ces sites.

- La troisième zone est repérée sur la carte en couleur verte (Fig.V.3). Elle s'étale sur une superficie d'environ 55 ha. Les désordres observés dans ces sites sont d'ampleurs faibles à nulles. Un poids $I_i=1$ est affecté à cette zone.

Fig.V.1. Photos montrant l'ampleur des signes du mouvement en zone rouge.

Fig. V.2. Photos montrant l'ampleur des signes du mouvement en zone jaune.

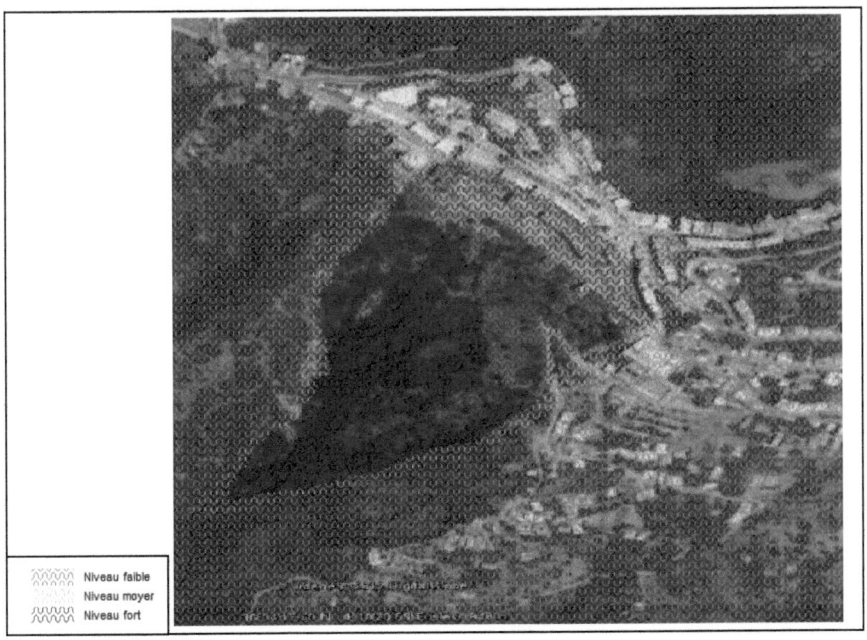

Fig. V.3. La cartographie de l'ampleur des signes d'instabilité.

b. La vitesse d'évolution du mouvement

La vitesse d'évolution d'un glissement de terrain est un facteur important pour l'évaluation du risque engendré par ce phénomène. L'étude de ce paramètre permet une bonne compréhension du comportement du versant d'une part et d'autre part d'adopter un confortement adéquat au cas étudié. Pour le versant d'Ain El Hammam la vitesse du mouvement est hétérogène (à cause de la complexité du glissement de terrain qui affecte cette région) ; la cartographie spatiale de cette vitesse est alors nécessaire pour faciliter l'étude de l'instabilité. L'analyse des séries chronologiques disponibles a permis d'observer quatre classes principales d'évolution du mouvement :

- La première classe est caractérisée par une vitesse très élevée (déplacements cumulés d'ordre métrique). Elle affecte une surface d'environ 6.36 ha soit 8,15 % de la surface totale du site étudié. Les zones caractérisées par une vitesse d'évolution du mouvement très élevée sont repérés sur la figure V.5 en couleur rouge. Un poids $I_v=4$ est attribué à cette classe.

- La deuxième classe est caractérisée par une vitesse élevée (déplacements d'ordre décimétrique). Elle constitue une surface d'environ 7.16 ha (9,17 % de la surface totale) repérée en couleur orange (Fig.V.5). Un poids $I_v=3$ est attribué à cette classe.

- La troisième classe est caractérisée par une vitesse moyenne (déplacements millimétriques à centimétriques). Elle affecte une surface supérieure à 9.63 ha (elle est représentée en couleur jaune). Un poids $I_v=2$ est attribué à cette classe.

- La quatrième classe est caractérisée par des vitesses d'évolution du mouvement très lente (déplacements négligeables ou nuls). Elle est représentée en couleur verte sur la figure V.5. Un poids $I_v=1$ est attribué à cette classe.

Fig. V.4. Photos montrant la vitesse d'évolution du mouvement en zone rouge.

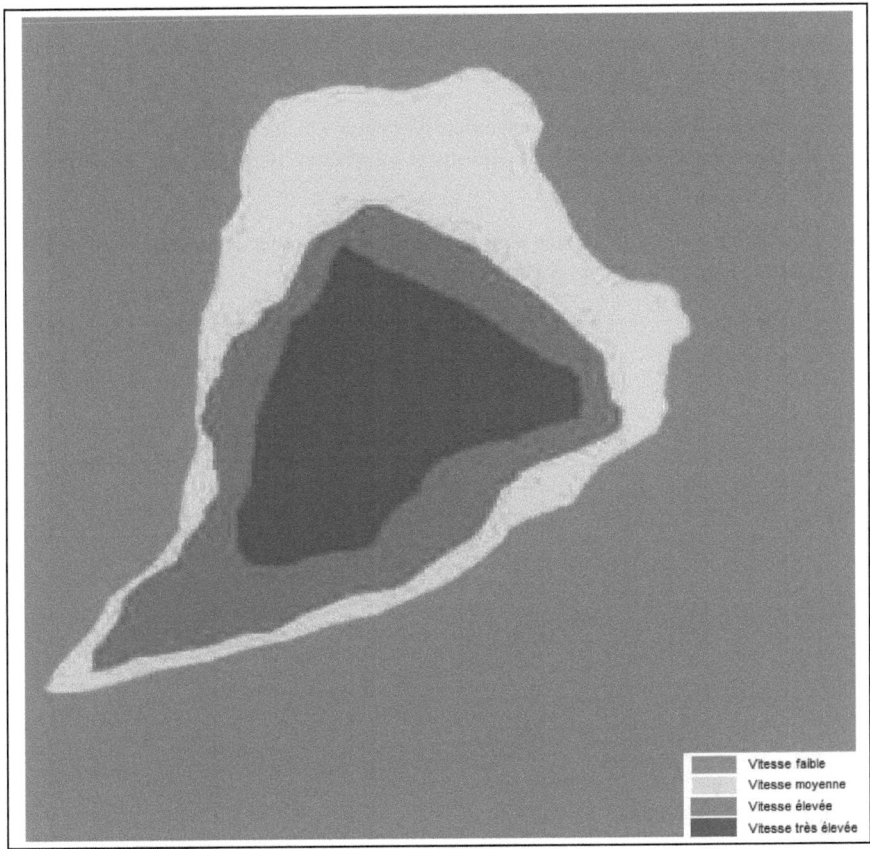

Fig. V.5. Cartographie des classes de la vitesse du glissement de terrain d'Ain El Hammam.

c. Le nombre de plans de rupture

Les deux premiers paramètres du modèle prennent en compte les signes du mouvement observés en surface ; celui-ci prend en considération la structure et l'extension en profondeur de ce mouvement. Le glissement de terrain d'Ain El Hammam est caractérisé par une structure très complexe composée de plusieurs plans de glissement (certains sont emboités d'autres sont superposés). Pour illustrer ce phénomène complexe, nous avons étudié la répartition spatiale des plans de glissement définis. Quatre classes sont définies pour ce paramètre :

- La première classe représente les zones caractérisées par un mouvement très complexe (zones pour lesquelles quatre surfaces de rupture ou plus ont été observées). Cette classe est représentée en couleur rouge sur la figure V.6 ; elle occupe une superficie supérieure à 1.80 ha. Un poids $I_r=4$ a été attribué à cette zone du versant instable.

- La deuxième classe comprend toutes les zones où trois ou deux surfaces de rupture ont été observées. Cette zone est représentée sur la figure V.6 en couleur orange et est affectée d'un poids $I_r=3$. Elle affecte une superficie d'environ 11,69 ha.

- La troisième classe affecte une superficie d'environ 9.63 ha (Fig.V.6). Elle comprend toutes les zones du site où un plan de glissement est observé (un poids $I_r=2$ est attribué à cette zone).

- La quatrième classe est définie pour les zones où aucun plan de rupture n'a été observé. Un poids $I_r=1$ est attribué à ces zones du versant.

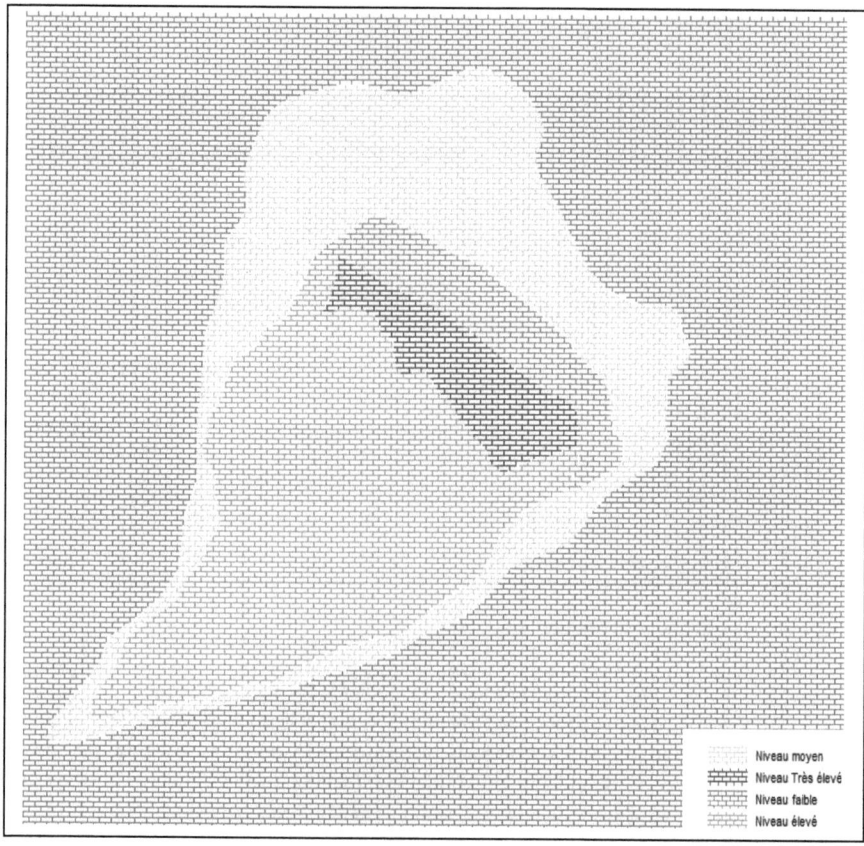

Fig. V.6. Cartographie des classes de la structure du mouvement d'Ain El Hammam.

d. Effet de l'hydrologie du site

Le versant d'Ain El hammam est caractérisé par une hydrologie complexe et une structure géologique très sensible à l'eau. L'absence des réseaux hydrographique dans le versant accélère et facilite l'infiltration profonde de l'eau dans celui-ci. L'eau infiltrée agit sur les caractéristiques mécaniques et chimiques des formations géologiques qui composent ce versant (diminuent les forces résistantes) d'une part et augmente les forces motrices (en augmentant le poids des formations) d'autre part. Dans la cartographie réalisée, nous avons pris en compte ce facteur (absence de réseaux hydrographiques naturels ou artificiels) pour mieux étudier l'instabilité sachant que l'infiltration progressive cause l'altération du substratum schisteux (donc une importante évolution latérale et en profondeur du glissement de terrain). De plus, en l'absence de ces réseaux, l'eau cherche des chemins aléatoires et faciles (telles que les lignes d'arrachement longitudinales) pour s'écouler et cause ainsi une érosion superficielle intense et l'infiltration de l'eau dans les surfaces de glissement préexistantes. En fonction de la répartition spatiale des réseaux hydrographiques dans le versant instable et ses alentours, deux catégories sont définies pour ce facteur :

- La première catégorie est caractérisée par l'absence de tous réseaux de drainage (drainage naturel et artificiel) ; il a été attribué à cette classe un poids $I_h=2$ (paramètre défavorable représenté en couleur rouge sur la figure V.8).

- La deuxième catégorie représente les zones où des réseaux hydrographiques naturels existent. Un poids $I_h=1$ a été attribué à cette zone (paramètre favorable représenté en couleur verte sur la figure V.8).

Fig. V.7. Photo montrant l'absence des réseaux hydrographiques au niveau du Boulevard Amirouche.

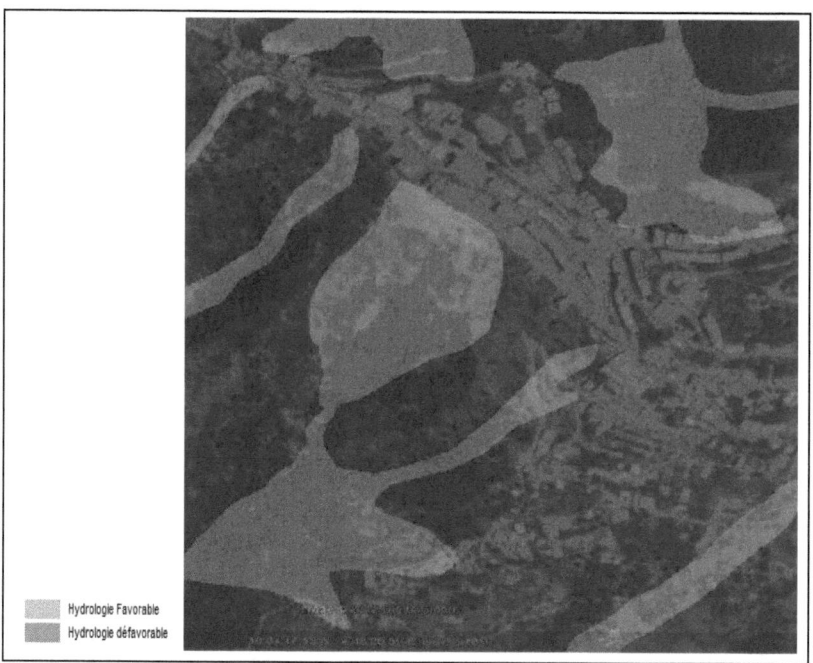

Fig. V.8. Cartographie des classes de l'hydrologie dans la ville d'Ain El Hammam.

e. Effet du sens d'orientation du pendage des couches

La roche qui forme le versant instable d'Ain El Hammam est caractérisée par une structure schisteuse orientée dans le sens de la pente du versant. Cette dernière constitue l'une des causes principales de l'instabilité de la ville d'Ain El Hammam. En effet, l'eau s'infiltre dans ces plans de schistosité et se met sous pression ; ce processus brise les liaisons qui existent entre les plans de schistosité (diaclases) du substratum (schiste satiné) et crée ainsi des zones de faiblesse susceptibles d'être le siège de glissements lents et profonds. Deux classes de schistosité sont observées dans le site étudié :

- La première classe représente les zones du site où les plans de stratigraphie du substratum sont orientés dans le sens de la pente du versant (les versants orientés Nord-Sud). Cette zone occupe une superficie d'environ 65.45 ha ; qui représente environ 83.90 % de la superficie totale du terrain étudié. Elle est représentée sur la carte établie en couleur rouge. Cette classe de pendage est affectée par un poids $I_p= 2$.

- La deuxième classe représente les zones de la colline où le pendage est perpendiculaire à la pente du versant (les versants orientés Sud-Nord). Cette classe occupe une superficie supérieure à 12.62 ha (qui représente environ 16 % de la superficie totale). La morphologie du substratum favorise la stabilité de la pente ; elle est donc affectée d'un poids $I_p=1$.

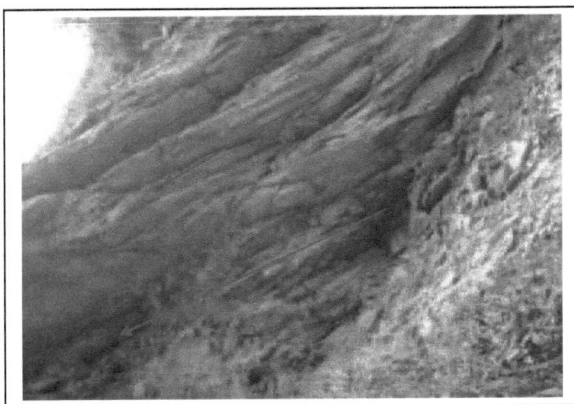

Fig. V. 9. Photo montrant le sens d'orientation du pendage dans la colline instable d'Ain El Hammam.

Fig.V. 10. Cartographie des classes du pendage dans la ville d'Ain El Hammam.

V.1.2. Évaluation de l'aléa

Le risque d'une rupture brusque (l'aléa glissement de terrain) est évalué pour l'instabilité d'Ain El Hammam et ses alentours en effectuant une sommation des poids affectés aux cinq paramètres du modèle [V.2]. Cinq niveaux d'aléa sont évalués pour ce site (tableau V.1 et fig.V.12) : aléa très faible, aléa faible, aléa moyen, aléa élevé et aléa très élevé.

$$I_{aléa} = I_i + I_v + I_r + I_p + I_h \qquad [V.2]$$

V.1.2.1. Les combinaisons d'aléa observées dans le site instable

Plusieurs combinaisons probables de l'aléa sont observées dans la colline instable d'Ain El Hammam (voir la figure de superposition des facteurs de risque). Ces combinaisons sont :

a. Pour l'aléa très faible

L'aléa très faible recouvre une superficie d'environ 6.46 ha qui représente 8.28 % de la surface du site étudié. Une seule combinaison des facteurs est prise en charge pour l'aléa très faible. Cette dernière prend en compte le niveau le plus faible de tous les facteurs du modèle ($I_i=1$, $I_v=1$, $I_r=1$, $I_h=1$ et $I_p=1$) qui donne un niveau d'aléa $I_{aléa}= 5$.

b. Pour l'aléa faible

L'aléa faible se développe dans une superficie d'environ 48.59 ha qui représente 62.29 % de la superficie totale du site. Deux combinaisons des facteurs qui donnent un aléa faible sont observées dans le site étudié. Il s'agit des combinaisons suivantes :

- La combinaison C1 : il s'agit des zones où les facteurs liés à l'activité du mouvement présentent tous un caractère faible (I=1) et l'un des facteurs qui le cause présente un caractère qui favorise l'instabilité (dans ce cas, il s'agit de l'orientation du pendage des couches qui est favorable au glissement). Cette combinaison est donnée comme suit : (I_i, I_v, I_r, I_h, I_p) = (1, 1, 1, 1, 2) qui donne un niveau d'aléa $I_{aléa} = 6$.

- La combinaison C2 : elle représente les zones du site où tous les facteurs liés à l'activité du mouvement présentent un caractère faible et les facteurs qui le causent sont favorables au glissement. Il s'agit de la combinaison des facteurs (I_i, I_v, I_r, I_h, I_p) = (1, 1, 1, 2, 2) qui donne un indice d'aléa $I_{aléa} = 7$.

c. Pour l'aléa moyen

La superposition des couches qui représentent les facteurs du modèle d'évaluation de l'aléa montre l'existence dans ce site de deux combinaisons possibles de ces derniers. Le niveau d'aléa moyen est observé pour une superficie d'environ 9.70 ha qui représente 12.43 % de la surface du site étudié.

- La combinaison C1 : la combinaison C1 du niveau d'aléa moyen est prise pour le cas où tous les facteurs du mouvement sont moyens et l'un des facteurs qui le cause est favorable à l'instabilité (le sens du pendage favorable). Elle est représentée par : $(I_i, I_v, I_r, I_h, I_p) = (2, 2, 2, 1, 2)$ qui donne un aléa $I_{aléa} = 9$.

- La combinaison C2 : elle représente les zones du site où tous les facteurs liés à l'activité du mouvement présentent un caractère moyen et les facteurs qui le causent sont favorables au glissement. Il s'agit de la combinaison des facteurs $(I_i, I_v, I_r, I_h, I_p) = (2, 2, 2, 2, 2)$ qui donne un indice d'aléa $I_{aléa} = 10$.

d. Pour l'aléa élevé

Le risque important représente une superficie d'environ 9.95 ha qui constitue 12.75 % du site étudié. Trois combinaisons de facteurs sont observées pour ce niveau d'aléa :

- La combinaison C1 : elle correspond au cas où tous les facteurs de l'instabilité sont élevés et l'une de ses causes présente un caractère favorable (sens d'orientation du pendage du substratum favorable à l'instabilité). Elle est représentée par la combinaison des facteurs : $(I_i, I_v, I_r, I_h, I_p) = (3, 3, 3, 1, 2)$ qui donne un indice d'aléa $I_{aléa} = 12$.

- La combinaison C2 : elle est représentée par la combinaison des facteurs du modèle suivante : $(I_i, I_v, I_r, I_h, I_p) = (3, 3, 3, 2, 2)$ qui donne un indice d'aléa $I_{aléa} = 13$.

- La combinaison C3 : la troisième combinaison des facteurs observée dans le site étudié en risque élevé est : $(I_i, I_v, I_r, I_h, I_p) = (3, 4, 3, 1, 2)$ qui donne un indice d'aléa $I_{aléa} = 13$.

e. Pour l'aléa très élevé

Cette classe regroupe les zones où le niveau d'aléa atteint son maximum. Elle s'étale sur une superficie supérieure à 3.54 ha qui représente 4.53 % de la superficie totale du site étudié. Trois combinaisons sont observées en risque très élevé.

- La combinaison C1 : la combinaison des facteurs C1 couvre les zones du site où la plupart des facteurs du modèle (à l'exception du nombre de plans de rupture) présentent leur niveau maximal. La combinaison est alors données par : $(I_i, I_v, I_r, I_h, I_p) = (3, 4, 3, 2, 2)$ qui donne un niveau d'aléa $I_{aléa} = 14$.

- La combinaison C2 : cette combinaison est données par : $(I_i, I_v, I_r, I_h, I_p) = (3, 4, 4, 1, 2)$ qui donne un aléa très élevé ($I_{aléa} = 14$).

- La combinaison C3 : elle est observée pour les zones où tous les facteurs du modèle présentent leurs niveaux maximums. La combinaison est données par : $(I_i, I_v, I_r, I_h, I_p) = (3, 4, 4, 2, 2)$ qui donne un indice d'aléa $I_{aléa} = 15$.

V.1.2.2. La cartographie de l'aléa au niveau d'Ain El Hammam

La carte d'aléa glissement de terrain est réalisée à l'aide du logiciel MapInfo version 6.5 (Fig.V.11). La propriété de superposition des couches de dessin qu'offre le logiciel a facilité la détermination et la cartographie des classes d'aléa selon les différentes combinaisons des facteurs du modèle d'évaluation du risque proposé. Ces niveaux d'aléa sont représentés sur la carte en utilisant une échelle de couleurs : l'aléa très faible est représenté en couleur verte foncée, l'aléa faible est représenté en couleur verte claire, l'aléa moyen est représenté en couleur jaune, l'aléa élevé est représenté en couleur orange et enfin l'aléa très élevé en couleur rouge (voir la figure V. 12 et le tableau récapitulatif).

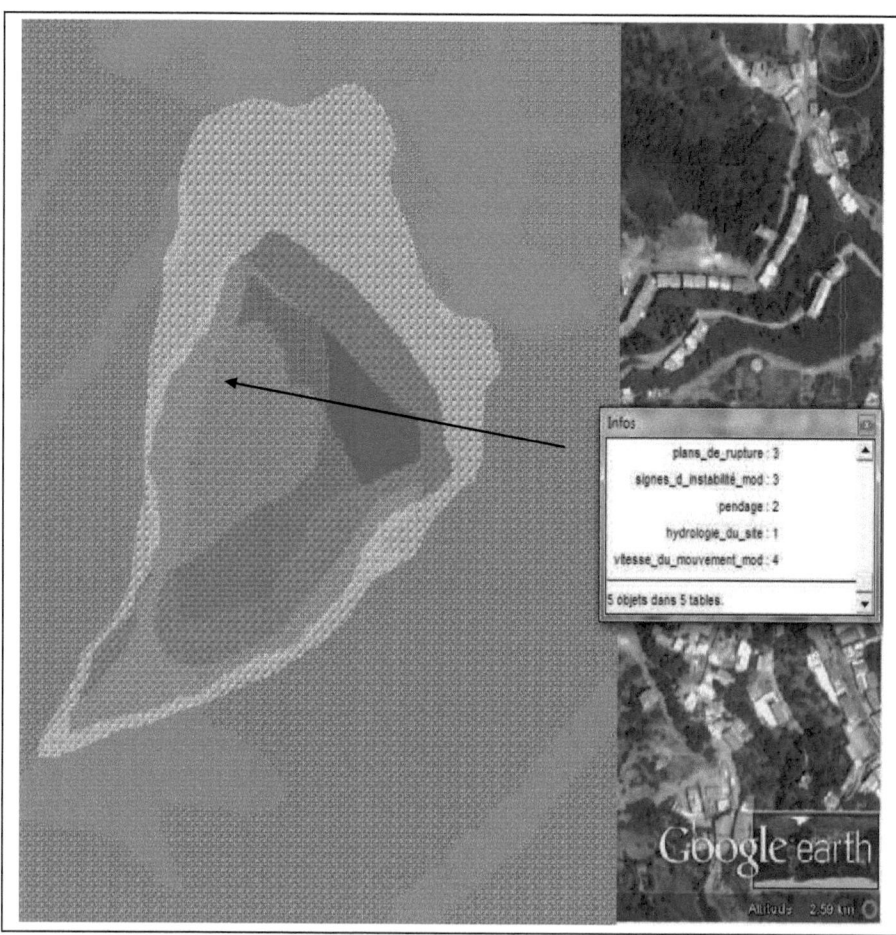

Fig.V. 11. La combinaison des facteurs du modèle d'évaluation de l'aléa sous MapInfo.

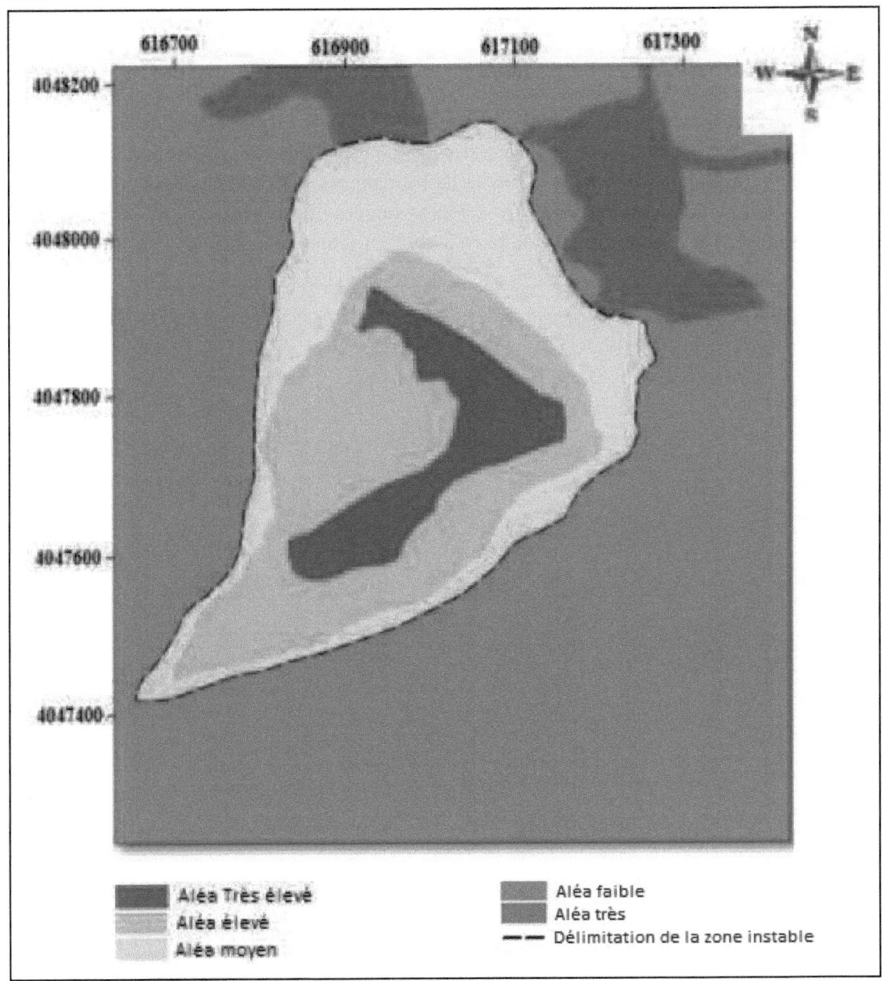

Fig.V.12. La carte des niveaux d'aléa glissement de terrain de la ville d'Ain El Hammam.

Tableau V.1 : Récapitulatif des classes d'aléa obtenues pour le site étudié.

Classes	Niveaux	Aléa	Couleur attribuée
Classe 1	5	Très faible	Vert foncé
Classe 2	(6 et 7)	Faible	Vert claire
Classe 3	(9 et 10)	Moyen	Jaune
Classe 4	(12 et 13)	Élevé	Orange
Classe 5	(14 et 15)	Très élevé	Rouge

V.1.3. La densité de l'urbanisation

Le deuxième paramètre du modèle d'évaluation du niveau d'aléa est la densité de l'urbanisation I_u. L'importante urbanisation de la crête de la colline affectée par le glissement de terrain à Ain El Hammam (Fig.V.14) constitue à la fois l'une des causes principales de l'instabilité et un important enjeu pour la gestion de la sécurité. La densité de l'urbanisation du site étudié est répartie en trois classes (Fig. V.13) : urbanisation dense $I_u = 3$ (enjeu important), urbanisation moyennement dense $I_u = 2$ (enjeu moyen) et urbanisation très faible à nulle $I_u=1$ (enjeu très faible).

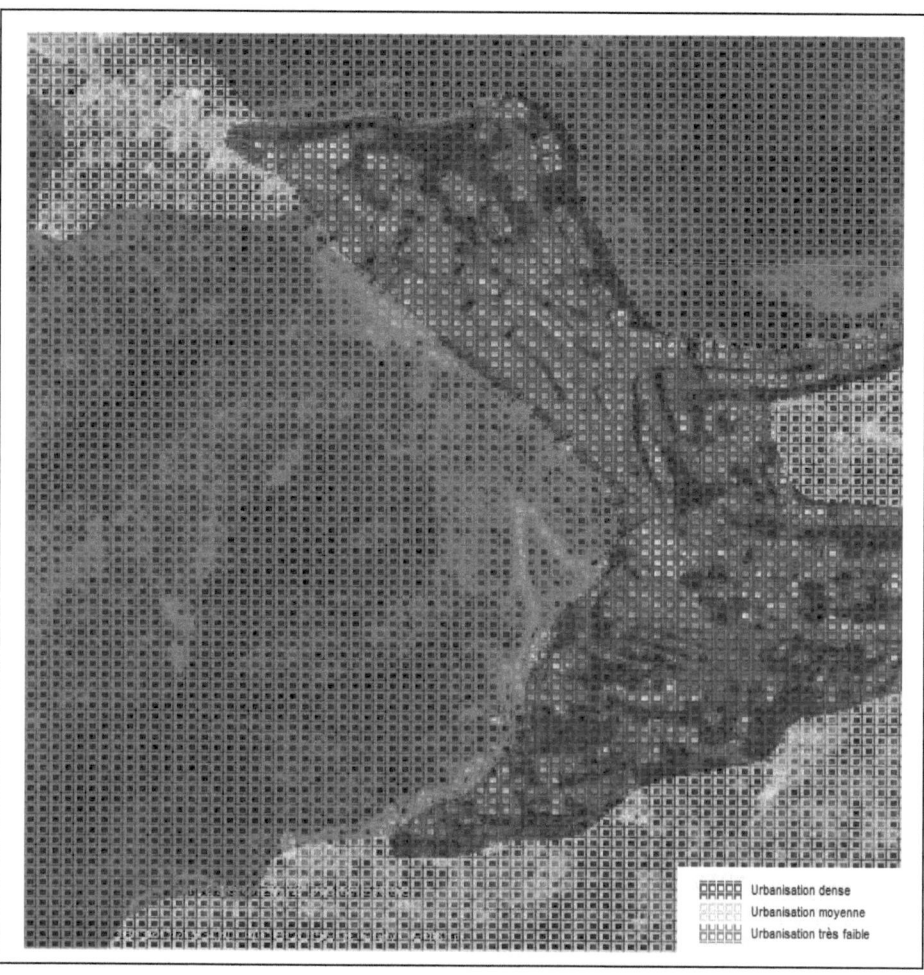

Fig.V.13. Cartographie des classes de l'urbanisation du site étudié.

Fig.V.14. Image aérienne de la crête du versant d'Ain El Hammam.

V.1.4. Évaluation des niveaux du risque observés dans le site étudié

L'évaluation du niveau de risque consiste à superposer la carte d'aléa et celle de la densité de l'urbanisation ; les niveaux du risque sont ensuite déterminés à l'aide de l'équation (Eq.V.1). Cinq niveaux de risque sont évalués pour le site étudié (voir les tableaux 2 et 3). Ces niveaux sont représentés sur la carte en utilisant l'échelle de couleurs suivantes : le risque très faible est représenté en couleur verte claire, le risque faible en couleur verte foncée, le risque moyen en couleur jaune, le risque fort en couleur orange et enfin le risque très fort en couleur rouge.

V.1.4.1. Le niveau de risque très faible

Le niveau de risque très faible est observé sur une importante superficie qui est de l'ordre de 59% de la superficie totale du site étudié. L'indice d'aléa I_{risque} très faible est compris entre $I_{risque}=5$ et $I_{risque}=10$ ($5 \leq I_{risque} \leq 10$). Cette classe regroupe les combinaisons des paramètres suivantes :

- La combinaison C1 : il s'agit des zones du site où l'aléa et la densité de l'urbanisation sont très faibles. Cette combinaison donne le potentiel de risque le plus faible ($I_{risque}=5$).

- La combinaison C2 : il s'agit des zones du site où l'aléa est faible et la densité de l'urbanisation est très faible.

- La combinaison C3 : la combinaison C3 est observée pour les zones où l'aléa est moyen et la densité de l'urbanisation est très faible.

- La combinaison C4 : il s'agit de la combinaison d'un aléa très faible avec une densité d'urbanisation moyenne.

V.1.4.2. Le niveau de risque faible

L'indice de risque faible est observé dans le site étudié sur une superficie d'environ 11.16 ha qui représente 14.30 % de la superficie globale du site. Cet indice est compris entre $I_{risque}=12$ et $I_{risque}=15$ ($12 \leq I_{risque} \leq 15$). Les combinaisons des paramètres observées pour le risque faible sont :

- La combinaison C1 : elle représente les zones où l'aléa est faible et l'urbanisation est moyenne.

- La combinaison C2 : elle englobe les zones où l'aléa est élevé et la densité de l'urbanisation est très faible.

- La combinaison C3 : il s'agit des zones du site étudié où l'aléa est très élevé et la densité de l'urbanisation est très faible.

V.1.4.3. Le niveau de risque moyen

Le risque moyen occupe une superficie d'environ 11.15 ha qui représente 14.30 % de la superficie du site étudié. Deux combinaisons possibles des paramètres sont observées pour ce niveau de risque :

- La combinaison C1 : il s'agit de la combinaison d'un aléa faible avec une densité d'urbanisation importante.

- La combinaison C2 : elle correspond aux zones où l'aléa et la densité de l'urbanisation sont moyens.

V.1.4.4. Le niveau de risque fort

Les zones du site où le niveau de risque est évalué fort occupent une superficie supérieure à 6.13 ha qui correspond à 7.86 % de la superficie globale du site étudié. L'indice de risque fort est compris entre $I_{risque}=24$ et $I_{risque}=30$ ($24 \leq I_{risque} \leq 30$).

- La combinaison C1 : il s'agit du niveau d'aléa moyen combiné à une densité d'urbanisation importante.

- La combinaison C2 : elle représente les zones du site où l'aléa est élevé et l'urbanisation est moyenne.

- La combinaison C3 : cette combinaison est observée pour les zones où l'aléa est très élevé et la densité de l'urbanisation est moyenne.

V.1.4.5. Le niveau de risque très fort

Le niveau de risque très fort est observé pour la zone du marché et ses alentours (Boulevard Amirouche,...). Le risque très fort occupe une superficie totale supérieure à 2.29 ha (qui correspond à 2.93 % de la superficie globale du site). Il est évalué pour les zones les plus menacées du site où la plupart des paramètres du modèle atteignent leurs maximums. L'indice de risque fort est compris entre $I_{risque}=36$ et $I_{risque}= 45$ ($36 \leq I_{risque} \leq 45$). Deux combinaisons possibles des paramètres sont observées :

- La combinaison C1 : il s'agit de la combinaison d'un aléa élevé avec une densité d'urbanisation importante.

- La combinaison C2 : elle correspond à l'aléa très élevé combiné à une densité d'urbanisation importante.

Tableau V.2 : Les combinaisons possible des paramètres du modèle d'évaluation du risque dû au glissement de terrain.

Urbanisation / Aléa	Classe 1	Classe 2	Classe 3
Niveau 1	Très faible	Très faible	Faible
Niveau 2	Très faible	faible	Moyen
Niveau 3	Très faible	moyen	Élevé
Niveau 4	Moyen	élevé	Très élevé
Niveau 5	Moyen	élevé	Très élevé

Tableau V.3 : Les classes de l'aléa dû au mouvement de terrain d'Ain El Hammam.

Classes	Niveaux	Risque	Couleur attribuée
Classe 1	(5,6,7,9,10)	Très faible	Vert foncé
Classe 2	(12,13,14,15)	Faible	Vert claire
Classe 3	(18,20,21)	Moyen	Jaune
Classe 4	(24,26,27,30)	Fort	Orange
Classe 5	(36,39,42,45)	Très fort	Rouge

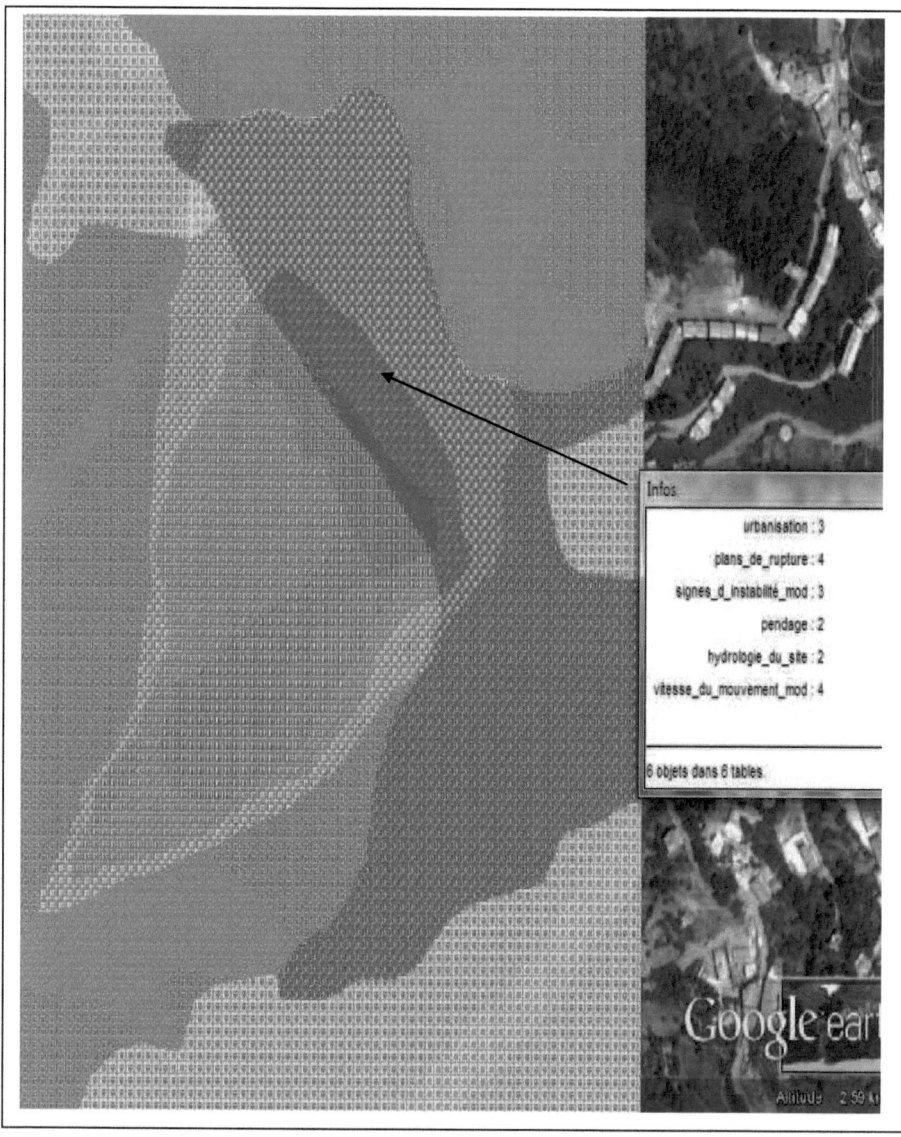

Fig. V. 15. Image de la superposition des couches de dessin qui correspondent à l'aléa et à la densité de l'urbanisation.

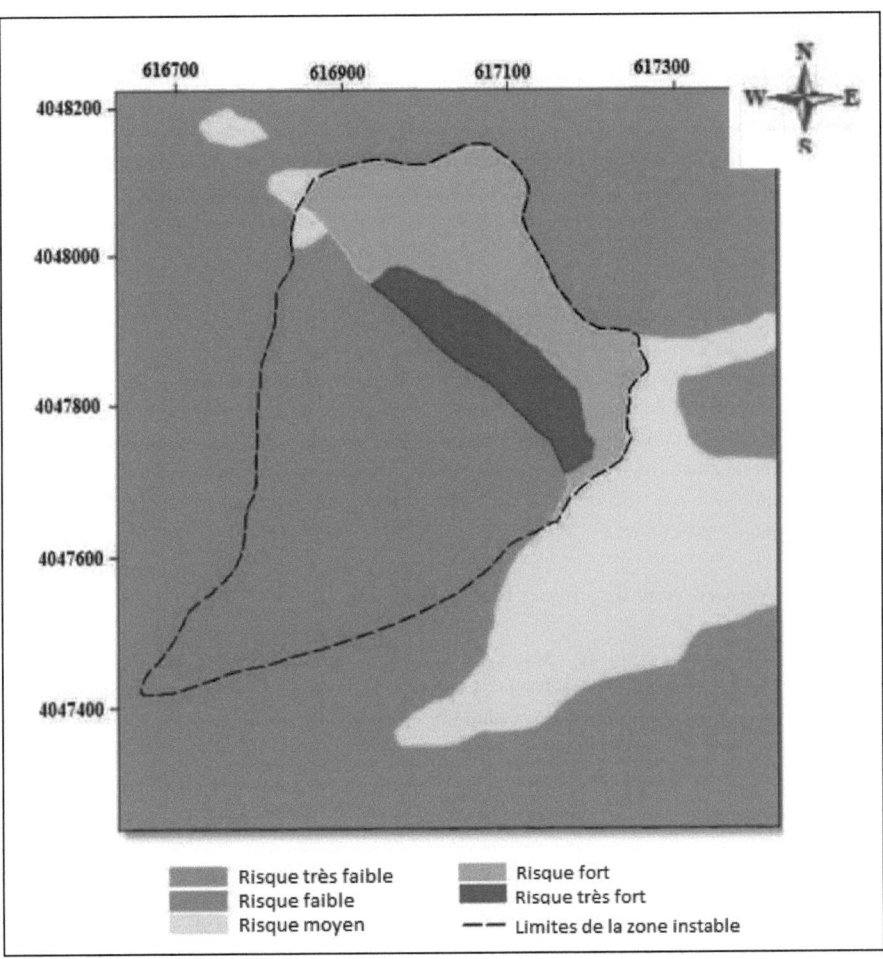

Fig.V. 16. Carte du risque dû au glissement de terrain de la région d'Ain El Hammam.

V.2. La gestion du risque de glissement de terrain

La gestion des mouvements de terrain de grande ampleur est à l'origine de beaucoup de problèmes. Le versant du centre-ville d'Ain El Hammam, étant affecté par un mouvement de terrain actif et étendu, a suscité le maximum d'attention. L'intense urbanisation de la crête de ce versant rend la gestion du risque très difficile. Afin de pouvoir gérer cette instabilité, il est nécessaire d'effectuer une surveillance à temps réel du versant instable. En effet, aucune solution confortative ne peut être envisagée vu l'étendue et la pente importantes de ce versant (une superficie supérieure à 23 Ha et une dénivelée d'environ 295 m). La surveillance du mouvement doit être associée à un système de gestion du risque qui permettra aux services de la protection civile d'intervenir dans de bonnes conditions et dans les meilleurs délais. Cependant, aucune surveillance de ce type n'est réalisée pour ce versant ; seul un suivi topographique mensuel effectué par rapport à un référentiel implanté à l'intérieur de l'instabilité est réalisé. Un modèle d'évaluation du risque et de l'aléa dus au mouvement de terrain est développé pour faciliter la gestion du risque pour cette ville sur-urbanisée. Le modèle développé a permis la cartographie et l'évaluation des niveaux de l'aléa et de risque dans cette ville. Il sera utilisé également pour la gestion de la sécurité des habitants. Le mode de gestion du risque proposé dans ce chapitre consiste à réaliser deux solutions passives associées à l'évacuation progressive des habitants vers des zones classées stables de la commune d'Ain El Hammam.

V.2.1. La réalisation d'un système de drainage

L'étude de l'instabilité montre le lien important qui existe entre le facteur hydrique et l'activité du mouvement d'une part et d'autre part son effet sur le substratum schisteux (qui contribue à l'évolution latérale et en profondeur du glissement de terrain). La réalisation d'un drainage permettra de ralentir l'activité du mouvement et de retarder le paroxysme. Ce drainage doit permettre de minimiser les infiltrations des eaux superficielles et de récupérer un certain pourcentage des eaux souterraines.

V.2.1.1. Le raccordement des réseaux d'assainissement

Trois réseaux d'assainissement se déversent directement dans les lignes d'arrachement longitudinales du glissement de terrain d'Ain El Hammam. Il est nécessaire de les raccorder à un système d'assainissement. En outre, il est préférable que le système d'assainissement ne traverse pas le versant instable.

V.2.1.2. La réalisation d'un drainage superficiel

La réalisation d'un système de drainage superficiel et le colmatage des fissures est une étape très importante pour la gestion du risque. Le drainage doit être conçu pour éviter l'infiltration de grands flux d'eaux dans le versant instable. Par ailleurs, ce drainage doit être réalisé pour le versant instable (en particulier au niveau de la ville) et pour le versant opposé de la colline instable (l'eau s'infiltre dans les diaclases du schiste à partir de ce versant).

V.2.1.3. La réalisation d'un drainage subhorizontal

La réalisation de drains subhorizontaux dans le versant instable permettra :

- la récolte et la canalisation des eaux d'infiltration (les eaux de pluie et les eaux qui proviennent des réseaux hydriques non raccordés ou défectueux) ;

- la récolte et la canalisation d'importantes quantités d'eaux souterraines (les eaux qui proviennent des autres versants) ;

- le rabattement de la nappe (la réduction des efforts moteurs).

V.2.2. La réalisation d'un suivi de la cinématique du mouvement

La surveillance de l'évolution du mouvement de terrain permettra l'évaluation de l'efficacité du système de drainage réalisé et la gestion du risque induit par le mouvement de terrain. La surveillance doit être réalisée par rapport à un référentiel fixe implanté dans un autre versant (un versant stable). Afin de permettre une gestion efficace du risque la surveillance doit être réalisée à temps réel. Il est alors préconisé d'utiliser un système GPS (qui est adapté à ce type d'études) qui permet l'acquisition rapide et automatique des données ainsi que leur transfert vers le centre de traitement.

V.2.3. Évacuation progressive des habitants du centre-ville d'Ain El Hammam

L'évacuation progressive des habitants, des zones affectées par le mouvement de terrain à Ain El Hammam, constitue une solution efficace pour la gestion du risque dans cette région. Le centre-ville est affecté par un mouvement de terrain actif et étendu. L'importante étendue du mouvement rend le recours aux solutions de confortement mécanique très coûteuses et non fiables. La réalisation d'une évacuation et d'une démolition progressives du centre-ville semble la solution la plus adaptée à ce cas de mouvement de grande ampleur. L'évacuation des habitants doit être réalisée en fonction du niveau de risque évalué. Les zones où l'indice de risque est maximal (I_{risque}=45) seront les premières à être évacuées. Le taux d'évacuation des populations sera évalué en fonction des résultats de la surveillance de l'évolution du mouvement de terrain et du budget accordé à la construction des immeubles qui vont recevoir ces populations (la vitesse de construction). Par ailleurs, une évaluation exacte du nombre d'habitations affectées pour chaque niveau d'aléa est nécessaire.

Fig.V. 17. Carte des niveaux d'aléa en zone rouge (aléa très fort).

V.3. Conclusion

Une méthode d'évaluation de l'aléa et du risque dus aux mouvements de terrain est développée dans ce chapitre. Elle est basée sur une analyse de l'aléa (qui comprend cinq paramètres) et de la vulnérabilité du terrain. Une cartographie du risque et de l'aléa dus au mouvement de terrain d'Ain El Hammam est réalisée en prenant en considération les facteurs du mouvement (vitesse d'évolution, amplitude des désordres,...) et les causes probables de celui-ci (l'hydrologie et le pendage). L'analyse des cartes établies a permis d'observer un risque fort qui affecte la tête de la colline et s'étend sur une superficie supérieure à 8 ha. Par ailleurs, les cartes peuvent être actualisées en fonction de toute donnée nouvelle. De plus, d'autres paramètres peuvent être pris en compte dans les prochaines études telles la végétation, les précipitations, etc.

Le modèle d'évaluation du risque proposé permet d'observer plusieurs indices de risque dans la zone instable ; la gestion de la sécurité sera réalisée en fonction des l'indices évalués. En outre, la gestion du risque nécessite la réalisation d'un certain nombre de travaux. La réalisation d'un confortement mécanique étant inadéquate, le recours à des solutions passives est préconisé pour ce glissement de grande ampleur. Deux solutions passives ainsi que l'évacuation progressive des habitants, qui dépend du niveau du risque, sont donc proposées. La première solution passive consiste à réaliser un drainage qui permettra de ralentir l'activité du mouvement de terrain. La seconde consiste à réaliser une surveillance de la cinématique du mouvement qui facilitera la gestion du risque et l'organisation des secours. Par ailleurs, des études complémentaires sont nécessaires pour définir le type de drainage à utiliser et la vitesse d'évacuation des habitants du centre-ville d'Ain El Hammam.

L'étude réalisée a permis d'observer l'importante étendue de la zone affectée par le mouvement de terrain ainsi que l'ampleur élevée du risque ; une modélisation du comportement mécanique du versant alors est nécessaire.

CHAPITRE VI

MODÉLISATION NUMÉRIQUE DE LA RUPTURE PROGRESSIVE DU VERSANT INSTABLE D'AIN EL HAMMAM.

La modélisation numérique par éléments finis constitue un moyen efficace pour l'analyse des phénomènes de la mécanique. Cette méthode est de plus en plus utilisée pour l'étude des problèmes de la géotechnique. L'utilisation des éléments finis en géotechnique remonte au début des années 1960. Selon Clough et Wilson (1999), leur article publié en 1962 sur l'analyse de la stabilité du barrage de Norfork est le second qui inclut l'analyse par éléments finis en géotechnique. En outre, pendant les années 1960 et 1970 un grand nombre d'articles qui utilisent la méthode des éléments finis pour la résolution des problèmes de la géotechnique ont été publiés *(J. S. TEMPLETON, 2012)*. L'analyse des glissements de terrain de grande ampleur cause une multitude de problèmes aux experts. L'utilisation de la modélisation numérique pour le traitement de ces phénomènes naturels permet, d'une part, une bonne appréciation du comportement des versants et d'autre part, la détermination des techniques de confortement adéquates aux cas étudiés. Elle a donc été choisie pour comprendre le comportement du versant instable d'Ain El Hammam. La modélisation du versant sera réalisée en utilisant un logiciel conçu spécialement pour l'étude des problèmes de la géotechnique (PLAXIS 2D version 2011).

Le travail proposé dans ce chapitre consiste à modéliser la rupture progressive du versant d'Ain El Hammam sous l'effet des conditions hydromécaniques (l'altération progressive du substratum et les fluctuations de la nappe phréatique en fonction des saisons). L'étude de l'apport de l'évolution progressive du profil du versant sur la stabilité sera également introduite dans ce travail pour permettre une bonne analyse de la rupture progressive de ce dernier. En effet, Gervreau (1991) a montré l'effet important de la variation de la géométrie du versant au cours du mouvement sur la stabilité du terrain (en étudiant l'effet de la modification du profil topographique du versant sur la stabilité du terrain et donc son effet sur le coefficient de sécurité Fs). L'auteur a constaté que cette modification permet d'accroitre le coefficient de sécurité et fait généralement passer le versant de l'état instable à l'état stable. Notre étude sera axée simultanément sur l'effet de l'évolution progressive du profil du versant et sur l'effet de la propagation de la rupture du glissement.

VI.1. Méthodologie et justification du choix du logiciel

L'analyse de la stabilité et de la rupture progressive du versant d'Ain El Hammam nécessite l'introduction, dans l'étude, de l'évolution progressive du profil lithologique de ce versant au cours de la rupture. La caractérisation du versant d'Ain El Hammam a montré que les facteurs principaux qui influent sur le mouvement de terrain sont la nature géomorphologique du terrain et l'hydro-climatologie du versant. La modélisation envisagée dans cette thèse est basée sur l'étude de l'effet combiné de l'altération du substratum et des fluctuations de la nappe phréatique. Pour mener à bien la modélisation de la rupture progressive du versant, plusieurs étapes sont nécessaires :

VI.1.1. L'étude de l'effet des fluctuations de la nappe phréatique sur la stabilité du terrain

Le versant d'Ain El Hammam est pris avec les conditions géomorphologiques observées en 2009 (avant la rupture). La rupture de 2009 s'est produite pendant les mois de mars et avril (pluviométrie faible), la nappe est alors prise à une profondeur maximale d'environ 10 m du niveau du terrain naturel (la profondeur de la nappe observée par piézométrie). La modélisation est réalisée en trois étapes :

- La modélisation de l'état du versant avant l'initiation de la rupture de mars 2009 ;
- La modélisation de l'effet de la remontée de la nappe dans le versant au cours de l'hiver 2011-2012 pendant lequel d'importantes précipitations et une importante couverture neigeuse ont été enregistrées. La nappe phréatique pendant la fonte progressive de la neige affleurait le niveau du terrain naturel (saturation du terrain par infiltration lente et progressive) ;
- La modélisation de l'état de l'instabilité après l'abaissement de la nappe (l'état du terrain pendant l'été et l'automne 2012 relativement chauds et secs).

VI.1.2. L'étude de l'effet conjugué de l'altération du substratum et des fluctuations de la nappe phréatique

Le versant affecté par le mouvement à Ain El Hammam est composé de schistes satinés d'une schistosité avale. La morphologie du versant facilite l'infiltration de l'eau dans les diaclases du schiste et l'altération de ce dernier (une importante altération a été observée entre 1972 et 2009). Afin d'étudier l'évolution future du mouvement de terrain, une couche de schiste altérée d'une épaisseur d'environ 6 m est injectée dans le profil précédent. Ce cycle de calcul de la rupture comprend trois étapes principales :

- Pour la première étape, une nappe à 10 m de profondeur est prise en compte ;
- Pour la deuxième étape, la nappe affleure le niveau du terrain naturel ;
- En fin pour la troisième étape, la nappe se trouve à une profondeur d'environ 10 m après modification du profil du sol.

Il est important de préciser que tous les calculs doivent être effectués en prenant en considération le profil déformé du versant (le profil après rupture). La déformation du site de la phase précédente est

Chapitre VI : Modélisation numérique de la rupture progressive du versant instable d'Ain El Hammam

prise en considération pour chaque nouvelle phase. Par ailleurs, une étude de l'apport de l'évolution progressive du profil du versant sur la propagation de la rupture est réalisée en comparant les résultats obtenus en prenant en considération la déformation du profil et en exploitant directement le profil initial du versant.

Le code de calcul PLAXIS 2D est un logiciel conçu spécialement pour le traitement des problèmes de la géotechnique. Les situations réelles peuvent être représentées sous ce logiciel par un modèle plan ou en axisymétrie. Ce logiciel est doté d'une interface graphique pratique permettant aux utilisateurs de générer rapidement le modèle et le maillage des éléments du profil étudié. L'interface d'utilisation de PLAXIS est composée de quatre sous-programmes :

- *Input* : le sous-programme « Input » contient tous les éléments nécessaires pour créer et modifier un modèle géométrique, pour générer le maillage des éléments finis correspondant et pour générer les conditions aux limites.

- *Calculations* : après la définition du modèle d'éléments finis, les calculs peuvent être réalisés à l'aide du sous-programme « calculations ». Ce programme contient tous les éléments nécessaires pour définir et amorcer un calcul par la méthode des éléments finis.

- *Output* : une fois le processus de calcul est achevé, les résultats de la modélisation peuvent être visualisés à l'aide du sous-programme « Output ». Ce programme contient tous les champs qui permettent de visualiser les résultats des calculs (contraintes, déformations, etc.).

- *Curves* : le sous-programme « Curves » contient les options nécessaires pour générer plusieurs types de courbes (les courbes charge-déplacement, les courbes des chemins de contraintes, les courbes contraintes-déformations, etc.).

En outre, ce code de calcul offre toutes les fonctionnalités nécessaires à la réalisation de la modélisation de la rupture progressive du versant instable d'Ain El Hammam. Il permet la réalisation du calcul en plusieurs phases et la prise en compte du profil déformé dans les calculs (en utilisant l'option deformed mesh).

VI.2. La modélisation du versant d'Ain El Hammam

VI.2.1. Le choix du profil lithologique

Le choix du profil lithologique du terrain constitue une étape importante dans la modélisation mécanique d'un problème de la géotechnique. Une bonne définition du versant d'Ain El Hammam permettra une simulation représentative de son comportement. Cependant, les investigations réalisées pour le versant d'Ain El Hammam sont aléatoires et incomplètes. Aucun profil qui définit la lithologie de ce dernier ne peut être déterminé à partir de cette reconnaissance. En effet, les sondages carottés réalisés dans la zone affectée par le mouvement de terrain sont très mal implantés ; face à un tel problème, une observation de terrain a été lancée (visuelle et topographique). Cette dernière couplée à une analyse de la nature géologique et géomorphologique du terrain, permet la définition du profil lithologique hypothétique du versant. Les zones d'affleurement rocheux ont servi pour la définition de l'orientation et de l'inclinaison des plans de schistosité du substratum. De plus, l'analyse de la déformation du profil du versant entre 1969 et 2009 a permis la détermination des limites de certaines couches. Par ailleurs, l'analyse du processus d'altération de la roche a facilité la définition du profil lithologique du terrain. Le profil obtenu est confirmé par les résultats des sondages carottés (il traverse certains sondages) et décrit fidèlement les mécanismes de déformation du versant.

Pour la modélisation numérique du versant, un profil d'une longueur d'environ 850 m a été proposé. Ce profil décrit le versant affecté par le mouvement de terrain (versant Nord-Sud) et inclut une longueur d'environ 100 m du versant Sud-Nord (le versant opposé). Le choix d'un tel profil est justifié par la morphologie du substratum et les indices d'instabilité observés sur le terrain (observation de certains signes de glissement au niveau de la crête du versant). Ce profil définit toute la partie instable de la colline du centre-ville d'Ain El Hammam et permet la représentation des plans de stratigraphie du terrain d'où une bonne analyse de la rupture du versant.

Le versant instable d'Ain El Hammam est composé de quatre formations géologiques principales :

- Le remblai argileux : le remblai occupe la crête de la colline ; il se développe sur une épaisseur de 1.70 m à 10 m (Fig.VI.1). il est composé de débris de schistes emballés dans une matrice argileuse de couleur rougeâtre.

- Le recouvrement superficiel : il est composé de débris de schistes argileux d'une couleur grisâtre. Cette couche est d'une épaisseur de 10 m à 20 m.

- Le schiste altéré et déstructuré : il s'agit de la frange altérée du substratum rocheux. L'épaisseur de la frange altérée du substratum est supérieure à 15 m et atteint dans certains endroits plus de 25 m (sondage SI01 et SI02).

- Le schiste satiné : le substratum d'Ain El Hammam est composé de schistes satinés de couleur grise. Les plans de stratigraphie du substratum sont d'une inclinaison de 30° à 60° orientés dans le sens de la pente du versant instable.

Chapitre VI : Modélisation numérique de la rupture progressive du versant instable d'Ain El Hammam

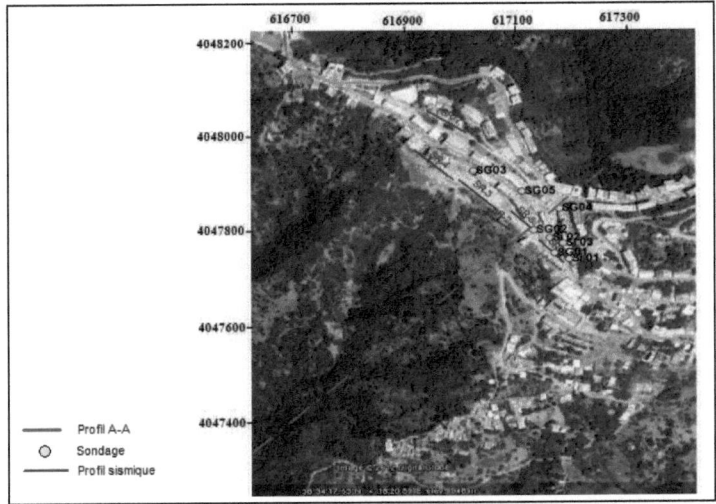

Fig.VI.1. implantation du profil lithologique utilisé pour la modélisation numérique du versant d'Ain El Hammam.

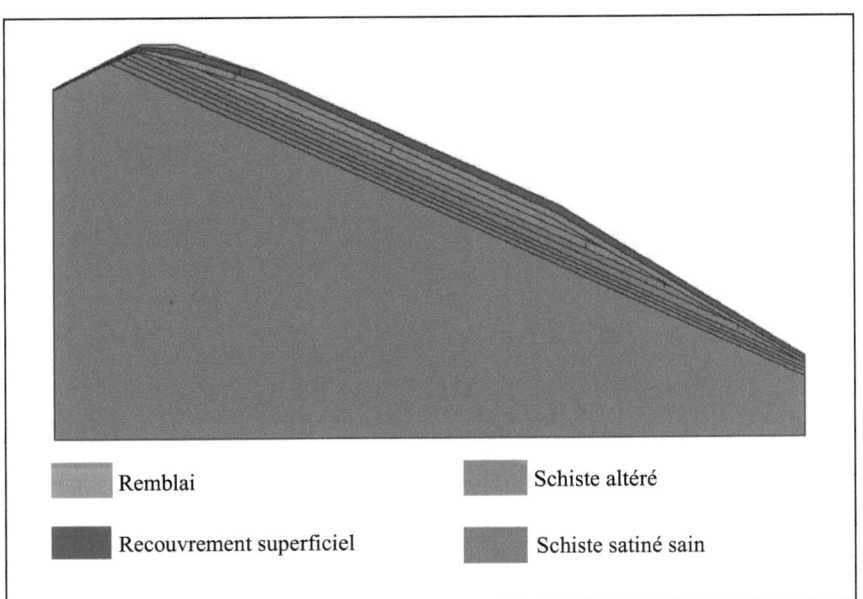

Fig.VI.2. Le profil lithologique du versant instable d'Ain El Hammam (voir l'implantation du profil A-A sur la figure VI.1).

Le versant d'Ain El Hammam est composé de quatre formations géologiques principales (Fig.VI2). Les paramètres des matériaux qui composent le modèle du versant d'Ain El Hammam sont définis dans les tableaux VI.1 et VI.2. Afin de permettre la modélisation de l'altération et le raffinement du maillage de cette zone du substratum, la partie superficielle de ce dernier est répartie en cinq couches, d'une épaisseur d'environ 6 m chacune (voir l'annexe C). Il est important de noter que les calculs sont réalisés à l'état drainé. Cet état permet d'analyser la rupture progressive (l'état non drainé intervient dans l'étude des ruptures instantanées).

Deux lois de comportement sont utilisées pour définir le comportement des matériaux qui composent le versant d'Ain El Hammam.

    a. La loi de Mohr-Coulomb

La loi de comportement élasto-plastique de Mohr-Coulomb est choisie pour définir le comportement des sols qui composent le versant d'Ain El Hammam (le remblai, le recouvrement superficiel et la frange altérée et déstructurée du substratum). En 1900, O. Mohr a publié un article avec le titre suivant : "Quelles conditions déterminent la limite de l'élasticité et la rupture du matériau ?" où il a présenté sa théorie fondamentale de l'analyse des contraintes (fig.VI.3). Le critère de Mohr-Coulomb considère que la rupture se produit lorsque le cisaillement d'un point quelconque du matériau aboutit à une valeur critique qui dépend de la contrainte normale appliquée sur le même plan. Le modèle de Mohr-Coulomb peut s'exprimer en représentant le cercle de Mohr à partir des contraints principales maximales et minimales. La ligne de rupture correspond à la ligne droite tangente aux cercles de Mohr (Fig.VI.4). Le critère de Mohr-Coulomb s'écrit :

$$\tau' = C + \sigma' \tan \varphi \qquad \text{[VI.1]}$$

Ce modèle de comportement est généralement utilisé comme une première approximation du comportement d'un sol. Il comporte deux types de paramètres :

- Les paramètres élastiques : il s'agit du module de Young E et du coefficient de Poisson ν du matériau.
- Les paramètres de cisaillement : Il s'agit de la cohésion c, de l'angle de frottement φ et de l'angle de dilatation ψ du matériau.

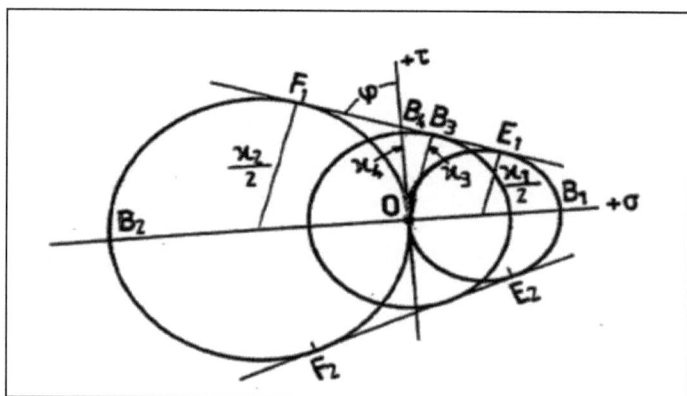

Fig.VI.3. Schéma de Mohr (1900) pour la détermination graphique d'une enveloppe linéaire de la rupture incluant la compression uniaxiale, le cisaillement pur et la traction uniaxiale *(PENG HE, 2006)*.

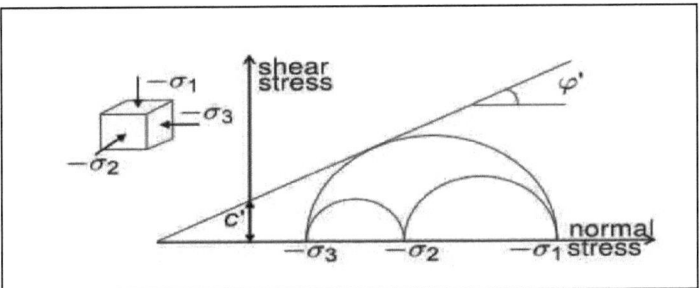

Fig.VI.4. Le cercle de Mohr sur le plan (τ-σ) *(manuel plaxis material)*.

b. La loi de comportement utilisée pour les roches fracturée (Jointed Rock Model)

La loi de comportement Jointed Rock est utilisée pour simuler le comportement des roches qui ont des propriétés différentes dans les différentes directions (matériau anisotrope). Ces matériaux répondent différemment aux sollicitations appliquées dans un sens ou dans l'autre. Ils sont caractérisés par un comportement anisotrope. L'anisotropie est généralement due au mode de formation de la roche (par exemple le métamorphisme).

Le modèle de comportement jointed rock est un modèle anisotrope élastique parfaitement plastique. Ce modèle admet qu'il existe des roches qui présentent une direction préférentielle de stratigraphie (tels que les schistes, les micaschistes,...). Cette loi de comportement est implémentée dans le code de calcul PLAXIS 2D version 2011 ; elle comprend les paramètres suivants :

- Les caractéristiques élastiques de la roche anisotrope : Les paramètres élastiques de la roche sont évalués dans les deux directions principales (direction verticale et transversale). Dans la direction verticale, on évalue le module d'élasticité et le coefficient de Poisson (E_1, ν_1) et dans la direction horizontale, il faut évaluer le module d'élasticité, le coefficient de Poisson et le module de cisaillement (E_2, ν_2 et G_2).
- Les caractéristiques de cisaillement (les paramètres plastiques) : Les caractéristiques de résistance au cisaillement de la roche sont évaluées dans les trois directions principales i (la cohésion C_i, l'angle de frottement φ_i et l'angle de dilatation ψ_i).
- Le tenseur des contraintes dans les trois direction principales i ($\sigma_{t,i}$).
- Les paramètres qui indiquent les directions des joints :
  • n : Le nombre des directions des joints ($1 \leq n \leq 3$)
  • $\alpha_{1,i}$: L'angle d'inclinaison des plans de stratigraphie (-180°$\leq \alpha_{1,i} \leq$180°).
  • $\alpha_{2,i}$: la direction du pendage (elle est prise égale à 90° dans le code de calcul PLAXIS 2D).

Tableau VI.1 : Les caractéristiques des matériaux du versant d'Ain El Hammam qui répondent à la loi de Mohr-Coulomb.

Mohr-Coulomb		Schistes altérés	Recouvrement	Remblais
Type		Drainé	Drainé	Drainé
γ_{unsat}	[kN/m³]	23.10	20.20	17.90
γ_{sat}	[kN/m³]	24.50	21.50	19.00
k_x	[m/day]	0.01	0.01	0.0001
k_y	[m/day]	1E-07	0.01	0.0001
E	[kN/m²]	954642.857	446461.224	124691.156
ν	[-]	0.300	0.330	0.330
G_{ref}	[kN/m²]	367170.330	167422.959	46759.184
E_{oed}	[kN/m²]	1285096.154	669691.837	187036.735
c	[kN/m²]	58.00	34.00	17.00
φ	[°]	35.40	36.80	36.80
ψ	[°]	0.00	0.00	0.00
Vs	[m/s²]	394.70	285	160
Vp	[m/s²]	738.40	570	320
Interface de perméabilité		Neutre	Neutre	Neutre

Tableau VI.2 : Les caractéristiques des matériaux du versant d'Ain El Hammam qui répondent à la loi de comportement Jointed Rock.

Jointed Rock		schiste satiné
Type		Drainé
γ_{unsat}	[kN/m³]	23.20
γ_{sat}	[kN/m³]	24.00
k_x	[m/day]	1E-05
k_y	[m/day]	1E-08
E_1	[kN/m²]	25930000.00
ν_1	[-]	0.200
E_2	[kN/m²]	25930000.00
ν_2	[-]	0,20
G_2	[kN/m²]	974000.00
Plans	[-]	1

c^1	[kN/m²]	2000.00
φ^1	[°]	14.30
ψ^1	[°]	0.00
α_1^1	[°]	30.00
α_2^1	[°]	90.00
Vs	[m/s²]	1995
Vp	[m/s²]	3489
Interface de perméabilité		Neutre

VI.2.2. Choix du maillage et des conditions aux limites

Le maillage d'un modèle géométrique est généré automatiquement, à l'aide de la touche *mesh* du menu principal, à partir du modèle géométrique créé. La densité du maillage des éléments peut être améliorée par raffinement du maillage (sélectionner les éléments du modèle qui nécessitent un raffinement du maillage). Le maillage d'éléments finis du versant d'Ain El Hammam est réalisé en utilisant des éléments triangulaires à 15 nœuds avec 12 points d'intégration par élément. Le profil réalisé contient 6259 éléments (Fig.VI.5).

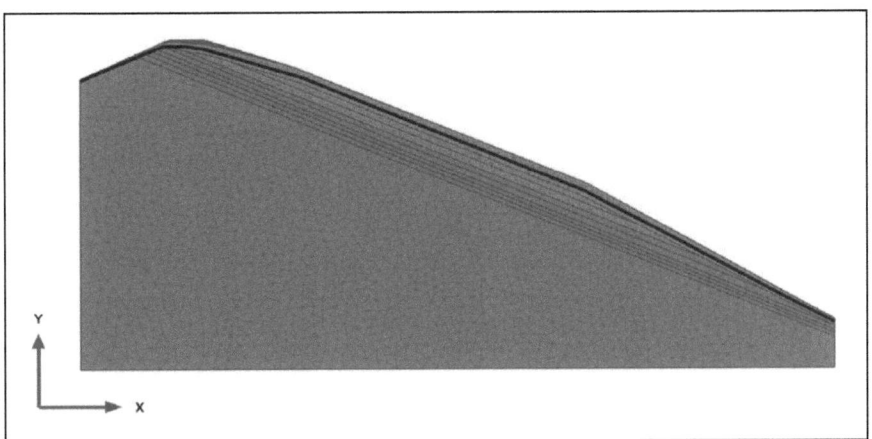

Fig.VI.5. Le maillage du modèle du versant d'Ain El Hammam.

Les conditions aux limites permettent d'imposer aux frontières des conditions mécaniques (soit des déplacements nodaux, soit des forces nodales) et des conditions hydriques spécifiques. Les conditions aux limites (les conditions hydriques et mécaniques) définies représentent du mieux possible les états aux limites observées sur le site pour le profil modélisé.

VI.2.2.1. Les conditions aux limites en déplacement

Les conditions aux limites en déplacement standards sont utilisées pour simuler le comportement du versant d'Ain El Hammam. Ces conditions sont définies comme suit (Fig.VI.6) :

- Les lignes géométriques verticales pour lesquelles l'abscisse est égale à la plus petite ou à la plus grande des abscisses du modèle sont bloquées dans le sens horizontal ($U_x=0$).
- Les lignes pour lesquelles la côte est égale à la plus petite ordonnée du modèle sont entièrement bloquées (les déplacements sont bloqués dans le sens horizontal et vertical $U_x=U_y=0$).

Ces conditions permettent de bloquer complètement les déplacements horizontaux et verticaux au niveau de la base du profil (substratum). Elles représentent l'état du versant en grande profondeur (les mouvements sont négligeables en profondeur). Par ailleurs, au niveau des limites Sud et Nord du versant les déformations sont bloquées uniquement dans le sens horizontal. En effet, aucun signe de mouvement de terrain n'a été enregistré à ces endroits. Néanmoins, les déformations dans le sens vertical sont permises.

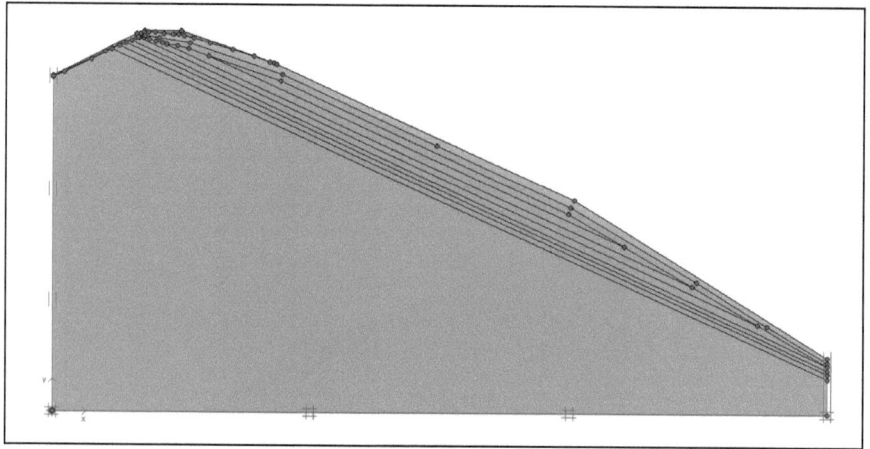

Fig. VI.6. Les conditions aux limites en déplacement.

VI.2.2.2. Les conditions hydriques initiales

La définition des conditions hydriques initiales du modèle d'éléments finis est réalisée à l'aide du bouton *Initial conditions* du menu principal. Cet outil permet la définition de la position de la nappe (voir fig.VI.7), la génération des pressions interstitielles et des contraintes effectives du versant. La nappe initiale du modèle se trouve à une profondeur maximale d'environ 10 m du niveau du terrain naturel (Fig.VI.7). La position initiale de la nappe utilisée pour la modélisation du comportement du versant est prise au niveau observé par piézométrie au niveau de la ville. Elle représente l'état du terrain avant l'amorce de la rupture de mars et avril 2009. Les pressions interstitielles sont générées pour cette position de la nappe (Fig.VI.8). La pression interstitielle maximale est égale, pour ce cas, à -4115 kPa. Les contraintes effectives initiales sont ensuite calculées (Fig.VI.9). La valeur maximale de la contrainte effective observée est égale à -5928 kPa.

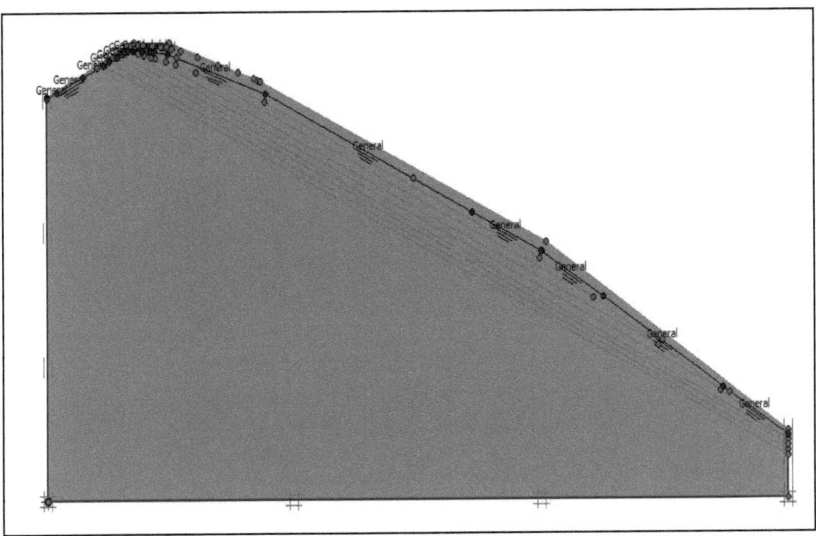

Fig.VI.7. Position de la nappe dans le modèle d'éléments finis.

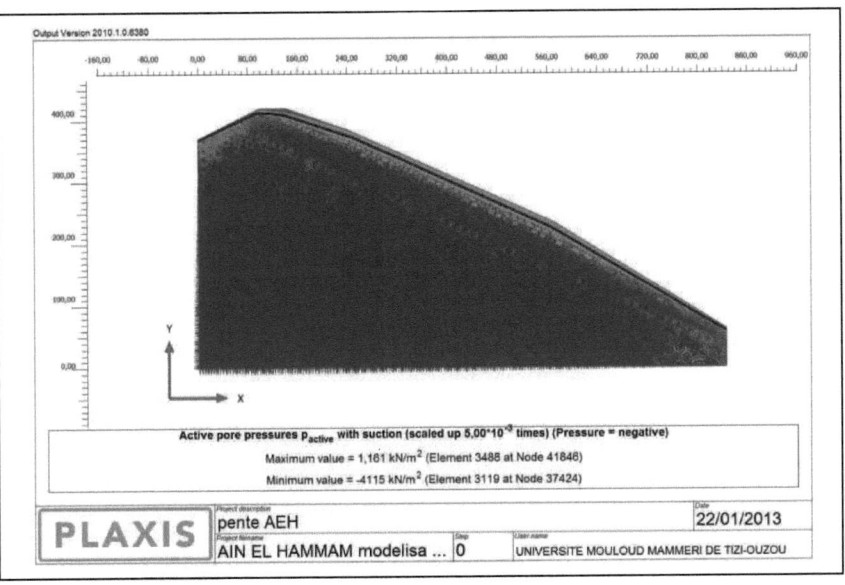

Fig.VI.8. Champs des pressions interstitielles dans le versant.

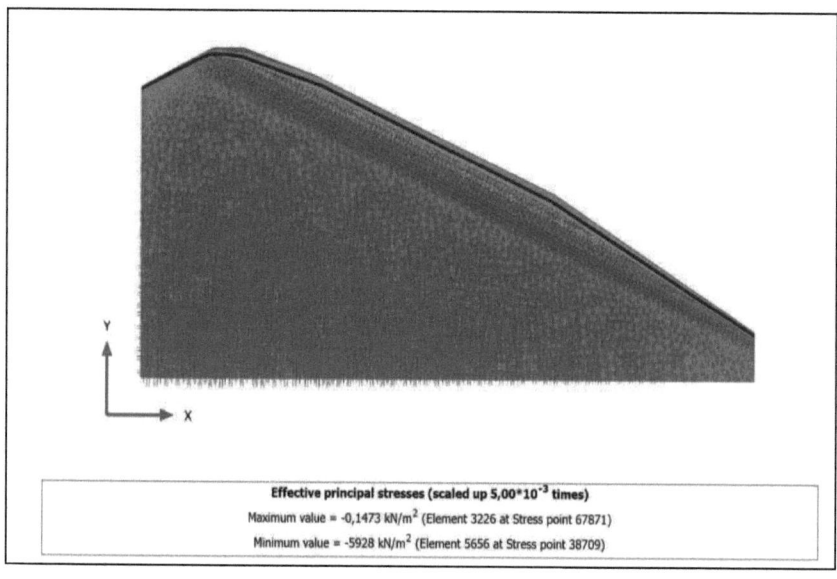

Fig.VI.9. Les champs des contraintes effectives.

VI.2.3. Calcul d'un modèle d'éléments finis

Plusieurs types de calcul peuvent être réalisés sur un modèle d'éléments finis. L'analyse du comportement d'un versant naturel instable nécessite d'effectuer des calculs à la rupture (Phi/c reduction). Ce type de calculs permet l'étude de la propagation de la rupture du versant et de l'évolution du coefficient de sécurité. La rupture du versant d'Ain El Hammam s'effectue en plusieurs étapes (rupture lente). D'après les rapports disponibles la rupture de 2009 s'est produite progressivement pendant environ deux mois (les mois de mars et avril 2009). L'amorce de la rupture de ce versant n'est pas brusque mais suit un processus lent et progressif. Afin de modéliser un tel comportement, il est nécessaire de prendre en considération l'évolution de la déformation du profil du versant au cours des étapes de calcul. Le logiciel PLAXIS 2D offre une option qui permet la réalisation de calculs de la rupture progressive d'un modèle géométrique. Pour amorcer le calcul de la rupture progressive, il suffit d'exécuter l'option *ADVENCED* du sous-programme *Calculations* (annexe C) qui permet le chargement du maillage déformé après chaque étape de calcul (Update Deformed Mesh). Par ailleurs, le calcul avec prise en compte du maillage déformé prend plus de temps par rapport au calcul simple (le programme charge le nouveau profil après chaque étape de calcul).

VI.3. Modélisation de la rupture de 2009 et validation du modèle

L'analyse de la stabilité du versant d'Ain El Hammam est effectuée en utilisant la méthode Phi/c réduction qui consiste à réduire les paramètres de résistance au cisaillement (la cohésion c et l'angle de frottement phi) du modèle jusqu'à la rupture. Ce mode permet le calcul du coefficient de sécurité et l'analyse de la rupture du versant. Le calcul du modèle d'éléments finis est réalisé à l'aide du sous-programme *Calculations* du code PLAXIS 2D (Annexe C). Le calcul réalisé pour simuler la rupture du versant en 2009 est composé de deux phases : la première est une phase initiale (génération des pressions interstitielles et des contraintes effectives) et la seconde est une phase de calcul à la rupture (Phi/c réduction) composée de 100 étapes de calcul.

VI.3.1. Résultats du calcul

Les résultats du calcul par éléments finis du versant d'Ain El Hammam sont représentés sur les figures VI.10, VI.11, VI.12 et VI.13 (voir le reste des figures dans l'annexe C). Les résultats obtenus montrent que le versant se trouve dans un état instable sous l'effet de son poids propre et d'une nappe se trouvant à une profondeur d'environ 10 m. Ce versant subit un mouvement global vers le Sud. Le glissement s'étend sur une longueur d'environ 650 m et affecte une couche de sol de ce profil d'une épaisseur maximale d'environ 40 m. La limite amont du glissement est localisée au niveau de la crête de la colline (au niveau de la rue Bounouar).

Le coefficient de sécurité obtenu diminue progressivement pour atteindre un palier autour d'une valeur du coefficient de sécurité $F_s=0.94$. Le résultat obtenu montre que le versant reste dans un état instable après le glissement (le coefficient de sécurité reste inférieur à 1 après la rupture). Ce résultat explique l'observation d'un mouvement lent après les ruptures du versant.

Les principaux résultats obtenus pour ce modèle peuvent se résumer comme suit :

- Le glissement s'effectue le long de l'interface entre le substratum et le schiste altéré et déstructuré ;
- La crête de la colline subit un léger affaissement ;
- La zone située en aval du Boulevard Amirouche subit d'importants déplacements ;
- Le versant subit des déformations moyennes à élevées.

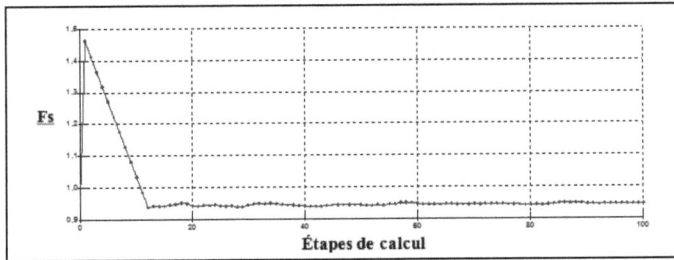

Fig.VI.10. évolution du coefficient de sécurité.

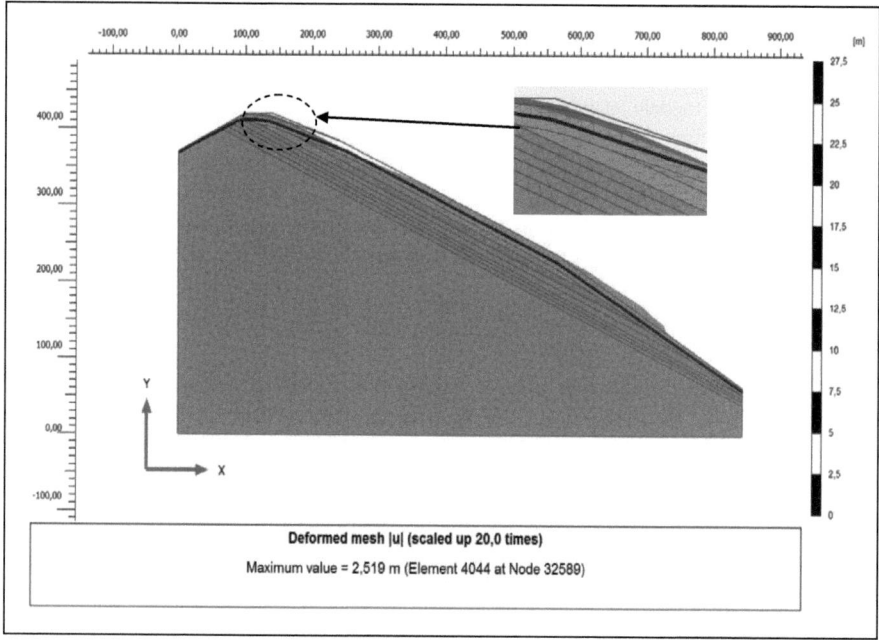

Fig.VI.11. Vue du maillage déformé du modèle de calcul.

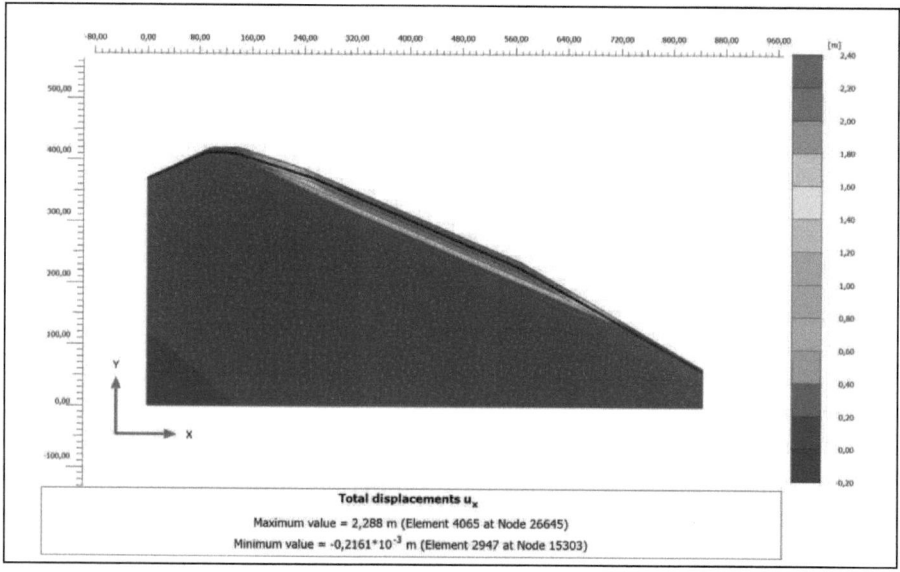

Fig.VI.12. Les champs de déplacement horizontaux.

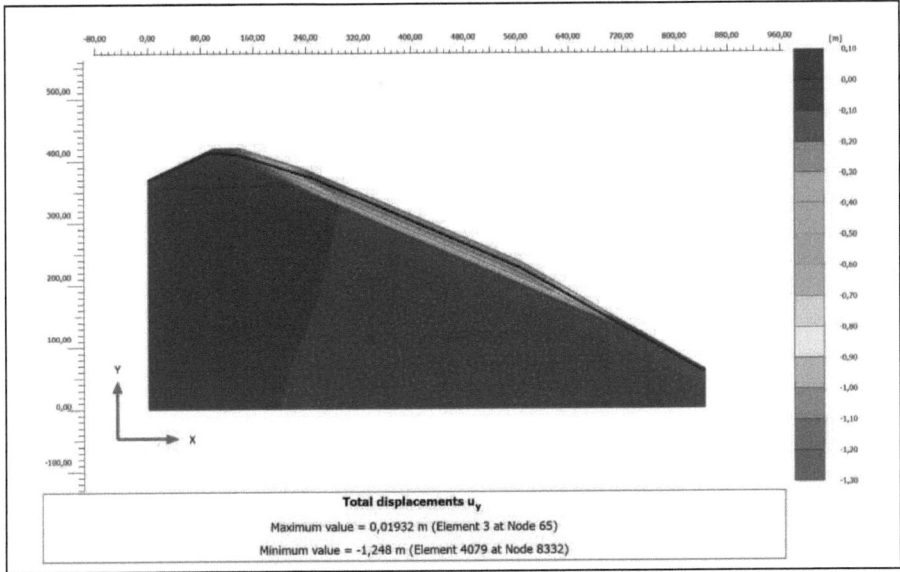

Fig.VI.13. Les champs des déplacements verticaux.

VI.3.2. Validation du modèle

La validation du profil géométrique et des résultats de la modélisation peut être effectuée par confrontation des résultats obtenus à ceux observés pour la rupture de 2009. Toutes les données disponibles pour ce site peuvent fournir un outil pour la validation de la modélisation réalisée. Plusieurs paramètres du mouvement peuvent être comparés à ceux observés sur le terrain.

- La morphologie des déformations : La morphologie des déformations obtenue par modélisation correspond à celle observée sur le site après la rupture de mars et avril 2009. Les résultats de la modélisation du versant montrent que la zone du marché et la ruelle qui mène vers Ait Sidi Saïd ont subi un affaissement et un déplacement vers l'aval de l'ordre du mètre (l'affaissement est supérieur à 1 m). Par ailleurs, la même morphologie est observée sur le site en 2009 (Fig.VI.14). La crête du versant a subi un léger affaissement (observation de signes de mouvement de faible ampleur sur le site).
- La position du plan de rupture : Le glissement d'Ain El Hammam est très complexe. Il s'effectue le long de l'interface entre le substratum sain et le schiste altéré et déstructuré (la surface de glissement peut être assimilée à un plan). La profondeur de la surface de rupture observée par modélisation est très proche de celle observée par le suivi inclinométrique réalisé (rupture de l'inclinomètre SC04 et SC02 à des profondeurs respectivement de 16 m et 17 m).

Fig.VI.14. Quelques photos qui montrent la morphologie du versant après la rupture de 2009.

VI.4. Modélisation de la rupture brusque du versant (avec une couche altérée d'une épaisseur de 6 m et une nappe en surface

Le profil du versant d'Ain El Hammam est modélisé avec la morphologie observée en 2009 en modifiant sa lithologie (ajout d'une frange altérée du substratum d'une épaisseur d'environ 6 m) et les conditions hydriques (Fig.VI.15). Un calcul à la rupture simple est réalisé pour ce profil avec le logiciel PLAXIS 2D version 2011. Le calcul est effectué avec la prise en compte d'une nappe qui affleure le niveau du terrain naturel. Cette simulation permet d'effectuer une analyse à la rupture simple du versant (sans la prise en considération de la rupture progressive).

Les résultats de la modélisation sont présentés sur les figures VI.16, VI.17, VI.18, VI.19 et VI.20. Le versant se trouve dans un état instable ; le coefficient de sécurité calculé est inférieur à 0.60. Le déplacement maximal observé au pied du glissement est supérieur à 21 m. dans le centre-ville le mouvement est également actif et destructeur (déplacements supérieurs à de 10 m). Par ailleurs, ce glissement engendre des déplacements de grande ampleur et se produit de manière brutale. Le glissement s'effectue, à l'interface entre le substratum et la couche de schistes altérés et déstructurés, selon une surface plane (Fig.VI.16). La longueur du profil instable est supérieure à 700 m et sa profondeur maximale est de l'ordre de 50 m.

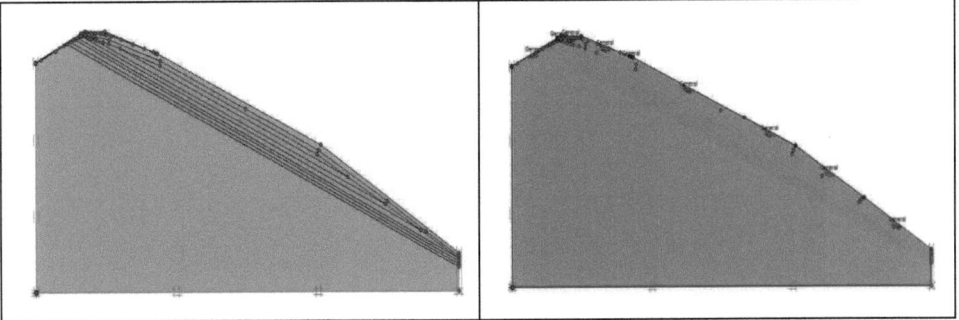

Fig.VI.15. Présentation du profil de terrain et des conditions hydriques pour la rupture brusque.

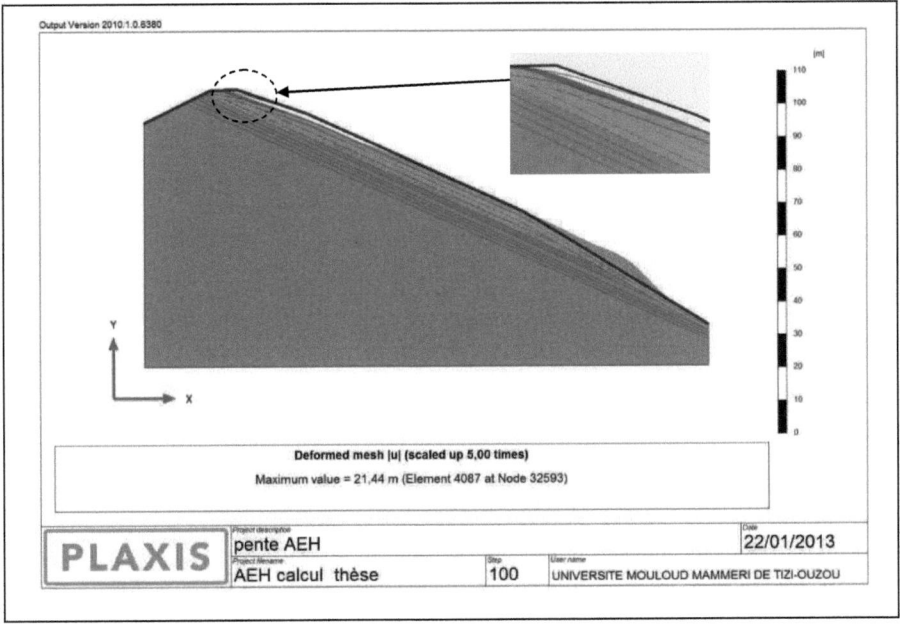

Fig.VI.16. Vue du maillage déformé du calcul de la rupture brusque du versant d'Ain El Hammam.

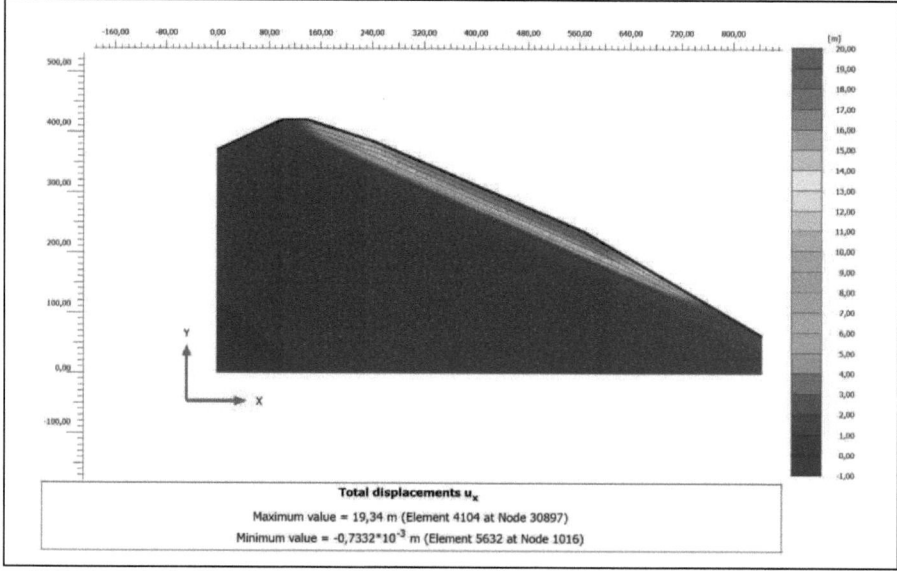

Fig.VI.17. Les champs des déplacements horizontaux pour la rupture brusque.

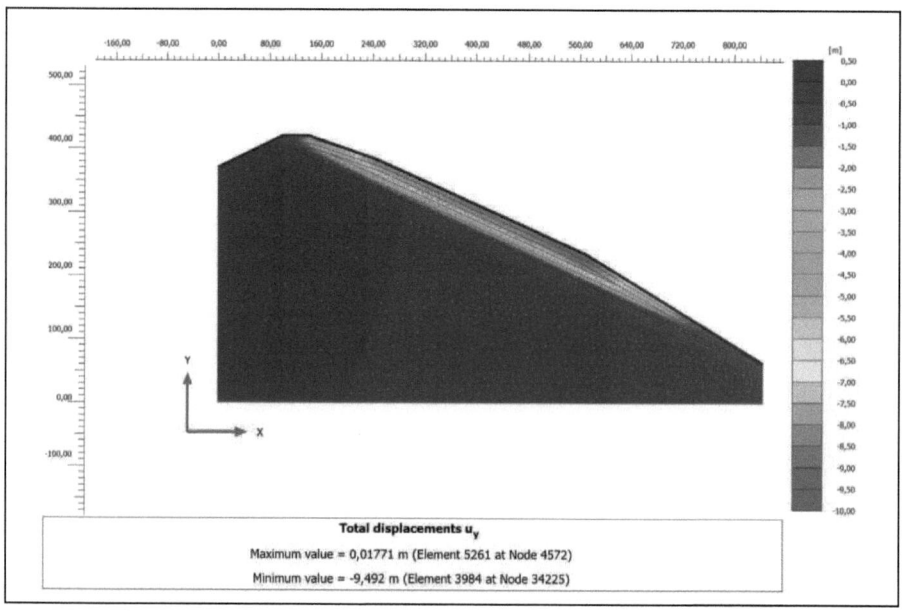

Fig.VI.18. Les champs des déplacements verticaux pour la rupture brusque.

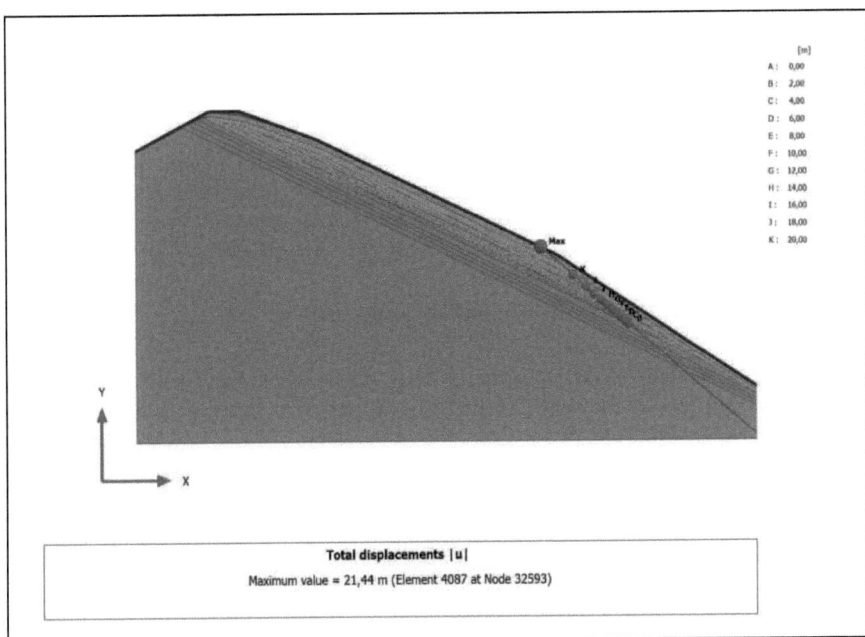

Fig.VI.19. Figure des plans de rupture observés pour la rupture brusque.

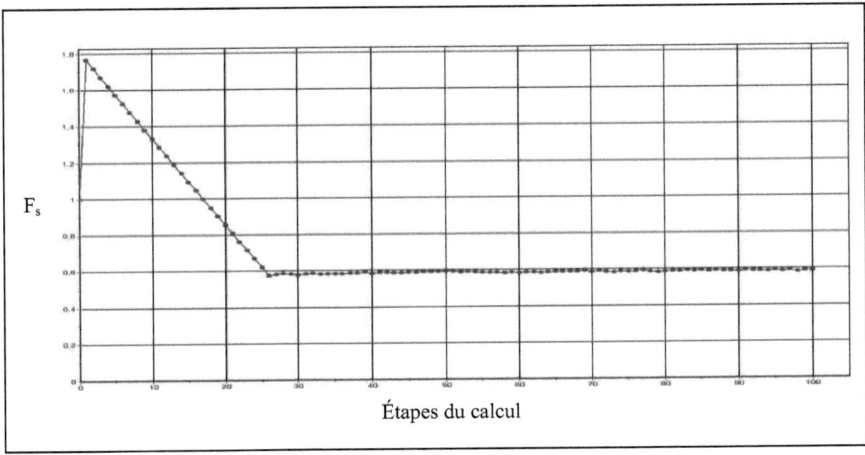

Fig.VI.20. L'évolution du coefficient de sécurité pour la rupture brusque.

VI.5. Modélisation de la rupture progressive du versant d'Ain El Hammam

La modélisation de la rupture progressive du versant d'Ain El Hammam sous l'effet des fluctuations de la nappe et de l'évolution de l'altération du substratum (avec prise en compte de l'évolution progressive de la géométrie du versant) nécessite l'amorce d'un calcul multiphasé. Le calcul multiphasé permet l'analyse des variations des facteurs qui influent sur le mouvement de terrain. Les études réalisées pour ce site ont montré que le mouvement de terrain est nettement affecté par l'effet des conditions climatiques exceptionnelles et de l'altération du substratum.

VI.5.1. Choix de la série de calcul de la rupture progressive du versant

La modélisation de l'évolution de la rupture progressive du versant d'Ain El Hammam nécessite l'amorce de plusieurs phases de calcul (Fig.VI.22). Le premier cycle de calcul permet la modélisation du comportement du versant entre 2009 et décembre 2012. Ce cycle est composé de trois étapes de calcul à la rupture qui représentent l'effet des fluctuations de la nappe. Le second cycle permet d'étudier le comportement futur de ce versant. Le comportement futur du versant est étudié avec la prise en considération d'une couche altérée du substratum. L'effet des fluctuations de la nappe pour la nouvelle structure lithologique est également pris en compte dans les calculs.

VI.5.1.1. Le premier cycle de la modélisation

Le premier cycle du calcul de la rupture progressive du versant naturel d'Ain El Hammam est composé de six phases.

- **La Phase Initiale :** la phase initiale du calcul d'éléments finis consiste à générer les pressions interstitielles et les contraintes effectives du versant avec la position initiale de la nappe (une nappe se trouvant à une profondeur d'environ 10 m).
- **La Phase 1 :** la première phase de calcul consiste à effectuer une analyse à la rupture composée de 100 étapes de calcul pour le profil du versant avec prise en compte des déformations du maillage au cours du calcul (Phi/c réduction *(UM)*). Les calculs de cette phase sont réalisés à partir du profil de la phase initiale (prend en compte les pressions interstitielles et les contraintes effectives initiales).
- **La Phase 2 :** la deuxième phase du modèle permet de charger le profil déformé du versant (la déformation finale de la phase 1) avec une modification de la position de la nappe (nappe en surface). Cette phase est réalisée avec le mode Plastic (UM) (calcul plastique avec prise en compte du maillage déformé) composé d'une seule étape (l'étape du chargement du profil sans effectuer aucun calcul).
- **La Phase 3 :** elle consiste à effectuer un calcul à la rupture (*Phi/c réduction (UM)*) à partir du profil de la phase 2.
- **La Phase 4 :** elle consiste à charger le profil final déformé de la phase 3 avec modification du niveau de la nappe (la nappe se trouve à 10 m du niveau du terrain naturel). Pour créer cette phase, il faut suivre la procédure de la phase 2.

- **La Phase 5 :** dans cette phase, un calcul à la rupture est effectué pour le profil de la phase 4 (le calcul est effectué avec prise en charge du maillage déformé au cours des étapes du calcul).

VI.5.1.2. Le deuxième cycle de la modélisation

Le deuxième cycle est considéré pour modéliser le comportement futur du versant d'Ain El Hammam. Il est composé de six phases de modélisation.

- **La Phase 6 :** la phase 6 consiste à importer le profil déformé de la phase 5 avec l'ajout d'une couche de schiste altérée d'une épaisseur d'environ 6 m (voir la procédure du chargement du nouveau profil en phase 2).
- **La Phase 7 :** elle consiste à effectuer un calcul à la rupture (*Phi/c réduction (UM)*) pour le profil de la phase 6.
- **La Phase 8 :** la phase 8 consiste à charger le profil déformé final de la phase 7 en prenant en considération une nappe qui affleure le niveau du terrain naturel (voir la procédure du chargement du nouveau profil en phase 2).
- **La Phase 9 :** un calcul à la rupture (*Phi/c réduction (UM)*) est réalisé pour le profil déformé de la phase 8.
- **La Phase 10 :** elle consiste à charger le profil déformé de la phase 9 en prenant en compte une nappe qui se trouve à une profondeur d'environ 10 m du niveau du terrain naturel (voir la procédure du chargement du nouveau profil en phase 2).
- **La Phase 11 :** un calcul à la rupture (*Phi/c réduction (UM)*), à partir du profil de la phase 10, est effectué pour le profil de la phase 10 de ce modèle.

VI.5.2. Résultats de la modélisation de la rupture progressive

La modélisation numérique par éléments finis de la rupture progressive du versant instable d'Ain El Hammam permet l'étude du comportement antérieur et futur de ce glissement de terrain. Elle offre également une bonne analyse de la propagation spatiale de la rupture et de l'évolution du coefficient de sécurité. Les premières phases du calcul (de la phase 1 à la phase 5) permettent d'étudier le comportement du versant depuis la rupture de mars 2009 jusqu'à ce jour. Par ailleurs, l'évolution future du mouvement est modélisée par le reste des phases de calcul (de la phase 6 à la phase 11). La modélisation de la rupture progressive est réalisée en douze étapes dont une étape initiale, six étapes de calcul à la rupture et cinq étapes intermédiaires. Les étapes intermédiaires permettent le chargement du profil déformé du terrain ainsi que d'effectuer des modifications des conditions géométriques ou hydrique du terrain sans effectuer aucun calcul (voir Fig.VI.21). L'analyse à la rupture permet la mesure de l'évolution du coefficient de sécurité en fonction des étapes du calcul. Ce dernier est représenté sur la figure VI.22.

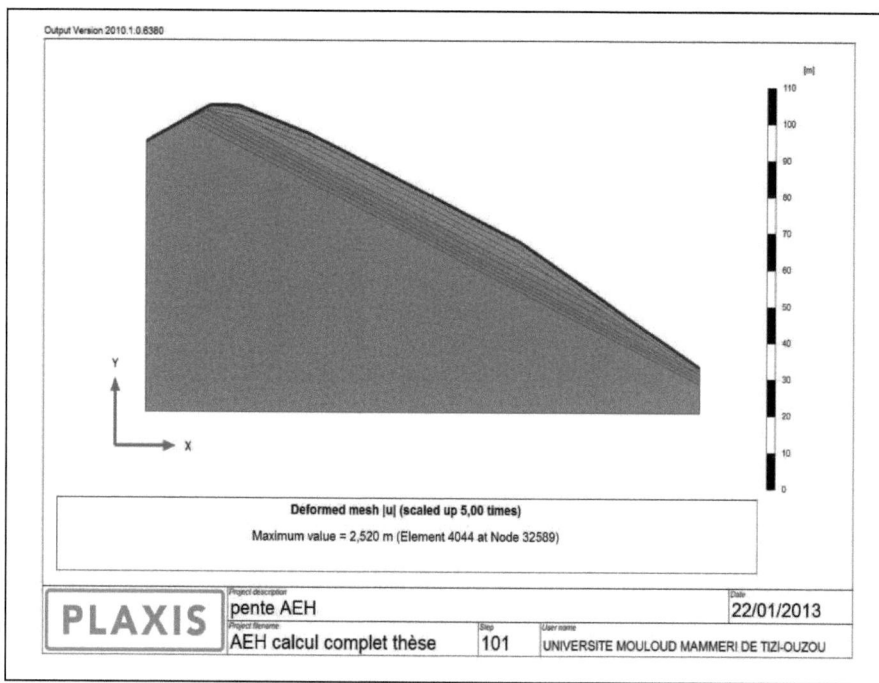

Fig.VI.21. Vue du résultat de la phase 2 (aucun calcul n'est réalisé).

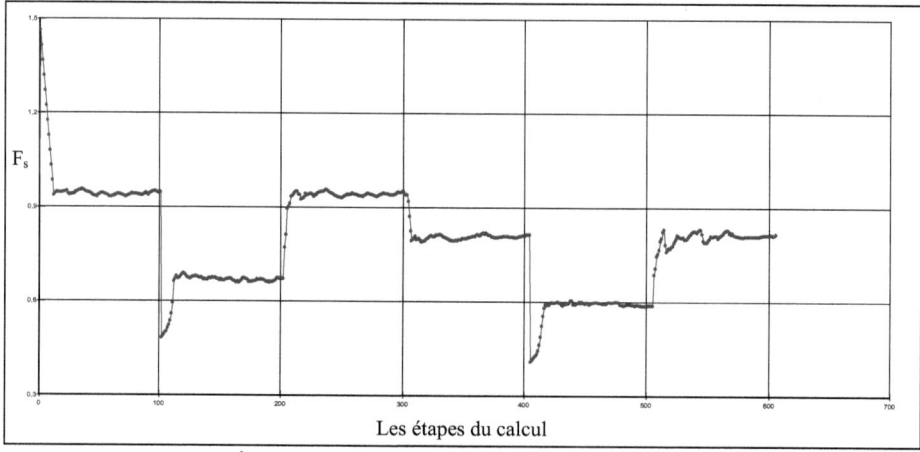

Fig.VI.22. Évolution du coefficient de sécurité du versant d'Ain El Hammam.

VI.5.2.1. Résultats du premier cycle de calcul

Le calcul du premier cycle de la déformation du versant d'Ain El Hammam est effectué avec trois positions de la nappe (respectivement : nappe à 10 m de profondeur, nappe en surface et nappe à 10 m de profondeur après rupture). Trois calculs à la rupture sont alors réalisés pour ce cycle. Les principaux résultats obtenus sont représentés sur les figures suivantes :

- Présentation des figures du maillage déformé des phases de calcul

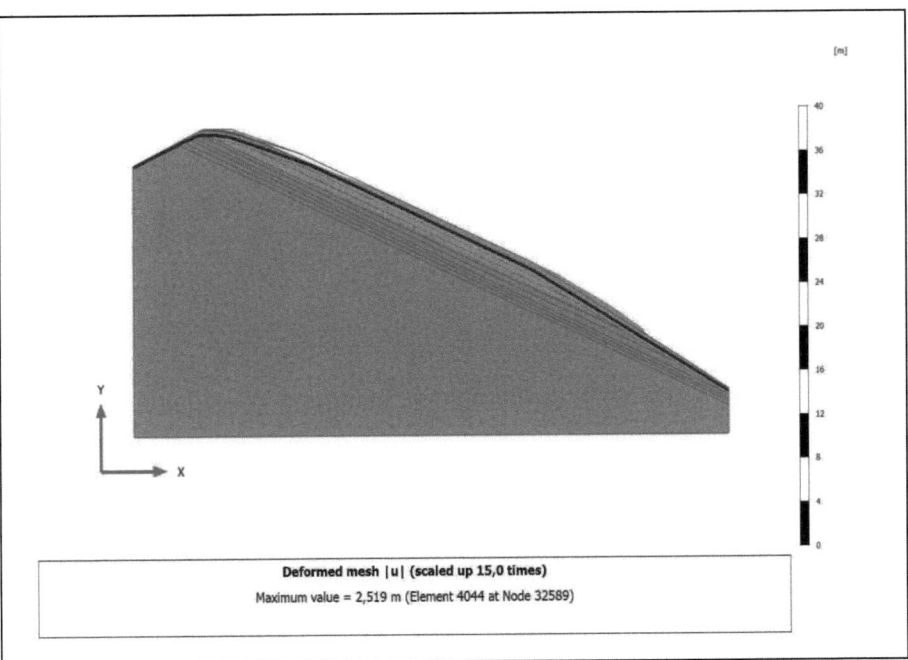

Fig.VI.23. Maillage déformé de la phase 1.

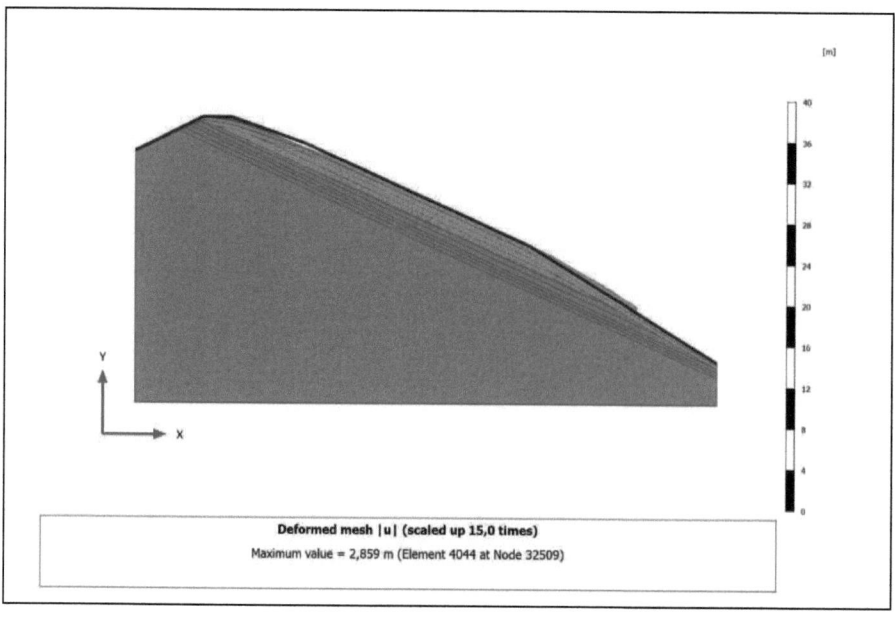

Fig.VI.24. Maillage déformé de la phase 3.

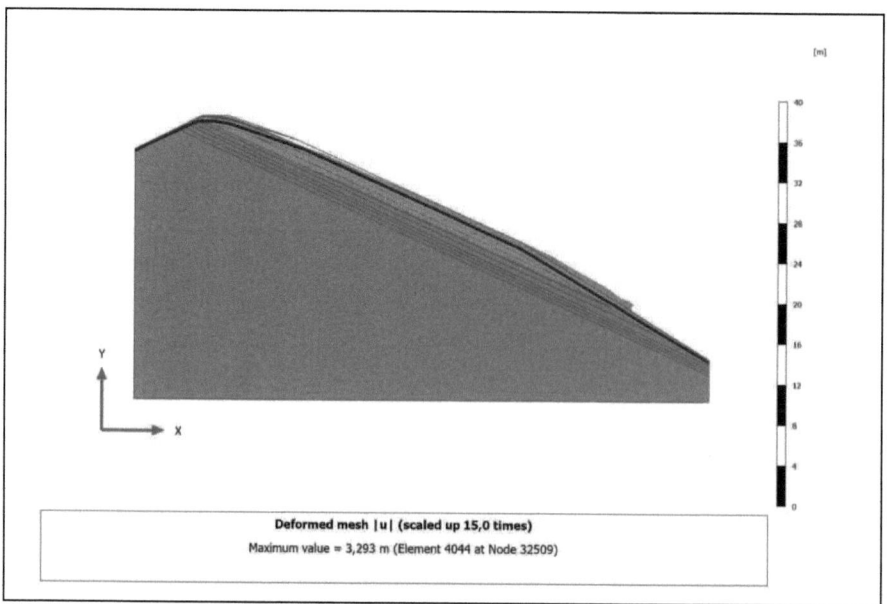

Fig.VI.25. Maillage déformé de la phase 5.

- Présentation des champs des déplacements horizontaux et verticaux pour les phases de calcul

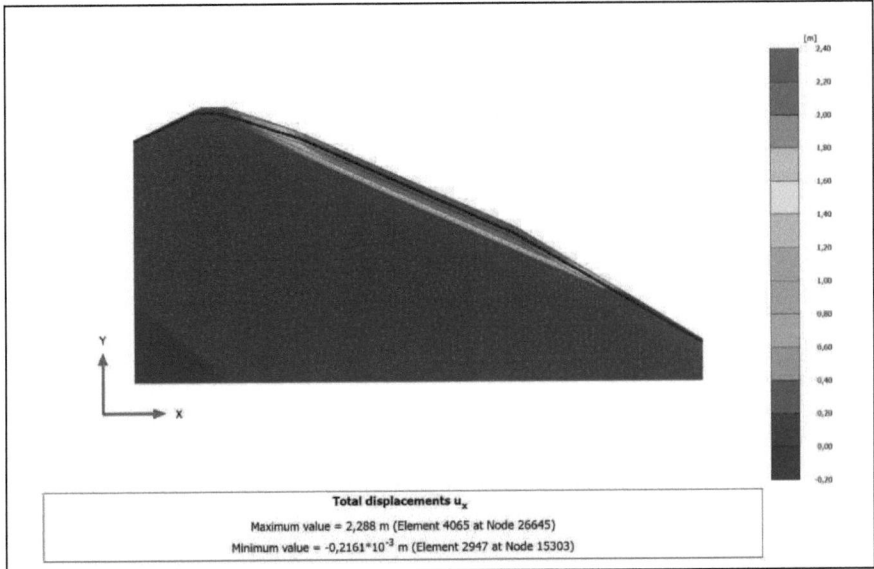

Fig.VI.26. les champs de déplacement horizontaux (U_x) de la phase 1.

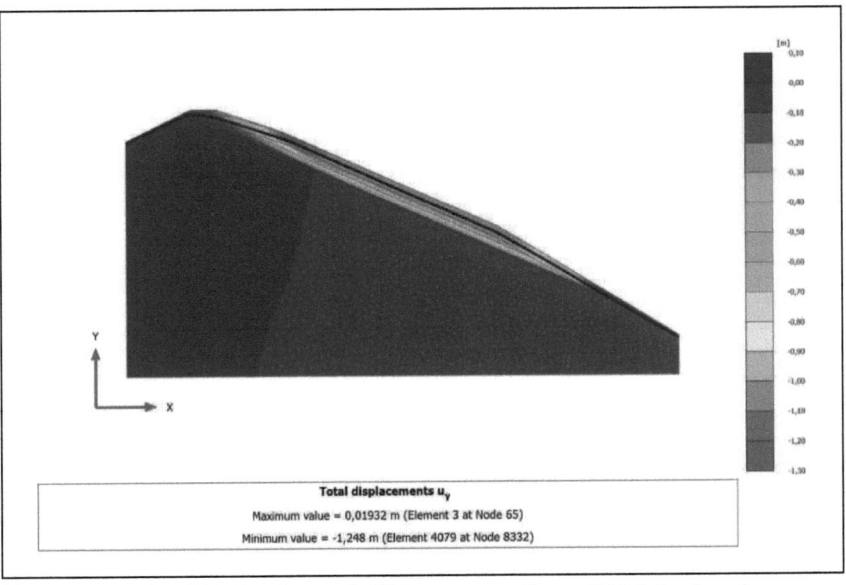

Fig.VI.27. les champs de déplacement verticaux (U_y) de la phase 1.

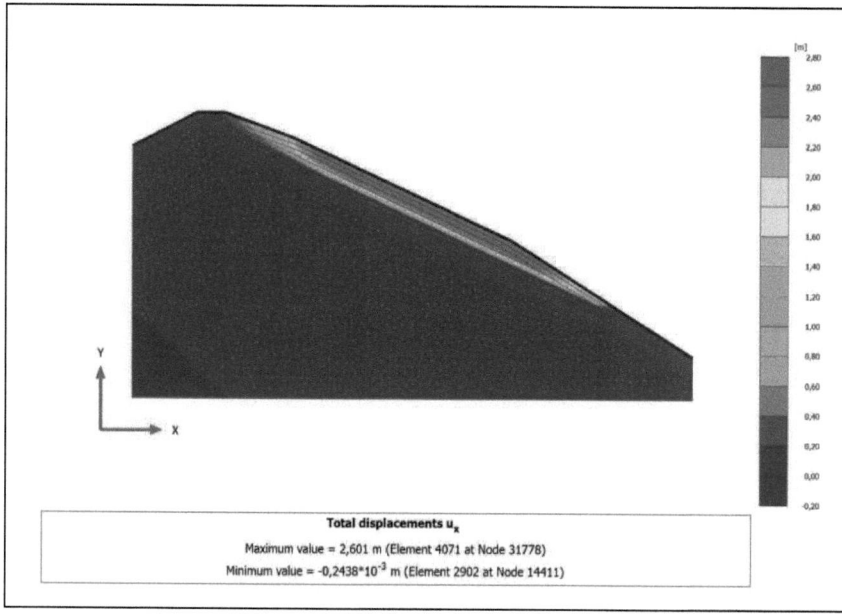

Fig.VI.28. les champs de déplacement horizontaux (U_x) de la phase 3.

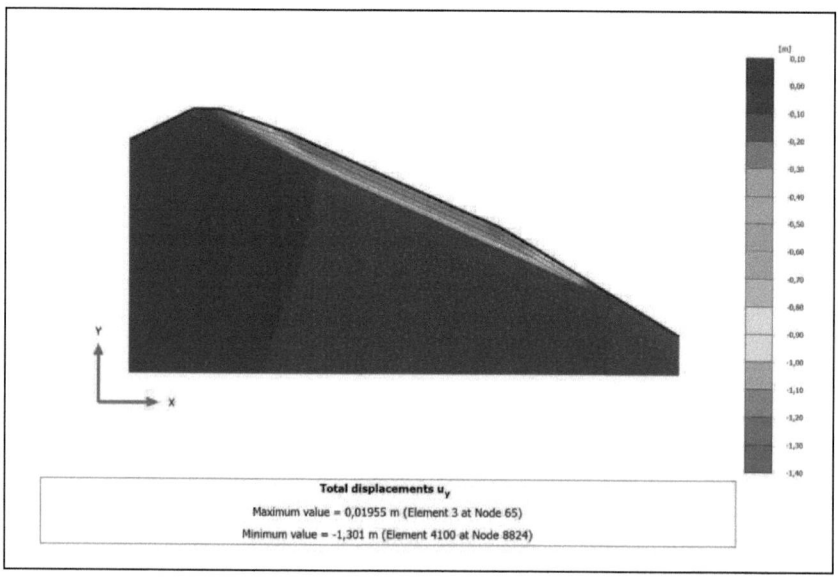

Fig.VI.29. les champs de déplacement verticaux (U_y) de la phase 3.

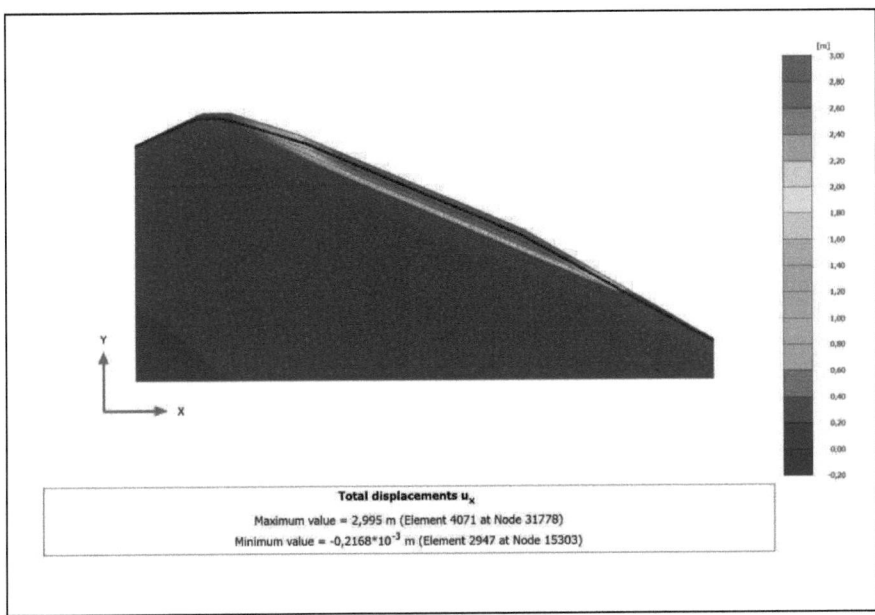

Fig.VI.30. les champs de déplacement horizontaux (U_x) de la phase 5.

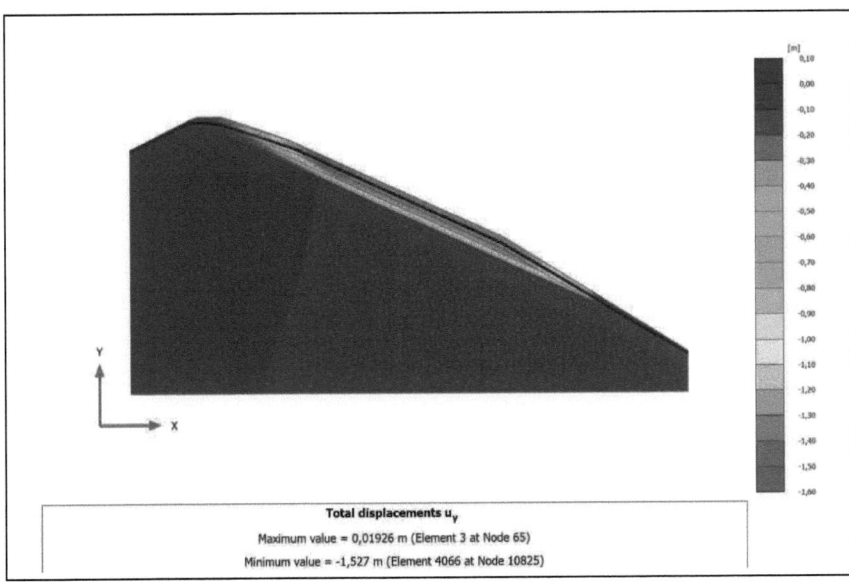

Fig.VI.31. les champs de déplacement verticaux (U_y) de la phase 5.

VI.5.2.2. Les résultats du deuxième cycle de calcul

Les calculs du deuxième cycle d'instabilité sont effectués avec la prise en charge d'une couche altérée du substratum d'une épaisseur d'environ 6 m et d'une nappe se trouvant respectivement : à 10 m du niveau du terrain naturel, au niveau du terrain naturel (elle affleure le niveau du terrain naturel), et à 10 m du niveau du terrain naturel. Les calculs effectués pour ce cycle de l'instabilité sont représentés sur les figures suivantes :

- Présentation des maillages déformés des phases de calcul

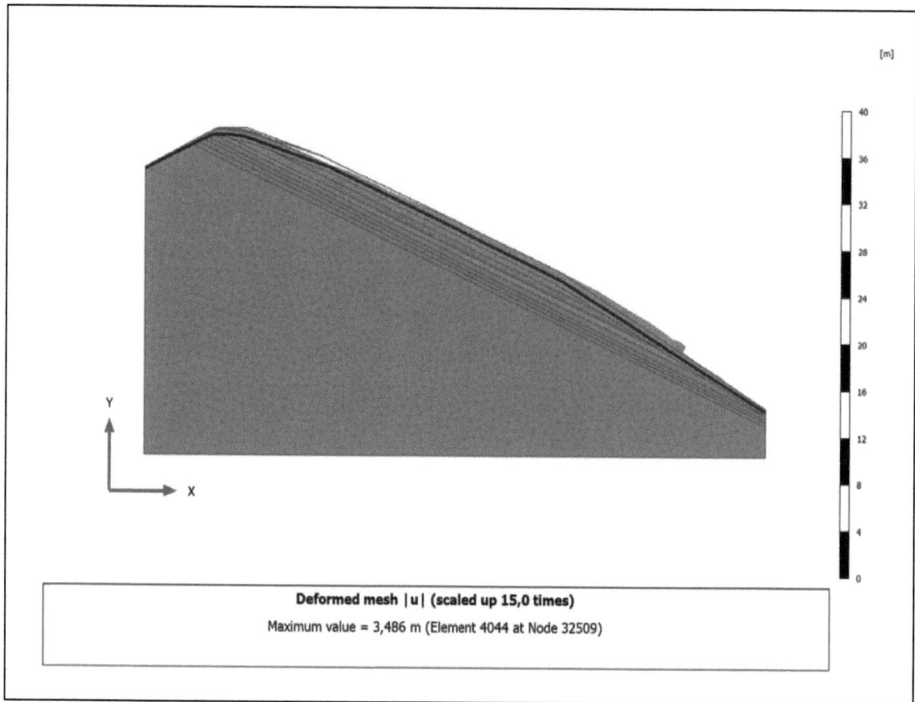

Fig.VI.32. Maillage déformé de la phase 7.

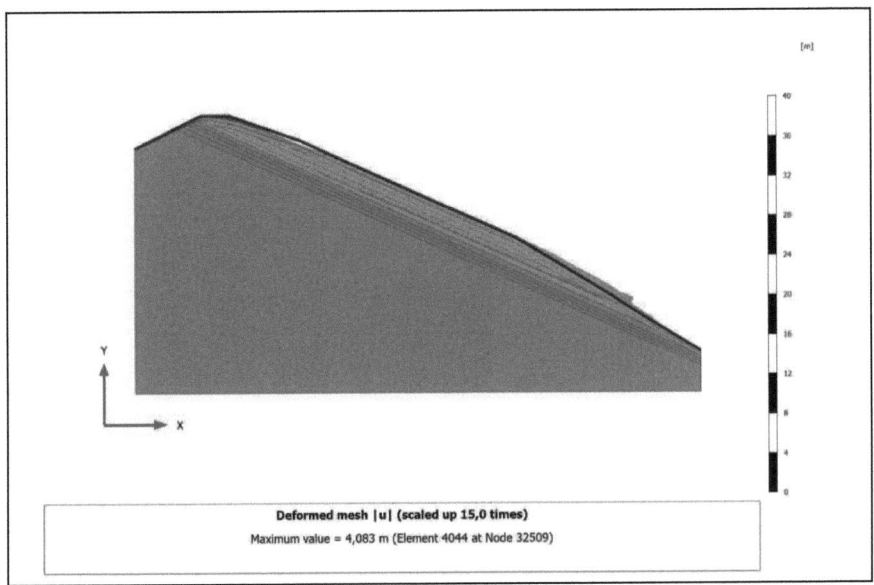

Fig.VI.33. Maillage déformé de la phase 9.

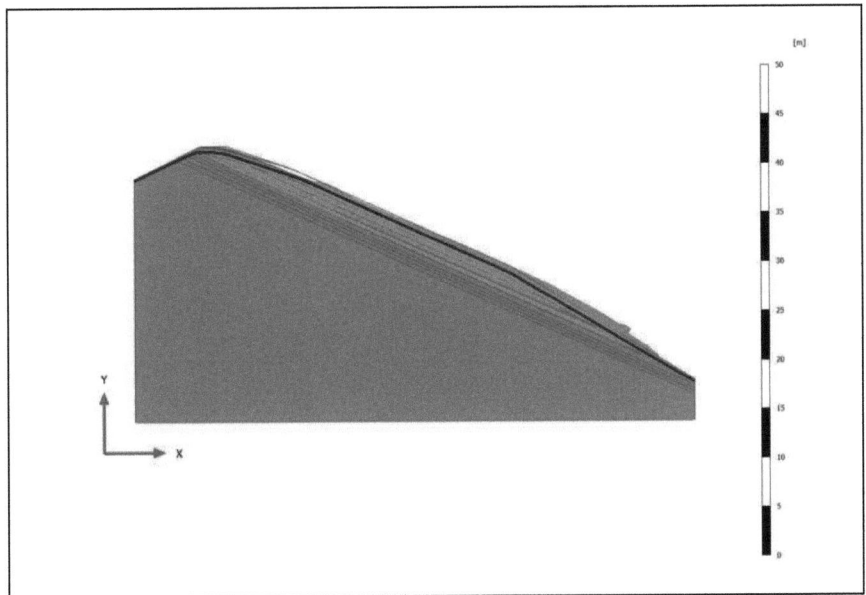

Fig.VI.34. Maillage déformé de la phase 11.

- Présentation des champs des déplacements horizontaux et verticaux

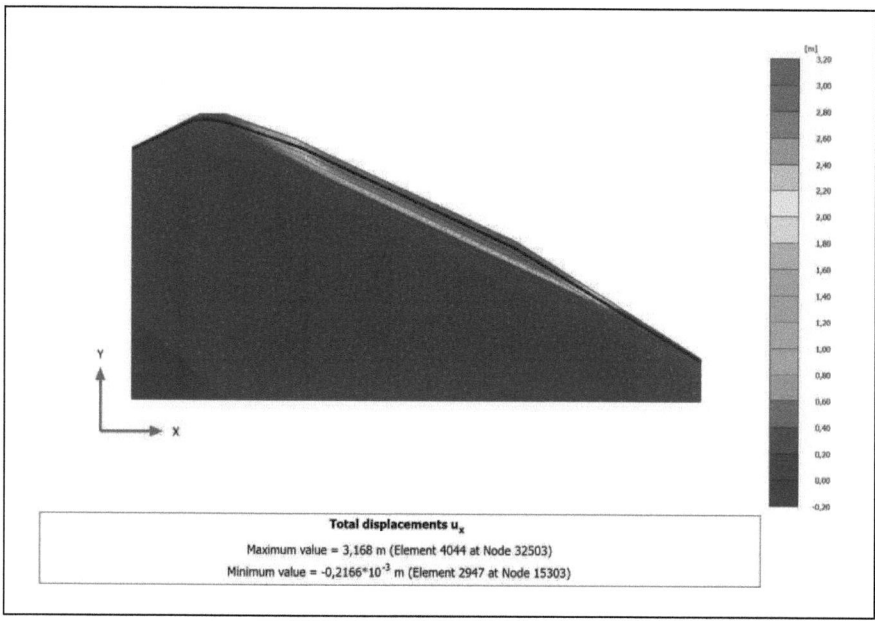

Fig.VI.35. les champs de déplacement horizontaux (U_x) de la phase 7.

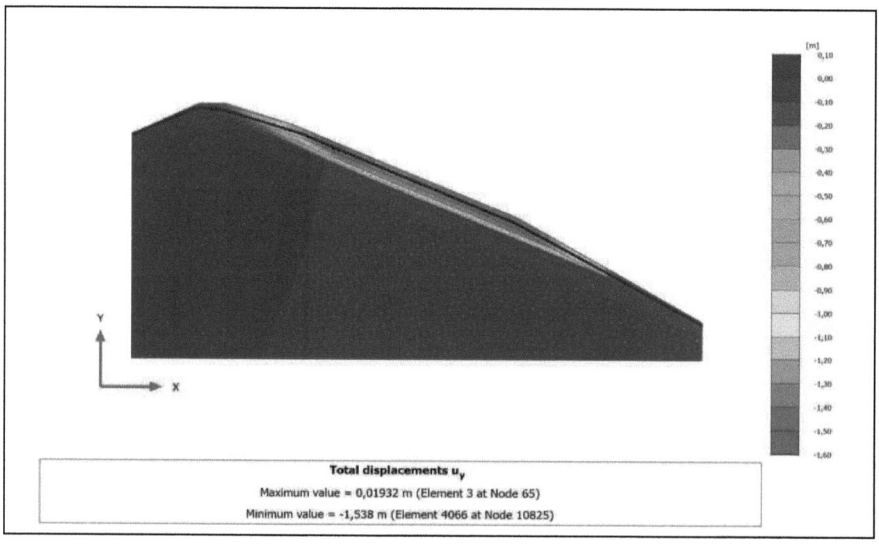

Fig.VI.36. les champs de déplacement verticaux (U_y) de la phase 7.

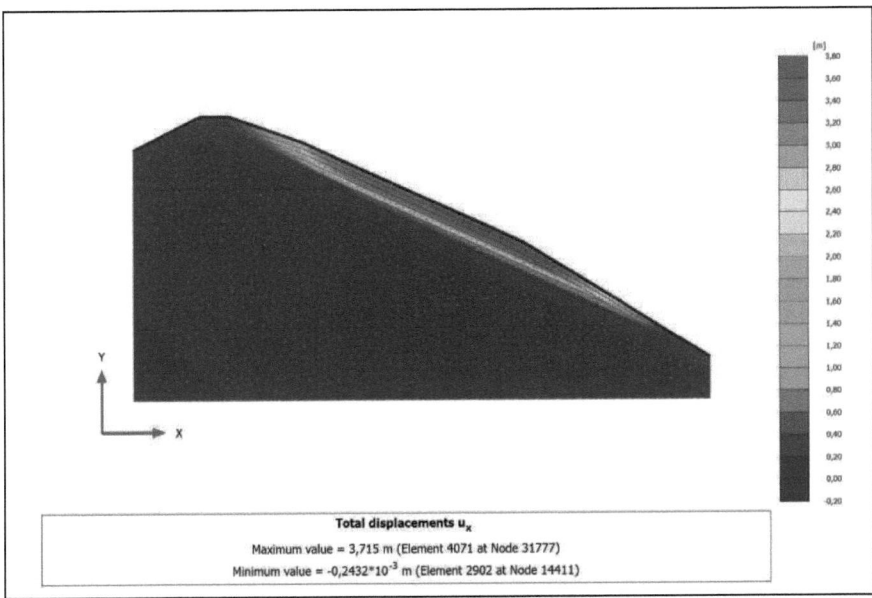

Fig.VI.37. les champs de déplacement horizontaux (U_x) de la phase 9.

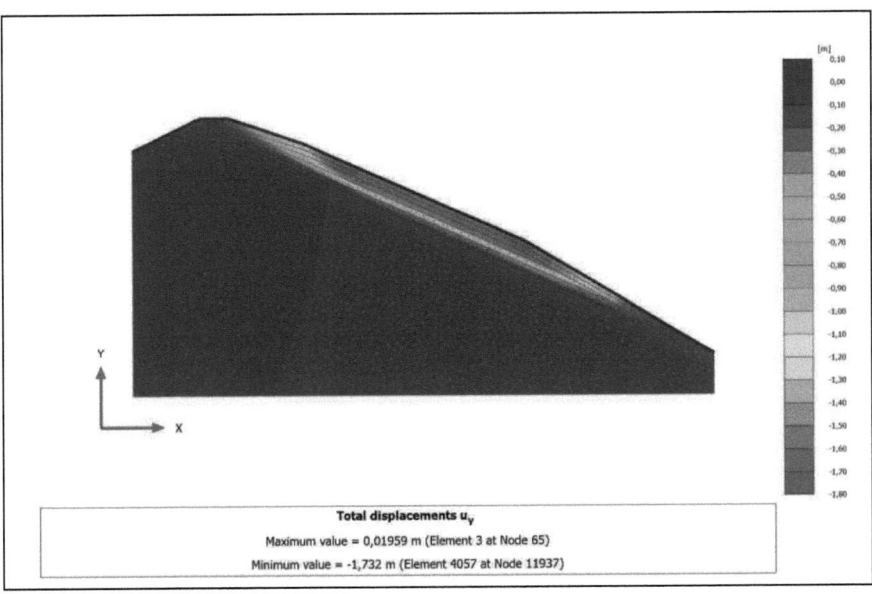

Fig.VI.38. les champs de déplacement verticaux (U_y) de la phase 9.

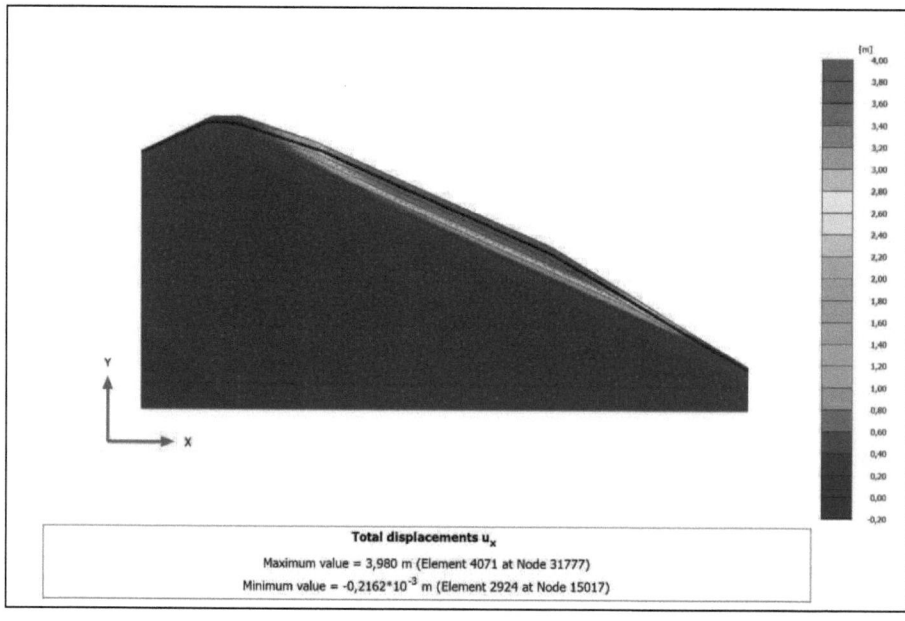

Fig.VI.39. les champs de déplacement horizontaux (U_x) de la phase 11.

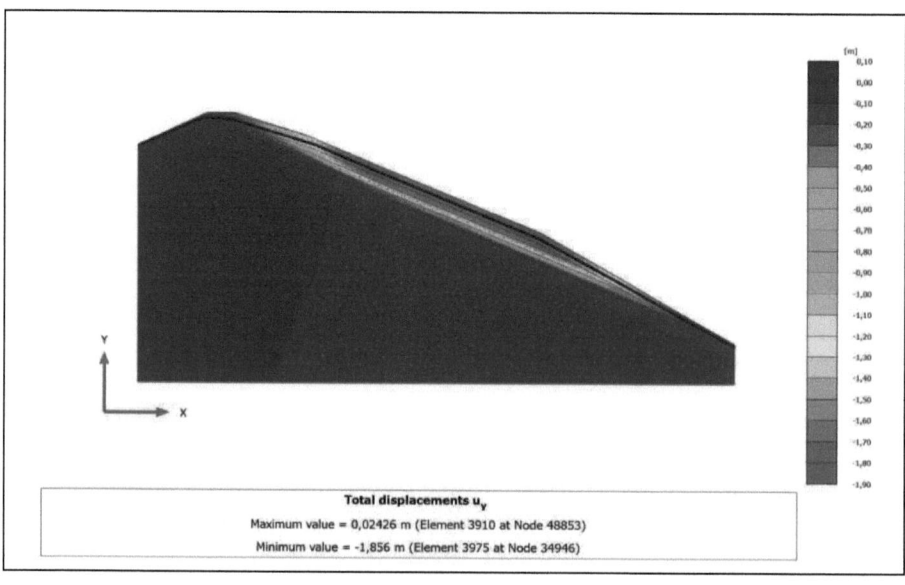

Fig.VI.40. les champs de déplacement verticaux (U_y) de la phase 11.

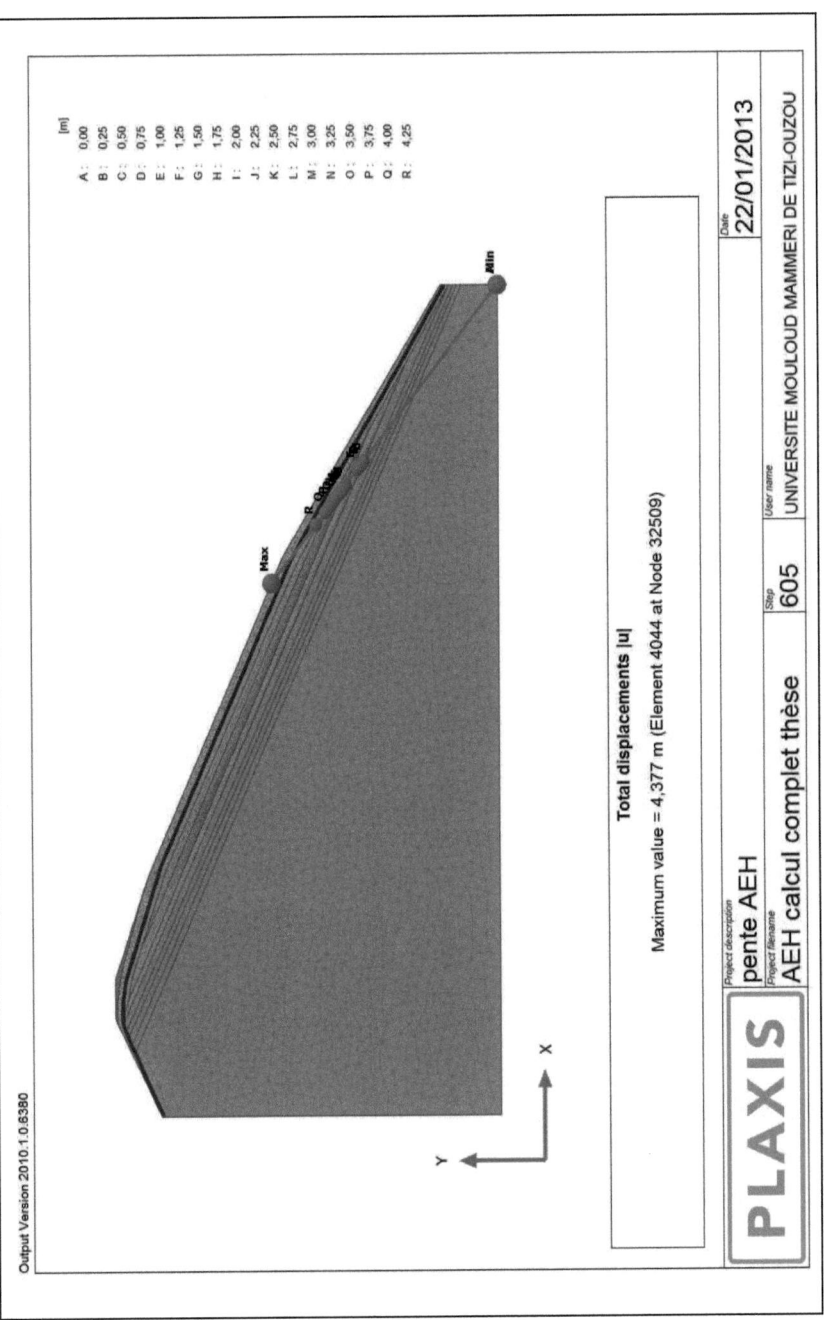

Fig.VI.41. Présentation du réseau de ruptures observées pour le versant d'Ain El Hammam en rupture progressive.

Les résultats des calculs montrent que le versant se trouve dans un état instable. La variation progressive du profil du sol et l'abaissement de la nappe jusqu'à une position d'environ 10 m du niveau du terrain naturel ne permettent pas de faire passer le versant vers un état de stabilité. Le coefficient de sécurité même s'il augmente d'environ 29.2 % par rapport à la phase précédente reste insuffisant pour assurer la stabilité du versant. Le mouvement évolue d'une manière lente et progresse vers des profondeurs plus prononcées. La longueur de la surface instable est supérieure à 700 m. l'analyse des résultats de la modélisation montre que le mouvement est très complexe. Il s'agit de plusieurs ruptures combinées (certaines sont superposées d'autres emboitées) qui forment une instabilité globale du versant. Le plan global de l'instabilité forme une surface qui peut être assimilée à un plan (la rupture se produit à l'interface entre le substratum sain et le schiste altéré). Le déplacement total maximal observé après l'exécution de toutes les phases du calcul est égale à 4.38 m. la zone située en aval du Boulevard Amirouche subit des désordres importants. En outre, les résultats de la modélisation montrent que l'ampleur des mouvements observés dans la ville après la première rupture (mars 2009) reste moyennement faible. Les déplacements les plus importants sont observés (à partir de la deuxième phase de rupture) pour la partie aval du versant. La zone située en aval du marché est affectée par plusieurs instabilités emboitées (Fig.VI.41) qui donnent au versant une allure en gradins. En effet, la même morphologie est observée sur le site au cours de ces dernières années.

VI.6. Discutions des résultats

La comparaison des résultats obtenus pour la modélisation de la rupture progressive à ceux obtenus pour la rupture simple du versant a permis de relever un certain nombre d'observations :

- La valeur du coefficient de sécurité n'est pas affectée par le type de rupture (rupture progressive ou rupture brusque). La valeur du coefficient de sécurité obtenue pour les deux cas est de l'ordre de 0.60 (voir les Fig. VI.22 et VI.20).
- L'ampleur des déplacements observés pour le cas d'une rupture simple est cinq fois plus grande que celle observée pour la rupture progressive du versant (déplacement maximal pour la rupture progressive est de 4.38 m et le déplacement maximal pour la rupture simple est supérieur à 21m).
- La rupture brusque s'effectue à l'interface entre le substratum et le schiste altéré et déstructuré (déplacement global du matériau instable vers le Sud). Tandis qu'en rupture progressive le versant subit plusieurs mécanismes de déformation qui donnent au site une allure en gradins (Fig.VI.41 et Fig.VI.19). Par ailleurs, la rupture s'effectue le long de l'interface entre le substratum et le schiste altéré.

Les résultats des études réalisées montrent l'apport important de la réalisation du calcul en rupture progressive pour une meilleure simulation du comportement du versant d'Ain El Hammam. Cette modélisation permet l'analyse de la propagation et de l'évolution de la rupture. Les résultats de la simulation de la rupture progressive sont confirmés par l'observation de signes de mouvement semblables sur le site au cours de ces dernières années. En outre, les modélisations effectuées ont permis d'évaluer l'effet négatif que pourrait avoir la réalisation de travaux de confortement (confortement de certaines routes,...) sur la stabilité globale du versant. La réalisation de confortement empêcherait l'accomplissement du processus de rupture progressive et peut causer une rupture brusque du versant (les mouvements engendrés par la rupture brusque sont généralement catastrophiques).

VI.7. Conclusion

Le glissement de terrain d'Ain El Hammam est actif et étendu. La modélisation numérique constitue une alternative efficace pour l'analyse du comportement et du risque de l'amorce d'une rupture brusque et catastrophique du versant dans le futur proche. Une modélisation numérique par éléments finis est réalisée pour le versant d'Ain El Hammam. Le profil lithologique observé pour le versant avant la rupture de mars 2009 est utilisé dans cette modélisation.

Plusieurs paramètres peuvent être pris en charge pour modéliser le comportement du versant d'Ain El Hammam ; les facteurs qui influent le plus sur la dynamique d'évolution ont été pris en considération dans le modèle proposé. Il s'agit des fluctuations de la nappe et de l'altération du substratum schisteux (effet des infiltrations d'eau lentes et progressives dans le substratum). Les résultats des calculs montrent l'effet important de ces facteurs sur la stabilité du versant et sur la propagation et l'évolution de la rupture. La réalisation d'un tel calcul a nécessité l'amorce d'un calcul multiphasé composé de six phases de calcul à la rupture et de cinq phases intermédiaires qui permettent la prise en charge des modifications hydriques ou géométriques apportées. La combinaison des paramètres est réalisée selon une chronologie qui permet l'analyse du comportement du versant entre 2009 et 2012 ainsi que son évolution future.

Les résultats du calcul, par éléments finis, de la rupture progressive du versant naturel d'Ain El Hammam montrent que le versant reste dans un état instable après la réalisation du processus de rupture ; des mouvements lents seront observés pendant de longues années même si aucune condition n'est changée. Ce calcul montre également l'effet important de la réalisation du processus de rupture de façon progressive sur la propagation de la rupture et sur l'ampleur des déplacements. Par ailleurs, la réalisation de confortements mécaniques dans la ville pour maintenir des ouvrages en service risque d'empêcher la déformation progressive du terrain et engendrerait ainsi une rupture brusque et catastrophique.

CONCLUSION GÉNÉRALE

Conclusion générale

Le glissement de terrain d'Ain El Hammam est très étendu ; il affecte une pente collinaire fortement urbanisée. L'amorce du mouvement est favorisée par la nature des terrains et les conditions hydro-climatiques de la région d'Ain El Hammam. Les résultats des investigations ont montré l'existence de couches remaniées en profondeur. Les causes du glissement de terrain d'Ain El Hammam sont diverses, mais le facteur hydrique reste le plus influant. En effet, des facteurs passifs et actifs ont contribués conjointement à l'amorce et à l'activité de ce mouvement de terrain ; la morpho-dynamique accélérée de ce versant est liée principalement à la présence d'horizons altérés profonds, aux précipitations intenses et irrégulières, à la nature du substratum et aux fortes pentes du site étudié.

Cependant, l'analyse des résultats des études réalisées pour ce site a révélé les incohérences suivantes :

- Une reconnaissance géotechnique aléatoire de la ville et absence de toute reconnaissance du versant situé en aval de cette ville (le versant instable) ;
- Les piézomètres et les inclinomètres (05 inclinomètres et 03 piézomètres) ont été endommagés juste après leur installation (seule une à deux lectures ont été effectuées);
- L'absence de station météorologique dans la région d'Ain El Hammam et ces périphériques ;

Dans cette étude pour mieux cerner le problème, ont été réalisés, une cartographie et un système d'information géographique incluant tous les champs importants du glissement. Le système d'information géographique réalisé constitue une étape importante dans l'étude de ce mouvement de terrain actif et étendu. Le travail de cartographie réalisé a permis la délimitation d'une surface instable supérieure à 23 ha avec une dénivelée, entre le sommet et le pied du glissement, évaluée à environ 295 m. Le suivi de l'évolution cinématique du mouvement réalisé dans le versant, en utilisant un tachéomètre automatique, a également été introduit dans le système d'information géographique. Par ailleurs, l'analyse spatiale de ce suivi a permis de détecter qu'il est effectué par rapport à un référentiel implanté à l'intérieur de l'instabilité. Le mouvement mesuré, étant relatif, ne reflète pas la réalité du terrain. Son utilisation pour l'étude du mouvement de terrain est alors non adéquate. En outre, ce SIG a facilité considérablement le traitement et l'analyse des causes du mouvement de terrain ainsi qu'une meilleure caractérisation du comportement hydrique et mécanique du versant instable.

Les campagnes de reconnaissance réalisées dans la ville d'Ain El Hammam sont incomplètes, d'où le recours à une description géomorphologique et hydro-climatique du glissement. La description morphologique des versants naturels constitue une alternative efficace pour l'étude du comportement des mouvements de terrain. Cette étude a permis une bonne appréciation du mouvement du versant d'Ain El Hammam. Elle a facilité considérablement la définition des mécanismes de déformation du versant et l'étude de la structure du glissement. Trois mécanismes de déformation, dont un qui présente une évolution régressive, sont observés pour ce versant. La structure du glissement résulte de l'emboitement et de la superposition de six plans de rupture. Par ailleurs, une investigation complémentaire reste nécessaire pour bien définir les limites des couches ainsi que l'allure et les positions exactes des plans de rupture.

Une cartographie du risque et de l'aléa dus au mouvement de terrain a été effectuée pour ce versant et ses alentours proches. Pour cela, une méthode d'évaluation de l'aléa a été proposée ; elle est basée sur les causes et les facteurs du mouvement qui présentent une variabilité spatiale dans ce versant (l'hydrologie du site, l'orientation des plans de schistosité du substratum, l'ampleur des signes d'instabilité observés en surface, la vitesse du mouvement et le nombre des plans de rupture observés). Le risque est évalué en associant le risque d'une rupture brutale (aléa) à la vulnérabilité du site (la densité de l'urbanisation). Afin de gérer ce risque, un plan de prévention, associé à la réalisation d'un drainage ainsi que le raccordement des réseaux d'assainissement qui se déversent directement dans les arrachements longitudinaux du mouvement (dans le but de ralentir le mouvement), est également proposé. Le plan élaboré consiste à procéder à une évacuation progressive des habitants vers des zones stables ; l'évacuation s'effectuera en fonction du degré de risque observé.

La modélisation numérique, par éléments finis, de la rupture progressive du versant instable d'Ain El Hammam a permis d'étudier le comportement antérieur de ce dernier et l'évolution future de son mouvement. L'étude réalisée a permis d'évaluer l'apport important de la réalisation du processus de rupture progressive sur l'évolution et la propagation de la rupture. En effet, le versant reste instable après l'amorce du processus de rupture et des mouvements lents et progressifs peuvent être observés pendant plusieurs années même si les conditions (hydriques et mécaniques) du site restent inchangées. En outre, les résultats de cette modélisation ont montré l'effet négatif de la réalisation de confortements mécaniques, pour maintenir certains ouvrages en service, sur la stabilité du terrain.

Recommandations

L'étude des mouvements des versants de grande ampleur constitue une problématique inhérente aussi bien pour les pays développés que pour ceux en voie de développement. Leur étude nécessite une technicité élevée ainsi que le recours aux méthodes poussées d'investigation de terrain (vue l'accès difficile à ce type de terrains). Cependant, le traitement des documents disponibles pour le site affecté par le mouvement de terrain à Ain El Hammam a montré l'insuffisance et la mauvaise répartition des reconnaissances réalisées pour ce dernier. Plusieurs recommandations peuvent être émises afin de permettre une meilleure analyse du comportement de ce mouvement de terrain :

- la réalisation d'une reconnaissance géologique et géotechnique complémentaire qui englobera le versant et la ville. Cette reconnaissance permettra de confirmer les résultats des études réalisées dans le cadre de cette thèse et de mieux délimiter la zone instable et les positions des plans de rupture ;

- la réalisation d'un suivi régulier du mouvement du versant. Il est préférable que le suivi soit réalisée en temps réel vu l'ampleur de l'instabilité ;
- la réalisation de relevés météorologiques journaliers ;
- l'installation de sondages piézométriques et inclinométriques qui permettront l'analyse de l'évolution du mouvement en fonction des fluctuations de la nappe (la relation pluviométrie-piézométrie-mouvement) ;
- réalisation d'un système de drainage qui permettra de ralentir le mouvement ;
- la prévision de l'évolution future du mouvement de terrain et de la date probable de la rupture ;
- la proposition d'un modèle pour la gestion de la sécurité déclenchée par un système d'alerte correspondant au dépassement d'un seuil (une importante accélération du mouvement), à une prévision d'une rupture, etc.

Perspectives du travail

Deux suites probables sont proposées pour ce travail de thèse :

- la première consiste à réaliser une modélisation numérique en trois dimensions qui sera probablement réalisée avec le logiciel PLAXIS 3D. cette modélisation permettra l'analyse de la propagation spatiale du mouvement de terrain ainsi que l'étude de l'évolution progressive de la surface affectée par le mouvement de terrain. Une modélisation de l'apport de la réalisation d'un système de drainage sera également réalisée avec un maillage en trois dimensions.
- la seconde consiste à proposer un modèle semi-empirique de prévision du mouvement de terrain d'Ain El Hammam. Le modèle doit être calé sur des séries chronologiques du mouvement (les séries de déplacement, accélération,…). Il s'agit d'un modèle orienté sur le facteur hydromécanique du site qui tient compte du climat de la région d'Ain El Hammam et de l'altération progressive du versant au cours du mouvement.

BIBLIOGRAPHIE

Références bibliographiques

[1] Athanasiu C. (1980) – Non linear slope stability analysis – Proc 3rd ISL, New Delhi, p. 259-262.

[2] Azimi C. et Devarreaux P. (1996) – Quelques aspects de la prévision des mouvements de terrain – Revue française de Géotechnique, Vol. 76, p. 63-75.

[3] Azimi C., Biarez J., Desvarreux P., Keime F. (1988) – Prévision d'éboulements en terrains gypseux – 5ème Symposium International sur les glissements de terrain, Lausanne.

[4] Azzouz A. S, Baligh M. (1983) – Loaded areas on cohesive slopes – J. ASCE vol. 109, GT5, p. 726-729.

[5] Baurat, H. D., Mont H. C., Leopold Muller (1974) – Rock mass behavior-determination and application in engineering practice – *Proc. Third Cong. Int. Soc. Rock Mech.*, **IA**, 205–215, 1974.

[6] Bell J. M. (1969) – Non circular sliding surface – J. SMFD vol. 95, SM 3, p. 829-844.

[7] Bernander S., Gustas H., Olofsson J. (1989) – Improved model for progressive failure analysis of slope stability – Proc 12th ICSMFE, Rio de Janeiro, vol. 3, p. 1539-1542.

[8] Bernander S., Gustas H. (1984) – Consideration of in situ stresses in clay slopes with special reference to progressive failure analysis – 4th ISL, p. 235-240.

[9] Biarez J. (1960) – Remarques sur la stabilité des talus. Influence de la loi de répartition des contraintes – Archiwum hydroteckniki, tome 7.

[10] Bishop A. W. (1955) – The use of the slip circle in the stability analysis of slopes – Géotechnique vol. 5, 1, p. 7-17.

[11] Bishop A. W. (1971) – The influence of progressive failure on the choice of the method of stability analysis – Géotechnique vol. 21, n° 2, p. 168-172.

[12] Bierrum L. (1967) – Progressive failure in slopes of overconsolidated plastic clay and clay shales – ASCE, J. SMFD vol. 93, SM5, p. 3-49.

[13] Bouchelaghem A. (1987) – Le glissement de terrain de Saint Etienne de Tinée, une étude de la corrélation données hydrologiques-cinématique du mouvement – Travail d'option de l'école des mines de Paris.

[14] Bougdal. R, (2010) – Les glissements de terrain en Kabylie – journée d'étude sur les glissements, Université de Tizi-Ouzou, 1 juin 2010.

[15] Brinkgreve R.B.J., Al-Khoury R., Bakker K.J., Bounnier P.G., Brand P.J.W., Broere W., Burd H.J., Soltys G., Vermeer P.A., Waterman D., Simon B., Bernhardt V. et Reboul M. (2003) – PLAXIS version 8 : Manuel de référence – PLAXIS b.v. P.O. Box 572, 2600 AN DELFT, The Netherlands, ISBN 90-808079-3-1, 194 p.

[16] Brown C. B. (1979) – A fuzzy safety measure – Journal of engineering Mechanical Division American Society Civil engineering, p. 855-872.

Références bibliographiques

[17] Budetta P., Calcaterra D., Santo A. (1994) – Engineering-geological zoning of potentially unstable rock slopes in Sorrentine Peninsala (Southern Italy) – 7th International IAEG congress.

[18] Burrought P.A. (1990) – Methods of spatial analysis in GIS – International Journal of Geographical Information System, Vol. 4, n° 3, p. 221-223.

[19] Burrought P.A. (1989) – Fuzzy mathematical methods for soil survey and land evaluation – Journal of soil science, vol. 40, p. 477-492.

[20] Caquot A. (1954) – Méthode exacte pour le calcul de la rupture d'un massif par glissement cylindrique – Annales des Ponts et Chaussées n° 3, p. 345-355.

[21] Cartier G.(1981) – Recherches et études sur les glissements de terrain – Bulletin de Liaison des Laboratoires des Ponts et Chaussées, n° 115, p. 15-24.

[22] Chen R.F. Chan Y.C., Angelier J., Hu J.C., Huang C., Chang K.J. et Shih T.Y. (2005) – Large earthquake-triggered landslides and mountain belt erosion: the Tsaoling case – Taiwan, C.R. Geosciences, n°337, p.1164-1172

[23] Chiasson P., Djebbari Z. (1998) – Stochastic slope stability analysis of temporary cuts in clay- Proc. Hambourg Geot. Conf., p. 57-60.

[24] Chowdhury R. N., Tang W. H., Sidi I. (1987) – Reliability model of progressive failure – Géotechnique vol. 37, n° 4, p. 467-481.

[25] Clough, R. W. et Wilson E. L. (1962) – Stress Analysis of a Gravity Dam by the Finite Element Method – Proc. Symp. On Use of Computers in Civil Engineering, Lisbon, Portugal, 1962.

[26] Clough, R. W. et Wilson E. L. (1999) – Early Finite Element Research at Berkeley – Fifth U.S. National Conference on Computational Mechanics, 1999.

[27] Dath G, Touzot G. (1981) – Une présentation de la méthode des éléments finis – Maloine (Paris) et les presses de l'université Laval (Québec).

[28] Delmas P, Cartier G et Pouget P (1987) – Méthode d'analyse des risques liés aux glissements de terrain – Bulletin de liaison des laboratoires des Ponts et Chaussées, 150/151, p. 29-38.

[29] Djerbal L. (2010) – Dynamique d'évolution du glissement de terrain d'Ain El Hammam – Mémoire de Master, Université de Tizi-Ouzou, Algérie, 172p.

[30] Djerbal L. et Melbouci B. (2012) – Le glissement de terrain d'Ain El Hammam (Algérie) : causes et évolution – Bulletin of Engineering Geology and the Environment, Vol. 71, pp. 587-597.

[31] Djerbal L. et Melbouci B. (2013) – Contribution to the mapping of the landslide of Ain El Hammam (Algeria) – Advanced Materials Research, Vol. 601, pp. 332-336.

[32] Document Technique Réglementaire DTR B C 2 48 (2003) – Règles parasismiques Algériennes RPA 99/ version 2003 – ministère de l'habitat et de l'urbanisme.

[32] Duncan J.M., Wright S.G. (2005) – Soil strength and slope stability – John Wiley and Sons Inc., Hoboken, New Jersey.

[34] Durand-Degla. M, (1980) – La Méditerranée occidentale : étapes de sa genèse et problèmes structuraux liés à celle-ci – mém. h. sér. Soc. Géol. de France, n° 10, livre jubilaire de la société géol. de France, 1830-1980 : 203-224.

[35] Durville J.L. et Sève G. (1998) – Stabilité des pentes : glissement en terrain meuble – Technique de l'ingénieur, traité construction, chapitre C254, 16 p.

[36] Durville J.L., Berthelon J.P., Trinh Q.V. (2003) – Calcul de la stabilité des pentes: comparaison entre équilibre limite et éléments finis dans le cas de ruptures non circulaires – Revue Française de Géotechnique, vol. 104, p. 37-46.

[37] Ellenberger J.L. (1981) – Hazard prediction model development: the multiple overlay technique – SME-AIME Annual Meeting.

[38] Ellison R. D. (1978) – Underground mine hazard analysis techniques – Proceeding of 1st International Symposium on stability in Coal mining, p. 299-318.

[39] El-Shayeb Y. (1999) – Apport de la logique floue à l'évaluation de l'aléa "movement de terrain des sites géotechniques" : propositions pour une méthodologie générale – thèse de doctorat de l'institut nationale polytechnique de Lorraine, France.

[40] Evrard H. (1987) – Risques liés aux carrières souterraines abandonnées de Normandie – Bulletin de liaison des laboratoires des Ponts et Chaussées N° 150/151, pp. 96-108.

[41] Fairhurst C., Lin D. (1987) – Fuzzy methodology in tunnel support design – Research and Engineering Application in rock mass, p. 269-278.

[42] Faleh A. et Sadiki A., (2002) – Glissement rotationnel de Dhar El Harrag : exemple d'instabilité de terrain dans le Prérif central (Maroc) – Bulletin de l'institut scientifique, Rabat, section science de la terre, n° 24, 41-42.

[43] Fares A., Rollet M., Broquet P. (1994) – Méthodologie de la cartographie des risques naturels liés aux mouvements de terrain – Revue Française de Géotechnique vol. 69, p. 63-72.

[44] Farhat H. (1990) – Prise en compte du temps et des déplacements en stabilité des pentes – thèse INSA de Lyon, France, 187 p.

[45] Faure R. M. (1985) – Analyse des contraintes dans un talus par la méthode des perturbations – Revue française de Géotechnique n° 33, p. 49-59.

[46] Faure R. M., Seve G., Farhat H., Virollet M., Delmas P. (1992) – A new methodology for evaluation of landslides displacement – Proc 6th ISL, Landslides Bell Ed.

[47] Faure R. M. (2000) – L'évolution des méthodes de calcul en stabilité de pentes. Partie I : Méthodes à la rupture – Revue Française de Géotechnique n° 92, p. 3-16.

[48] Fellenius W. (1927) – Erdstatische berechnungen mit reibung und kohaesion – Berlin, Ernst.

[49] Fischer M-M. et Nijkamp P. (1993) – Design and use of geographic information system and spatial models – In: Fischer M-M. and Nijkamp P., geographic information system, spatial modeling and policy evaluation, EDS.

[50] Fokozono T. (1985) – A new method for predicting the failure time of slope – Proceeding of IVth international conference and field workshop on landslide Tokyo.

[51] Follaci J-P. (1987) – Les mouvements du versant de la Clapière à Saint-Etienne-de- Tinée (Alpes-Maritimes) – Bulletin de liaison des Laboratoires des Ponts et Chaussées ; n° 150-151, p. 39-54.

[52] Fredlund D. G., Krahn J. (1977) – Comparison of slope stability methods of analysis – Canadian. Geotech. J. vol. 14, p. 429-439.

[53] Fukagawa R., Muro T., Hozumi K., Matsuike T. (1996) – Estimation of ground properties based on a fuzzy reasoning method during vertical hole excavation – Journal Mathematical Analysis and Applications, vol. 33, p. 103-112.

[54] Gens A., Hutchinson J. N., Cavounidis (1988) – Three dimensional analysis of slides in cohesive soils – Géotechnique vol. 38-1, p. 1-23.

[55] Gervreau E. (1991) – Étude et prévision de l'évolution des versants naturels en mouvement – Collection « études et recherches des Laboratoires des Ponts et Chaussées », série Géotechnique GT47, ISSN 1157-3910, 194 p.

[56] Goodman R.E., (1995) – Block theory and its application – Géotechnique. Vol. 45(3): pp. 383-423.

[57] Hammoum H. et Bouzida R. (2010) – Pratique des systèmes d'information géographiques (SIG) « Applications sous Map-Info » - collection les manuels de l'étudiant, Edition Pges bleus, 196 pages.

[58] Hudson J.A., Sheng J., Arnold P.M. (1992) – Rock engineering risk assessement through critical mechanisms and parameter evaluation – proceeding of the 6th Australia-Newzealand conference on geotechnic, p. 442-447.

[59] Janbu N., Bjerrum L., Kjaernsli B. (1956) – Soil mechanics applied to some engineering problem – Norwegian Geotechnical Institute, Publ., 16.

[60] Kacewicz (1987) – Fuzzy slope stability method – Mathematical geology, vol. 19, p. 757-767.

[61] Kawakami H., Saito Y. (1984) – Landslide risk mapping by a quantification method – Proceeding of 4th. International Symposium on Landslide, vol. 2, p.535-540.

[62] Kechidi. Z, (2010) – Application des études minéralogiques et géotechniques du schiste au glissement de terrain d'Ain El Hammam – mémoire Master, université de Tizi-Ouzou (Algérie), 152 P.

[63] Khemissa M., Mekki L et Bakir N. (2008) – Comportement eodométriques des argiles expansives de M'Sila (Algérie) – Symposium International Sécheresse et Construction (SEC 2008), Paris (France), Marne-La –Vallée.

[64] Laaribi A. (2000) – SIG et analyse multicritères – Editions Hermès, Paris, France, 190 pages.

[65] Law K. T., Lumb P. (1978) – A limit equilibrium analysis of progressive failure in the stability of slope – Canadian Geotech. J. vol. 15, p. 113-122.

[66] Leroy A. et Sognoret J.P. (1992) – Le risque technologique – édition Que sais-je ?, presse universitaire de France.

[67] Magnan J. P., Seve G., Pouget P. (1998) – Quelques spécifités de l'analyse de risque pour ouvrages de géotechnique – Proc. 2nd I.S. Hard Soil-Soft Rocks, Naples, vol. 2, p. 1109-1116.

[68] MaMillan P., Mtheson G. D. (1997) – A two stage system for highway rock slope risk assessement – International journal of rock mechanics, mining sciences and geomechanics abstracts, vol. 34.

[69] Masekanya J. P. (2008) – Stabilité des pentes et saturation partielle: étude expérimentale et modélisation numérique – thèse de l'université de Liège, Belgique, 283p.

[70] Mehrotra G.S., Sarkar S., Kanungo D.P., Haragopal M. (1995) – Slope stability assesement using slope mass rating technique – the 35th U.S. Symposium on Rock mechanics (USRMS), p. 91-96.

[71] Morgenstern N. R., Price V.E. (1965) – The analysis of general slip surfaces – Géotechnique vol. 15, p. 79-93.

[72] Nathanail C.P., Hudson J.A. (1992) – Stability hazard indicator system for slope failure in heterogenous strata – EUROCK 92 Symposium, Chester UK. Thomas Telford Ltd., p. 111-116.

[73] Nguyen V.U. (1985) – Overall evaluation of geotechnical hazard based on fuzzy set theory – Soils and Foundations, vol. 25.

[74] Nguyen V.U., Shworth E.A. (1985) – Rock mass classification by fuzzy sets – 2nd US Symposium on Rock Mechanics, p. 937-945

[75] Orr C.M. (1992) – Assessement of rock slope stability using the rock mass rating (RMR) system – the Australian IMM proceeding n°2.

[76] Peng He (2006) – Modélisation numérique du comportement mécanique sur pente des dispositifs géosynthétiques – Thèse de Doctorat de l'université Bordeaux 1, France, 165 p.

[77] Pham M. (1994) – Écriture à l'aide de la logique floue des règles du système expert XPENT – DEA ENTPE/INSA.

[78] Pilot G., Pincent B., Cartier G. et Blondeau F. (1978) – Mesure des déplacements et confortement des glissements de remblais sur versants, VIIe Conférence Européenne de Mécanique des Sols, Brighton, Vol. 3, p. 253-260.

[79] Pincent B. et Blondeau F. (1978) – Détection et suivi des glissements de terrain – CR IIIe Congrès international en Géologie de l'Ingénieur, Madrid, Vol. 1, pp. 252-266.

[80] PLAXIS (2011) – Finite Element Code for soil and rock analyses: PLAXIS 2D – Edited by R.B.J. Brinkgreve Delft University of Technology and Plaxis bv, The Netherlands. ISBN-13: 978-9076016-11-5.

[81] Rafiee A., (2008) – Contribution à l'étude de la stabilité des massifs rocheux fracturés : caractérisation de la fracturation in situ, géostatistique et mécanique des milieux discrets – Thèse de doctorat, Université Montpellier II, France. 271p.

[82] Rapport Interne ANTEA-HYDROENVIRONNEMENT-TTI (2010) – Étude du glissement de terrain d'Ain El Hammam – Rapport n°1, Mission A, mars 2010, N° 57665/A.

[83] Rapport Interne GEOMICA (2006) – Étude géotechnique de la zone de tassement d'Ain El Hammam (phase I) –

[84] Rapport Interne GEOMICA (2009) - Étude géotechnique de la zone de glissement et de tassement de Ain El Hammam (phase II) –

[85] Rapport Interne LNTPB (1972) – Marché d'Ain El Hammam étude géologique et géotechnique du glissement –

[86] Rapport Interne LNTPB (1973) – Marché d'Ain El Hammam étude géologique et géotechnique du glissement –

[87] Raulin P., Rouques G., Toubol A. (1974) – Calcul de la stabilité des pentes en rupture non circulaire – rapport recherche n° 36 LCPC.

[88] Rezig S., Favre J., Leroi E. (1997) – The probabilistic evaluation of the risk ground movement – ESREL 97, European society for safety and Reliability, p. 1543-1550.

[89] Romana M. (1991) – SMR classification – 7th International congress rock mechanics, p.955-960.

[90] Saïto M. (1965) – Forecasting the time of occurrence of a slope failure – 6ème Congrès International de mécanique des sols et des travaux de fondations, Montréal.

[91] Saïto M. (1969) – Forecasting the time of slope failure by tertiairy creep – 7ème Congrès International de mécanique des sols et des travaux de foundation, Mexico.

[92] San K.C., Matsui T., Katsuraya R. (1990) – Some aspect of the slope stability analysis by shear strength reduction technique – Proc. Symposium on Geology and Slope Failure, JSSMFE, pp. 43-48.

[93] San K.C., Matsui T. (1991) – Finite element slope failure prediction by shear strength reduction technique – Proc. Symposium on Natural Disaster Reduction and Civil Engineering, JSCE, Osaka, pp. 359-366.

[94] Sakura S., Shimizu N. (1987) – Assessement of rock slope stability by fuzzy set theory – ISRM, p. 503-506.

[95] Serre D. (2005) – Evaluation de performance des digues de protection contre les inondations modélisation de critères de décision dans un système d'information géographique – thèse de doctorat de l'université de Marne-La-Vallée (France), 363 pages.

[96] Slosson J.E., Keene A.C. et Johnson J.A. (1992) – Landslides mitigation – Reviews in Engineering geology, Vol. 9, 120 pages.

[97] Su K., Merrien-Soukatchoff V. et Thoraval A., (2001) – Modélisation du comportement hydromécanique des milieux fracturés. Résultats issus des projets – *DECOVALEX III et BENCHPAR*, BET 2001 (Bilan des travaux et des études), Document ANDRA.

[98] Sui D.Z. (1992) – A fuzzy GIS modeling approach for urban land evaluation – computers, environment and urban system, vol. 16, p. 101-115.

[99] Tavenas F., Leroueil S. (1981) – Creep and failure of slopes in clays – Canadian Geotech. J. vol. 18-1, p. 106-120.

[100] Tavenas F., Leroueil S. (1982) – A new approach to effective stress stability analyses – ISL 82, Linkoping, Sweden.

[101] Taylor D. W. (1937) – The stability of earth slopes – Journal. Boston society of Civ. Eng., vol. 24, n° 3.

[102] Templeton J.S., III (2012) – Finite element analysis in offshore geotechnics: a thirty-year retrospective – SIMULIA customer conference 2012.

[103] Tritsch J.J., Didier C. (1996) – Méthodologie pour la connaissance et l'identification des risques de mouvements de terrain – rapport final de projet de recherche, INERIS, France.

[104] Ugai K. (1990) – Availability of shear strength reduction method in stability analysis – suchi-to-Kiso, 38(1), pp.67-72.

[105] Vengeon J-M., Giraud A., Antoine P. et Rochet L. (1999) – Contribution à l'analyse de la déformation et de la rupture des grands versants rocheux en terrain cristallophylien – Canadian Geotechnical Journal, Vol. 36, p. 1123-1136.

[106] Vibert C. (1987) – Apport de l'auscultation de versants instables à l'analyse de leur comportement, les glissements de Lax-Le-Roustit (Aveyron) et Saint Etienne de Tinée (Alpes Maritimes) – thèse de doctorat de l'Ecole des mines de Paris.

[107] Voight B. (1988) – Materials science law applies to time forecasts of slope failure – 5ème Symposium International sur les glissements de terrain, Lausanne.

[108] Winxiu L. I. (1987) – Fuzzy probability analysis for displacement of rock mass – science sinica. Series B. vol. 30, p. 1109-1120.

[109] Young D. S. (1993) – Probabilistic slope analysis for structural failure – International journal of rock mechanics, mining sciences and geomechanics abstracts. Vol. 30, p. 1623-1629.

[110] Zettler A., Poisel R., Lakovits D., Kastner W. (1998) – Control system for tunnel boring machines (TBM): A first investigation towards a hyprid control system – International Journal of Rock Mechanical and Mining Science, vol. 35, n°4-5.

[111] Zienkiewicz O.C., Taylor R.L. (2000) – The finite element method – Fifth edition, Butterworth-Heinemann.

ANNEXES

ANNEXE A

Quelques données du suivi topographique

Tableau 1 : Les coordonnées des repères topographiques mobiles.

N°	X[m] T4	Y[m]T4	Z[m]T4	PROFIL
1	616963,571	4048152,663	962,93	A1
2	616949,667	4048130,412	952,622	A2
3	616940,571	4048115,409	945,418	A3
4	616933,724	4048103,44	944,907	A4
5	616918,731	4048079,38	931,42	A5
6	616884,98	4048023,514	905,683	A6
7	616857,659	4047978,467	883,364	A7
8	616816,648	4047909,873	853,323	A8
9	616768,439	4047831,848	818,735	A9
10	617041,017	4048121,893	972,294	B1
11	617022,164	4048095,317	955,849	B2
12	617011,736	4048075,334	955,014	B3
13	617004,175	4048066,617	946,202	B4
14	616996,962	4048055,677	946,122	B5
15	616977,433	4048024,214	931,226	B6
16	616926,394	4047943,827	884,088	B7
17	616903,827	4047908,81	864,149	B8
18	616847,928	4047828,001	809,217	B9
19	616807,366	4047756,747	776,741	B10
20	617132,86	4048075,291	957,9	C1
21	617107,303	4048044,609	962,057	C2
22	617093,238	4048028,946	955,102	C3
23	617084,688	4048018,889	948,032	C4
24	617077,822	4048010,667	947,527	C5

25	617067,756	4047999,953	939,245	C6
26	617051,437	4047980,23	937,377	C7
27	617041,019	4047968,286	930,943	C8
28	617034,801	4047960,189	928,853	C9
29	617008,939	4047932,393	909,214	C10
30	616971,11	4047889,301	875,075	C11
31	616913,805	4047821,32	832,423	C12
32	616810,274	4047703,455	747,403	C13
33	617169,743	4048000,587	959,314	D1
34	617147,045	4047981,375	959,77	D2
35	617138,619	4047973,229	950,13	D3
36	617134,503	4047969,804	947,588	D4
37	617128,366	4047963,827	947,496	D5
38	617114,01	4047952,913	941,306	D6
39	617094,423	4047934,969	939,385	D7
40	617081,484	4047923,507	929,32	D8
41	617013,746	4047864,018	888,818	D9
42	616948,998	4047807,613	847,343	D10
43	616885,974	4047751,27	795,953	D11
44	616776,107	4047655,9	748,362	D12
45	617250,065	4047943,729	970,865	E1
46	617232,664	4047931,93	964,459	E2
47	617216,116	4047920,613	962,888	E3
48	617207,132	4047914,504	963,089	E4
49	617195,62	4047907,251	953,551	E5
50	617188,597	4047901,858	953,257	E6
51	617175,694	4047892,89	947,124	E7
52	617150,442	4047875,887	943,302	E8
53	617084,789	4047831,502	910,207	E9
54	617032,712	4047795,528	884,665	E10
55	616950,42	4047739,211	828,899	E11
56	616883,902	4047691,942	792,346	E12
57	616756,371	4047618,385	730,534	E13
58	617051,679	4047504,272	869,836	Y1
59	616922,314	4047693,689	815,357	Y10
60	616952,48	4047634,111	814,439	Y10A

61	617055,948	4047747,636	885,853	Y12
62	617105,893	4047751,131	906,026	Y13
63	617105,729	4047767,528	906,745	Y14
64	617126,581	4047786,665	916,682	Y17
65	617134,009	4047775,556	919,988	Y18
66	617138,293	4047768,173	921,126	Y19
67	617084,576	4047613,942	890,714	Y2
68	617129,604	4047699,536	906,212	Y21
69	617164,079	4047796,578	937,128	Y22
70	617151,133	4047814,052	936,184	Y23
71	616958,057	4047767,325	843,448	Y26
72	617024,815	4047820,813	885,984	Y27
73	616999,184	4047875,162	889,573	Y28
74	616971,995	4047861,134	878,533	Y29
75	617102	4047723,955	903,345	Y3
76	616945,994	4047914,268	874,036	Y30
77	616826,029	4047820,598	808,514	Y31
78	616905,36	4047976,58	893,408	Y32
79	616865,47	4048083,008	916,232	Y34
80	616945,265	4047529,666	805,472	Y4
81	616867,74	4047536,38	768,587	Y5
82	617049,499	4047580,929	868,545	Y6
83	617041,27	4047639,821	859,503	Y7
84	617018,679	4047667,466	849,958	Y8
85	617080,385	4047835,389	907,341	Y98
86	617084,604	4047921,148	928,52	Y99
87	617088,406	4047694,083	889,201	Z11
88	617095,715	4047810,673	911,655	Z15
89	617102,482	4047816,552	911,842	Z16
90	617180,552	4047725,496	925,477	Z20
91	617204,649	4047812,518	949,595	Z24
92	617171,271	4047843,919	948,413	Z25
93	616818,347	4047964,793	866,866	Z33
94	616815,692	4048136,425	924,879	Z35
95	616869,119	4048113,694	928,845	Z36
96	616861,596	4048136,238	937,229	Z37

97	616867,846	4048149,655	943,806	Z38
98	616948,115	4048085,937	945,104	Z39
99	616964,01	4048075,202	945,944	Z40
100	616960,609	4048044,684	931,176	Z41
101	616920,745	4048134,431	945,512	Z42
102	616957,116	4048103,052	945,799	Z43
103	616976,25	4048087,059	945,641	Z44
104	616915,296	4048083,071	932,871	Z45
105	617025,437	4048056,498	946,286	Z46
106	617013,196	4048048,011	945,762	Z47
107	617054,501	4048027,33	946,576	Z48
108	617044,22	4048017,178	937,707	Z49
109	617017,352	4047988,029	931,003	Z50
110	617024,472	4047971,178	929,798	Z51
111	617064,771	4048033,062	946,975	Z52
112	617069,308	4048028,751	947,218	Z53
113	617077,713	4048038,969	954,752	Z54
114	617071,208	4047963,427	939,106	Z55
115	617083,831	4047993,184	941,583	Z56
116	617089,56	4047999,404	948,184	Z57
117	617108,438	4047968,852	941,465	Z58
118	617116,657	4047975,88	947,987	Z59
119	617128,276	4047982,016	948,682	Z60
120	617136,493	4047989,791	956,096	Z61
121	617108,672	4047920,668	940,721	Z62
122	617124,061	4047876,765	928,951	Z63
123	617140,517	4047887,454	943,194	Z64
124	617131,194	4047919,695	940,971	Z67
125	617128,795	4047923,778	940,972	Z68
126	617146,712	4047927,048	947,206	Z69
127	617143,635	4047932,175	947,382	Z70
128	617158,034	4047934,633	947,411	Z71
129	617169,659	4047912,716	947,369	Z73
130	617185,134	4047930,226	955,295	Z74
131	617193,021	4047931,902	955,502	Z75
132	617192,465	4047945,052	956,955	Z76

133	617195,503	4047921,897	954,803	Z77
134	617177,119	4047863,162	948,03	Z78
135	617193,599	4047863,476	951,948	Z79
136	617200,203	4047874,175	952,246	Z80
137	617210,965	4047879,675	965,176	Z81
138	617205,982	4047853,119	951,454	Z82
139	617201,26	4047841,057	950,359	Z83
140	617216,55	4047831,366	950,476	Z84
141	616920,704	4048115,91	945,046	Z85
142	616928,564	4048108,835	945,155	Z86
143	616871,593	4048163,153	944,137	Z87
144	616934,082	4048139,565	952,195	Z88
145	616972,889	4048139,623	962,916	Z89
146	617000,057	4047685,483	855,262	Z9
147	616965,614	4048114,264	952,026	Z90
148	616998,699	4048104,085	955,841	Z91
149	617035,807	4048088,166	955,88	Z92
150	617038,004	4048066,286	953,794	Z93
151	617106,755	4048018,127	955,507	Z94
152	617149,185	4047952,618	947,52	Z95
153	617163,384	4047747,33	924,242	Z96
154	617209,705	4047799,552	950,838	Z97
155	617165,435	4047892,11	946,754	Z66

Tableau 2 : Les déplacements observés entre octobre et décembre 2009.

N°	DEP X	DEP Y	DEP Z	PROFIL
1	-0,02	-0,002	-0,03	A1
2	-0,023	0,006	-0,042	A2
3	-0,056	-0,05	-0,006	A3
4	-0,048	-0,043	-0,003	A4
5	0,073	0,056	0,012	A5
6	0,1	0,053	-0,047	A6
7	-0,077	0,07	-0,141	A7
8	-0,036	-0,054	-0,1	A8
9	0,005	-0,115	-0,099	A9
10	-0,006	0,016	-0,01	B1
11	-0,026	0,03	-0,027	B2
12	-0,009	0,017	-0,025	B3
13	-0,113	-0,022	-0,017	B4
14	-0,074	-0,021	-0,001	B5
15	0,052	0,071	-0,005	B6
16	-0,047	0,037	-0,065	B7
17	-0,023	0,058	-0,045	B8
18	-0,049	0,032	-0,085	B9
19	0,161	-0,102	0,749	B10
20	-0,025	0,072	-0,039	C1
21	-0,009	0	0,004	C2
22	0,054	0,051	-0,001	C3
23	-0,063	0,03	-0,002	C4
24	-0,045	0,007	0,013	C5
25	0,014	0,084	-0,012	C6
26	0,051	0,071	-0,023	C7
27	0,106	0,134	-0,017	C8
28	0,078	0,145	-0,02	C9
29	-0,037	0,039	-0,053	C10
30	-0,002	0,047	-0,045	C11
31	0,011	0,068	-0,019	C12
32	0,134	-0,102	-0,144	C13
33	0,006	0,009	-0,032	D1
34	0,017	0,021	-0,029	D2
35	-0,014	0,008	0,033	D3
36	-0,048	0,007	0,015	D4
37	-0,035	0,007	0,027	D5
38	0,036	0,043	0,04	D6
39	0,043	0,037	0,009	D7

40	0,097	0,044	0,009	D8
41	0,007	0,094	-0,031	D9
42	-0,019	0,081	-0,044	D10
43	-0,021	4,383	-0,239	D11
44	0,181	-0,067	-0,048	D12
45	0,001	0,003	-0,004	E1
46	-0,015	0,009	-0,002	E2
47	-0,014	0,019	-0,002	E3
48	-0,011	0,007	0,032	E4
49	-0,04	0,019	0,123	E5
50	-0,006	0,032	0,077	E6
51	-0,031	0,068	-0,002	E7
52	0,006	0,041	-0,007	E8
53	0,051	0,05	-0,009	E9
54	0,027	0,043	-0,023	E10
55	-0,023	0,044	-0,061	E11
56	-0,152	-0,018	-0,179	E12
57	0,247	-0,198	-0,199	E13
58	0,064	-0,015	-0,063	Y1
59	0,133	0,046	0,022	Y10
60	0,107	0,049	0,026	Y10A
61	0,035	0,053	-0,021	Y12
62	-0,02	0,03	-0,096	Y13
63	0,031	0,032	-0,057	Y14
64	0,038	0,04	-0,032	Y17
65	-0,056	0,023	-0,074	Y18
66	-0,018	0,005	-0,088	Y19
67	0,044	0,026	-0,043	Y2
68	0,021	0,04	-0,045	Y21
69	-0,029	-0,057	-0,06	Y22
70	0,044	0,063	0,016	Y23
71	0,033	0,068	-0,06	Y26
72	0,021	0,084	-0,024	Y27
73	0,018	0,061	-0,036	Y28
74	0,012	0,09	-0,044	Y29
75	-0,017	0,033	-0,137	Y3
76	-0,014	0,085	-0,043	Y30
77	-0,043	-0,037	-0,098	Y31
78	-0,007	0,048	-0,109	Y32
79	0,074	0,07	-0,042	Y34
80	0,131	-0,103	0,29	Y4
81	-0,03	-0,002	-0,148	Y5

82	0,09	-0,048	-0,074	Y6
83	0,048	0,009	-0,084	Y7
84	0,159	0,036	-0,02	Y8
85	0,045	0,056	-0,007	Y98
86	0,059	0,06	0,013	Y99
87	0,028	0,022	-0,048	Z11
88	0,047	0,05	0,005	Z15
89	0,036	0,063	0,011	Z16
90	-0,046	-0,011	-0,087	Z20
91	0,038	0,002	-0,038	Z24
92	0,028	0,019	-0,022	Z25
93	-0,296	0,119	-0,121	Z33
94	-0,073	-0,072	-0,019	Z35
95	-0,034	-0,045	-0,015	Z36
96	-0,05	-0,076	0	Z37
97	-0,078	-0,036	-0,002	Z38
98	-0,05	-0,019	0,002	Z39
99	-0,067	-0,052	0,001	Z40
100	0,04	0,063	0,018	Z41
101	-0,028	-0,029	0	Z42
102	-0,051	-0,045	-0,012	Z43
103	-0,057	-0,034	-0,004	Z44
104	0,044	0,056	-0,009	Z45
105	-0,098	0,008	0,005	Z46
106	-0,093	-0,016	-0,026	Z47
107	-0,085	0,012	0,015	Z48
108	0,091	0,08	0,005	Z49
109	0,104	0,157	0,002	Z50
110	0,069	0,176	0,007	Z51
111	-0,089	0,044	0,012	Z52
112	-2,419	3,271	-0,154	Z53
113	0,043	0,037	-0,004	Z54
114	0,025	0,104	-0,008	Z55
115	0,12	0,001	0,018	Z56
116	0,001	-0,001	0,006	Z57
117	0,046	0,047	-0,006	Z58
118	-0,053	0,032	0,038	Z59
119	-0,067	0,044	-0,012	Z60
120	0,347	0,026	-0,051	Z61
121	0,032	0,037	0,009	Z62
122	0,067	0,071	0,027	Z63
123	-0,06	0,086	0,047	Z64

124	0,031	0,032	0,043	Z67
125	0,04	0,018	0,038	Z68
126	0,001	0,047	0,051	Z69
127	-0,002	0,039	0,034	Z70
128	-0,05	0,078	0,02	Z71
129	-0,019	0,086	0,022	Z73
130	0,004	0,005	-0,022	Z74
131	0,01	0,022	-0,009	Z75
132	-0,017	0,011	-0,021	Z76
133	0,006	0,004	-0,001	Z77
134	0,038	0,004	-0,004	Z78
135	0,013	0,086	-0,088	Z79
136	0,012	0,018	-0,031	Z80
137	-0,021	0,002	0,02	Z81
138	-0,003	-0,006	-0,032	Z82
139	0,062	0,098	-0,034	Z83
140	-0,012	-0,015	-0,044	Z84
141	-0,026	-0,075	0,001	Z85
142	-0,051	-0,043	-0,016	Z86
143	-0,064	-0,036	-0,001	Z87
144	-0,02	0,004	-0,035	Z88
145	0,006	0,004	-0,024	Z89
146	0,083	0,057	-0,035	Z9
147	-0,004	0,018	-0,043	Z90
148	-0,007	0,007	-0,017	Z91
149	0,001	0,016	-0,013	Z92
150	-0,01	0,015	-0,006	Z93
151	0,057	0,034	-0,006	Z94
152	-0,039	0,069	0,018	Z95
153	-0,015	0,018	-0,107	Z96
154	0,057	-0,041	-0,04	Z97
155	0,063	0,015	0,035	Z66
156	0	0	0	Z65

Tableau 3 : Les déplacements observés entre décembre 2009 et février 2010.

N°	DEP X	DEP Y	DEP Z	PROFIL
1	0,044	-0,035	-0,001	A1
2	0,047	-0,034	-0,003	A2
3	-0,006	-0,06	0,001	A3
4	0,019	-0,09	0	A4
5	-0,01	0,08	-0,017	A5
6	-0,038	0,124	-0,011	A6
7	0,006	-0,002	0,032	A7
8	0,019	-0,043	0,02	A8
9	0,032	-0,033	0,029	A9
10	0,052	-0,017	-0,009	B1
11	0,048	-0,024	-0,001	B2
12	0,057	-0,005	0,012	B3
13	0,044	-0,036	-0,002	B4
14	0,02	-0,021	-0,005	B5
15	0,003	0,081	-0,003	B6
16	0,016	0,012	0,032	B7
17	0,044	0,069	0,075	B8
18	-0,067	-0,01	0,026	B9
19	-0,495	0,418	0,54	B10
20	0,003	-0,033	0,006	C1
21	0,046	-0,018	0	C2
22	0,021	-0,043	-0,01	C3
23	-0,001	-0,011	-0,009	C4
24	0,01	-0,015	0,007	C5
25	0,045	0,005	0,009	C6
26	0,034	0,037	0,013	C7
27	0,038	0,062	0,034	C8
28	0,035	0,056	0,026	C9
29	0,039	0,055	0,04	C10
30	0,173	0,092	0,108	C11
31	0,202	0,115	0,084	C12
32	-0,023	-0,019	0,038	C13
33	0,012	-0,003	-0,011	D1
34	-0,008	0,001	-0,018	D2
35	0,021	-0,076	0,014	D3
36	0,045	-0,084	0,014	D4
37	0,021	-0,079	0,016	D5
38	0,031	0,035	0,004	D6
39	0,089	0,071	0,096	D7

40	0,096	0,078	0,079	D8
41	0,173	0,092	0,124	D9
42	0,198	0,116	0,089	D10
43	-0,16	-5,584	0,228	D11
44	-0,035	-0,059	0,017	D12
45	0,002	0,003	-0,005	E1
46	0,008	0,003	0,001	E2
47	0,02	0,009	0,022	E3
48	-0,003	-0,009	0,007	E4
49	0,046	-0,004	0,011	E5
50	0,036	-0,004	0,036	E6
51	0,058	-0,104	-0,058	E7
52	0,15	0,037	0,145	E8
53	0,183	0,093	0,123	E9
54	0,188	0,094	0,109	E10
55	0,187	0,108	0,094	E11
56	0,066	0,065	0,063	E12
57	-0,007	-0,056	0,017	E13
58	0,057	0,012	0,007	Y1
59	0,006	0,118	0,084	Y10
60	0,036	0,113	0,111	Y10A
61	0,172	0,093	0,104	Y12
62	0,045	0,026	0,005	Y13
63	0,145	0,053	0,088	Y14
64	0,182	0,06	0,106	Y17
65	0,003	0,023	0,007	Y18
66	0,025	0,022	0,003	Y19
67	0,039	0,017	-0,008	Y2
68	0,021	0,018	-0,004	Y21
69	0,031	0,038	0,005	Y22
70	0,187	0,12	0,186	Y23
71	0,184	0,107	0,105	Y26
72	0,192	0,085	0,114	Y27
73	0,165	0,094	0,117	Y28
74	0,169	0,086	0,103	Y29
75	0,022	0,029	0,01	Y3
76	0,091	0,11	0,078	Y30
77	-0,047	-0,026	0,004	Y31
78	0,009	0,006	0,026	Y32
79	0,001	0,152	-0,02	Y34
80	0	0,013	0,035	Y4
81	-0,036	-0,031	0,06	Y5

82	0,043	0,009	0,017	Y6
83	-0,076	0,076	0,022	Y7
84	0,151	0,24	0,132	Y8
85	0,18	0,089	0,118	Y98
86	0,124	0,074	0,066	Y99
87	0,027	0,018	0,002	Z11
88	0,181	0,085	0,12	Z15
89	0,169	0,085	0,131	Z16
90	0,019	0,011	-0,002	Z20
91	0,011	0,004	0,001	Z24
92	0,024	0,004	0,01	Z25
93	-0,12	-0,037	0,031	Z33
94	-0,002	-0,156	-0,006	Z35
95	0,005	-0,12	-0,005	Z36
96	-0,006	-0,126	-0,009	Z37
97	-0,018	-0,14	-0,061	Z38
98	0,031	-0,075	-0,009	Z39
99	0,038	-0,064	-0,01	Z40
100	0,001	0,107	-0,002	Z41
101	-0,029	-0,083	-0,009	Z42
102	0,023	-0,066	-0,007	Z43
103	0,021	-0,065	0,002	Z44
104	0,003	0,086	-0,011	Z45
105	0,017	-0,046	0,004	Z46
106	0,025	-0,037	0,009	Z47
107	-0,001	0,014	0,004	Z48
108	0,013	0,05	-0,009	Z49
109	0,042	0,066	0	Z50
110	0,056	0,05	0,009	Z51
111	-0,014	-0,023	0,023	Z52
112	-0,023	0,013	0,012	Z53
113	-0,003	-0,02	0,014	Z54
114	0,051	0,013	0,012	Z55
115	0,002	0,078	-0,001	Z56
116	0,014	-0,009	-0,001	Z57
117	0,058	0,021	0,012	Z58
118	0,05	-0,1	0,012	Z59
119	0,025	-0,088	0,001	Z60
120	-0,276	0,013	0,002	Z61
121	0,045	0,05	0,073	Z62
122	0,168	0,11	0,132	Z63
123	0,158	0,036	0,143	Z64

124	0,103	0,059	0,074	Z67
125	0,084	0,072	0,074	Z68
126	0,081	-0,042	0,042	Z69
127	0,057	-0,06	0,005	Z70
128	0,068	-0,078	0,003	Z71
129	0,093	-0,057	0,01	Z73
130	0,022	0,008	0,009	Z74
131	0,014	0,004	0,004	Z75
132	0,01	0,001	-0,005	Z76
133	-0,022	0,004	0,02	Z77
134	0,054	-0,017	0,024	Z78
135	0,078	-0,043	0,093	Z79
136	0,007	0,004	0,012	Z80
137	0	-0,007	0,008	Z81
138	0,007	0,01	0,008	Z82
139	0,002	-0,051	0,019	Z83
140	0,057	-0,039	0,014	Z84
141	0,02	-0,092	-0,004	Z85
142	0,02	-0,092	0,004	Z86
143	-0,02	-0,119	0,009	Z87
144	0,042	-0,028	0	Z88
145	0,021	-0,024	0,005	Z89
146	0,054	0,12	0,104	Z9
147	0,057	-0,032	0,004	Z90
148	0,04	-0,032	0,003	Z91
149	0,049	-0,046	-0,017	Z92
150	0,06	-0,018	0,007	Z93
151	0,038	-0,053	-0,004	Z94
152	0,066	-0,08	0	Z95
153	0,021	0,02	0,005	Z96
154	0,018	0,009	0,045	Z97
155	0,125	0,033	0,126	Z66
156	0	0	0	Z65

Tableau 4 : Les déplacements observés entre avril et mai 2011.

N°	DEP X [m]	DEP Y [m]	DEP Z [m]	PROFIL
1	-0,0350	-0,0538	0,0050	A1
2	-0,0237	-0,0565	0,0010	A2
3	-0,0334	-0,0573	-0,0080	A3
4	-0,0287	-0,0606	-0,0060	A4
5	-0,0216	-0,0658	-0,0110	A5
6	-0,0038	-0,0776	-0,0200	A6
7	-0,0158	-0,0596	-0,0010	A7
8	0,0101	-0,0847	0,0030	A8
9	0,0270	-0,0969	0,0080	A9
10	-0,0511	-0,0313	0,0050	B1
11	-0,0320	-0,0411	-0,0030	B2
12	-0,0291	-0,0385	-0,0020	B3
13	-0,0219	-0,0480	-0,0070	B4
14	-0,0143	-0,0414	-0,0010	B5
15	-0,0048	-0,0533	-0,0120	B6
16	-0,0033	-0,0714	0,0070	B7
17	0,0148	-0,0640	0,0180	B8
18	0,0258	-0,0926	0,0110	B9
19	0,0379	-0,0774	-0,0060	B10
20	-0,0315	-0,0209	0,0090	C1
21	-0,0145	-0,0278	0,0010	C2
22	-0,0227	-0,0151	0,0100	C3
23	-0,0115	-0,0303	0,0090	C4
24	-0,0108	-0,0301	0,0060	C5
25	-0,0067	-0,0358	0,0000	C6
26	-0,0007	-0,0363	0,0000	C7
27	0,0000	0,0000	0,0000	C8
28	0,0000	0,0000	0,0000	C9
29	0,0049	-0,0441	0,0120	C10
30	0,0028	-0,0385	0,0080	C11
31	0,0018	-0,0576	0,0150	C12
32	0,0447	-0,0749	-0,0040	C13
33	-0,0206	-0,0078	0,0050	D1
34	-0,0196	-0,0111	0,0050	D2
35	-0,0163	-0,0333	-0,0320	D3
36	-0,0090	-0,0165	-0,0070	D4
37	-0,0026	-0,0390	0,0050	D5
38	-0,0091	-0,0209	0,0070	D6
39	0,0000	0,0000	0,0000	D7

40	0,0000	0,0000	0,0000	D8
41	0,0040	-0,0510	0,0220	D9
42	0,0086	-0,0503	0,0150	D10
43	0,0442	-0,0698	0,0320	D11
44	0,0589	-0,0950	0,0210	D12
45	0,0060	0,0024	0,0100	E1
46	0,0006	0,0102	0,0120	E2
47	0,0116	0,0003	-0,0430	E3
48	0,0044	0,0028	0,0400	E4
49	0,0045	0,0026	0,0020	E5
50	0,0033	-0,0048	-0,0010	E6
51	-0,0127	-0,0048	0,0070	E7
52	0,0082	-0,0068	-0,0080	E8
53	0,0025	-0,0217	0,0080	E9
54	-0,0051	-0,0335	-0,0120	E10
55	0,0326	-0,0441	0,0280	E11
56	0,0178	-0,0628	0,0090	E12
57	0,0583	-0,1013	0,0010	E13
58	0,0719	-0,0242	0,0060	Y1
59	0,0455	-0,0650	0,0080	Y10
60	0,0287	-0,0519	0,0050	Y10A
61	0,0345	-0,0156	-0,0080	Y12
62	0,0367	-0,0144	0,0000	Y13
63	0,0265	-0,0269	-0,0040	Y14
64	0,0072	-0,0186	-0,0030	Y17
65	0,0010	-0,0220	0,0040	Y18
66	0,0346	-0,0141	0,0090	Y19
67	0,0543	-0,0266	0,0030	Y2
68	0,0458	-0,0222	0,0110	Y21
69	0,0150	-0,0158	-0,0020	Y22
70	0,0175	-0,0216	0,0190	Y23
71	0,0211	-0,0613	0,0330	Y26
72	0,0034	-0,0394	-0,0120	Y27
73	-0,0015	-0,0802	0,0280	Y28
74	0,0152	-0,0524	0,0230	Y29
75	0,0395	-0,0263	0,0040	Y3
76	-0,0141	-0,1008	0,0080	Y30
77	0,0286	-0,0861	0,0510	Y31
78	-0,0152	-0,0752	0,0100	Y32
79	-0,0253	-0,0679	-0,0180	Y34
80	0,0548	-0,0473	-0,0010	Y4
81	0,0000	0,0000	0,0000	Y5

82	0,0641	-0,0293	0,0140	Y6
83	0,0593	-0,0414	-0,0020	Y7
84	0,0455	-0,0302	0,0000	Y8
85	0,0203	-0,0335	0,0110	Y98
86	0,0000	0,0000	0,0000	Y99
87	0,0542	-0,0300	0,0090	Z11
88	0,0255	-0,0250	-0,0960	Z15
89	0,0212	-0,0221	0,0000	Z16
90	0,0316	-0,0395	0,0130	Z20
91	0,0284	-0,0111	-0,0020	Z24
92	0,0128	-0,0024	0,0010	Z25
93	-0,0121	-0,0906	0,0090	Z33
94	-0,0385	-0,0910	-0,0120	Z35
95	-0,0250	-0,0676	-0,0110	Z36
96	-0,0257	-0,0776	-0,0140	Z37
97	-0,0257	-0,0762	-0,0120	Z38
98	-0,0216	-0,0521	-0,0080	Z39
99	-0,0280	-0,0557	-0,0230	Z40
100	-0,0153	-0,0473	-0,0210	Z41
101	-0,0264	-0,0588	-0,0060	Z42
102	-0,0337	-0,0606	0,0000	Z43
103	-0,0319	-0,0634	-0,0090	Z44
104	-0,0150	-0,0802	-0,0160	Z45
105	-0,0380	-0,0363	0,0010	Z46
106	-0,0139	-0,0377	0,0000	Z47
107	-0,0222	-0,0337	0,0150	Z48
108	-0,0131	-0,0350	-0,0020	Z49
109	-0,0021	-0,0508	-0,0020	Z50
110	-0,0006	-0,0362	0,0010	Z51
111	-0,0211	-0,0413	0,0070	Z52
112	-0,0240	-0,0545	0,0070	Z53
113	-0,0248	-0,0311	0,0110	Z54
114	0,0029	-0,0319	0,0060	Z55
115	-0,0110	-0,0377	0,0160	Z56
116	-0,0167	-0,0321	0,0100	Z57
117	-0,0032	-0,0291	0,0020	Z58
118	-0,0002	-0,0250	0,0050	Z59
119	-0,0005	-0,0325	0,0030	Z60
120	-0,0158	-0,0350	0,0060	Z61
121	0,0000	0,0000	0,0000	Z62
122	0,0086	-0,0342	-0,0050	Z63
123	0,0083	-0,0193	0,0000	Z64

124	-0,0172	-0,0248	0,0030	Z67
125	-0,0087	-0,0324	0,0070	Z68
126	-0,0126	-0,0205	0,0050	Z69
127	-0,0129	-0,0209	0,0110	Z70
128	-0,0480	0,0518	-0,0030	Z71
129	-0,0319	-0,0226	-0,0030	Z73
130	-0,0052	-0,0064	0,0030	Z74
131	0,0001	-0,0131	-0,0080	Z75
132	-0,0133	-0,0029	0,0100	Z76
133	0,0012	-0,0007	0,0000	Z77
134	0,0077	-0,0044	0,0000	Z78
135	0,0123	-0,0019	0,0030	Z79
136	0,0001	0,0046	-0,0060	Z80
137	-0,0004	-0,0025	0,0000	Z81
138	0,0086	-0,0004	-0,0040	Z82
139	0,0147	-0,0154	-0,0060	Z83
140	0,0300	-0,0160	0,0040	Z84
141	-0,0206	-0,0563	-0,0050	Z85
142	-0,0270	-0,0592	-0,0060	Z86
143	-0,0380	-0,0867	-0,0100	Z87
144	-0,0291	-0,0608	0,0060	Z88
145	-0,0424	-0,0538	0,0050	Z89
146	0,0333	-0,0617	-0,0020	Z9
147	-0,0314	-0,0635	0,0060	Z90
148	-0,0257	-0,0455	-0,0010	Z91
149	-0,0228	-0,0348	-0,0130	Z92
150	-0,0321	-0,0390	0,0050	Z93
151	-0,0077	-0,0236	0,0080	Z94
152	-0,0344	0,0600	0,0010	Z95
153	0,0441	-0,0080	0,0110	Z96
154	0,0281	-0,0320	0,0030	Z97
155	-0,0194	-0,0215	0,0010	Z66
156	-0,1241	0,0644	0,0070	Z65
157	-0,0134	0,0273	0,0000	Z72

ANNEXE B

Présentation des étapes principales de la réalisation du SIG

L'utilisation des systèmes d'informations géographiques permet d'associer une base de données à une carte muette (carte d'état majore, photographie aérienne, photo satellite,...) ainsi que d'interroger les cartes et de modifier les informations en fonction des données récentes en intégrant toutes les informations nouvelles dans la base de donnée initiale. Ce système est considéré comme étant un système d'aide à la décision, ceci en effectuant des analyses thématiques qui permettent de localiser et de mieux cerner le problème étudié. La réalisation du SIG nécessite l'exécution d'un certain nombre de commandes sous le logiciel MapInfo :

1. Les commandes nécessaires pour le calage des cartes

Pour caler une carte il faut agir comme suit :

a. Ouvrir une image Raster sous le logiciel MapInfo :

Pour ouvrir un fichier de type Image Raster sous le logiciel MapInfo, il faut exécuter les commandes suivantes : *Fichier > Ouvrir Table*. Une boite de dialogue s'affiche sur l'écran (Fig. 1), on choisit le type de fichier dans le menu déroulant (*Fichier de Type > Raster Image :* *.bil ;* *.tif ;* *.grc ;* *.bmp ;* *.gif ;* *.tga ;* *.jpg ;* *.pcx ;*) et on ouvre la table.

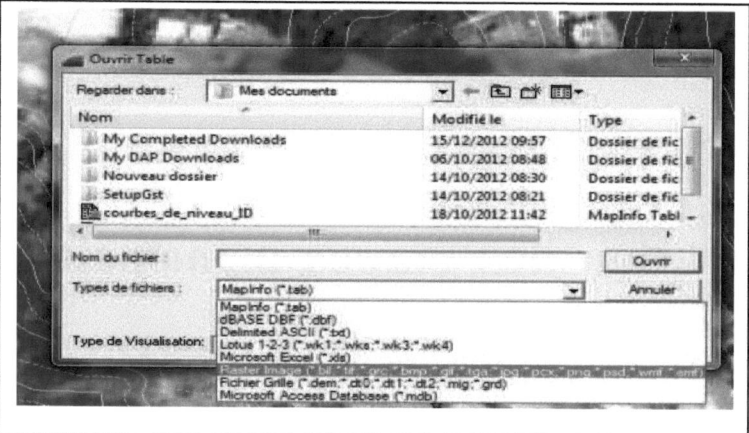

Fig.1. Ouverture d'une image Raster sous MapInfo.

b. Définition du type de projection (à l'aide du bouton projection)

Le choix du type de projection est très important pour assurer un bon calage des cartes. Le système de projection Universal Transverse Mercator (UTM), créé pour éviter les problèmes de convergence entre les degrés et le mètre, est utilisé dans ce système d'information géographique (les cartes et les levés topographiques sont établis en UTM). Ce système se base sur une décomposition du globe terrestre en soixante (60) fuseaux de 6° chacun (numérotés de 01 à 60) et vingt (20) bandes de 8° chacune (les bandes sont identifiées par des lettres (Fig.2)). L'Algérie est localisée entre les fuseaux 29 et 32 et dans les bandes Q, R, S. Le SIG est réalisé pour la ville d'Ain El Hammam qui est localisée au nord de l'Algérie (Fig.2). Cette ville se trouve dans le fuseau 31 et la bande S. Le type de projection est défini sous le logiciel MapInfo en suivant les commandes suivantes : *Table > Image Raster > Modifier Calage*. Une fenêtre s'affiche sur l'écran (Fig.3). Il faut alors cliquer sur le bouton *Unité* et choisir l'unité adéquate (dans ce cas il s'agit du mètre). Une fois les unités définies, il faut cliquer sur le bouton *Projection*. Une boite de dialogue s'affiche sur l'écran (Fig.4) ; on choisit :

- La catégorie de la projection : Universal Transverse Mercator (WGS84).
- La projection: UTM Zone 31, Northern Hemisphere (WGS84).

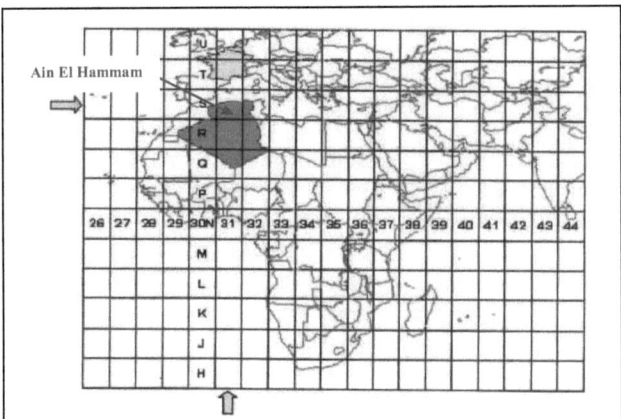

Fig.2. Aperçue de la position de la région d'Ain El Hammam selon la projection UTM
(HAMMOUM et al., 2010).

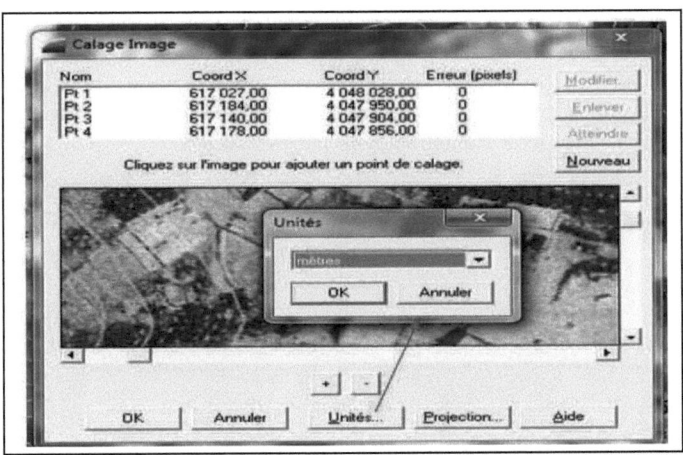

Fig.3. Désignation des unités sous MapInfo.

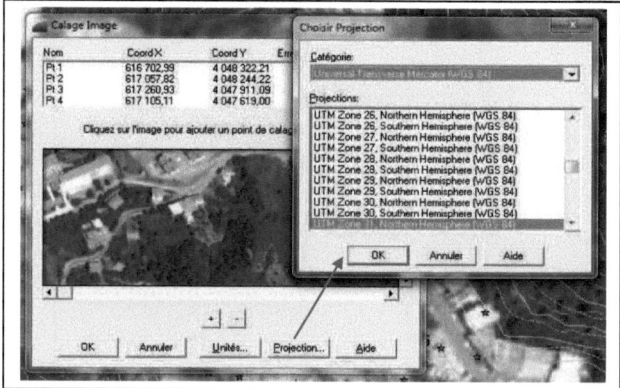

Fig.4. Désignation du système de projection.

c. Indication des coordonnées des points de calage.

Après la définition des unités et du système de projection, il faut introduire les coordonnées des points de calage. Pour ce faire, il faut suivre les étapes suivantes :

- Supprimer les points de calage donnés par défaut ;
- Cliquer au niveau du point de calage sur la carte en utilisant le curseur ;
- Entrer les coordonnées X et Y du point dans la fenêtre calage (Fig.5) ;

Il faut refaire la même procédure jusqu'à la désignation de tous les points de calage. Une fois tous ces points indiqués, on clique sur le bouton *OK* et on enregistre la table.

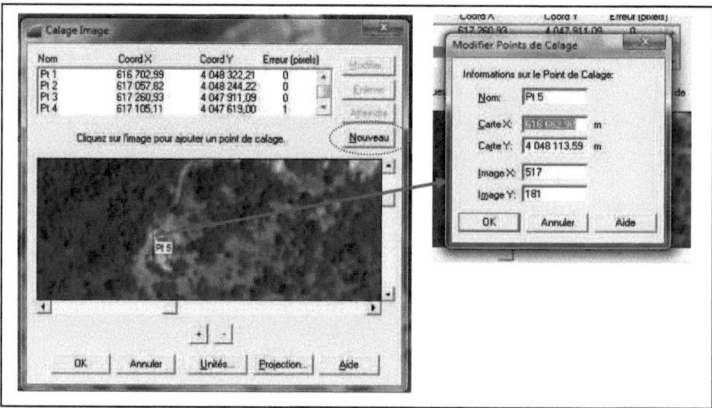

Fig.5. Procédure d'indication des points de calage.

2. La réalisation d'une couche vectorielle

La réalisation d'une couche vectorielle sous le logiciel MapInfo nécessite l'exécution des commandes suivantes :

- La commande *contrôle des couches* du menu général (Fig.6. a) ;

- Rendre la couche de dessin modifiable (cocher sur la case *modifiable* de la Figure 6. b) ;

- Choisir le type et les caractéristiques des éléments à utiliser dans le menu de dessin (Fig.6. c) ;

- Dessiner les éléments de la couche sur le fond cartographique ;

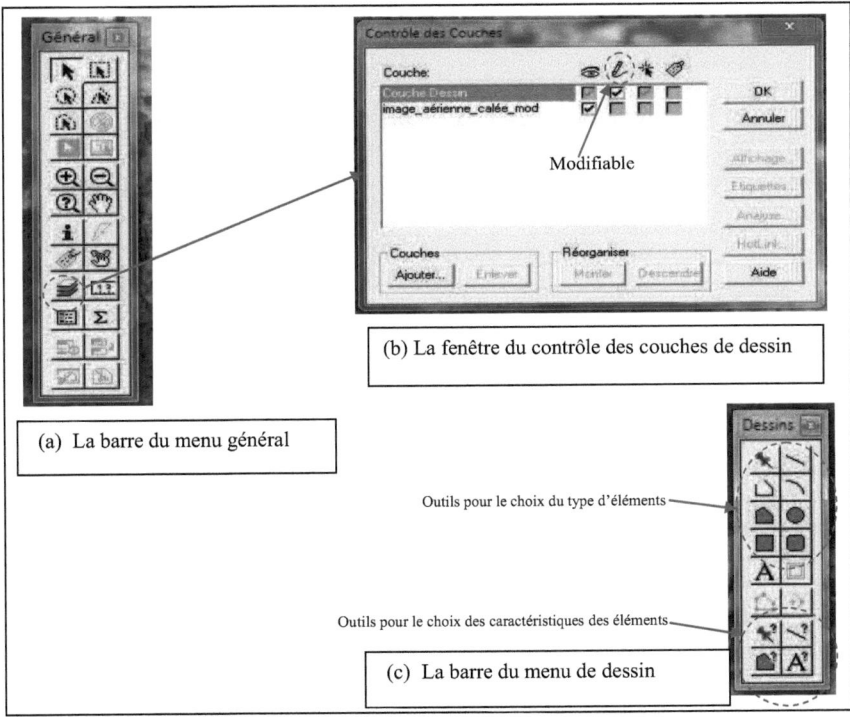

(b) La fenêtre du contrôle des couches de dessin

(a) La barre du menu général

Outils pour le choix du type d'éléments

Outils pour le choix des caractéristiques des éléments

(c) La barre du menu de dessin

Fig.6. Présentation des commandes nécessaires à la réalisation d'une couche vectorielle.

Annexes

3. La réalisation d'une base de données

La réalisation d'une base de données sous le logiciel MapInfo consiste à :

- Créer les champs de données sous MapInfo en exécutant les commandes suivantes : *Table>Gestion des Tables>Modifier structure.*

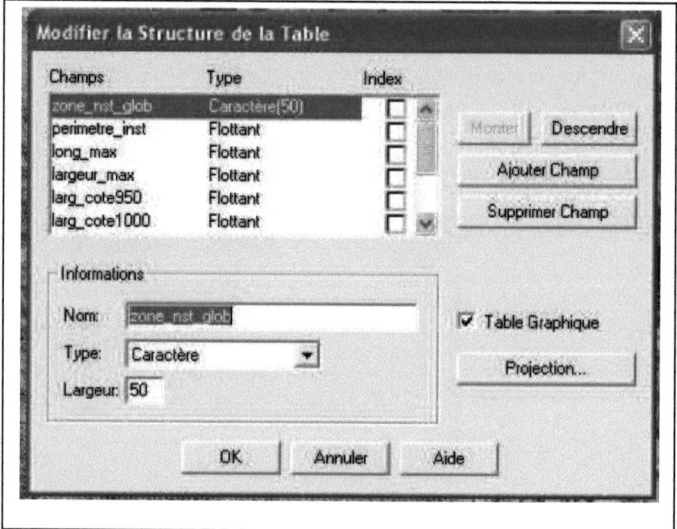

Fig.7. Création d'une base de données sous le logiciel MapInfo.

- Importer le fichier Excel qui contient les valeurs des déplacements « déplacement T_iT_j » en exécutant les commandes suivantes : *Fichier>Ouvrir Table>Choisir le type de table (Microsoft Excel)>Type de visualisation (Fenêtre carte courante)>Ouvrir le fichier.*
- Importer les données dans la base de données de MapInfo en exécutant les commandes : *Table>Mettre à jour colonne.* Il faut ensuite choisir la table à mettre à jour, la table où prendre les valeurs, la colonne à mettre à jour et la liaison (fig.8).

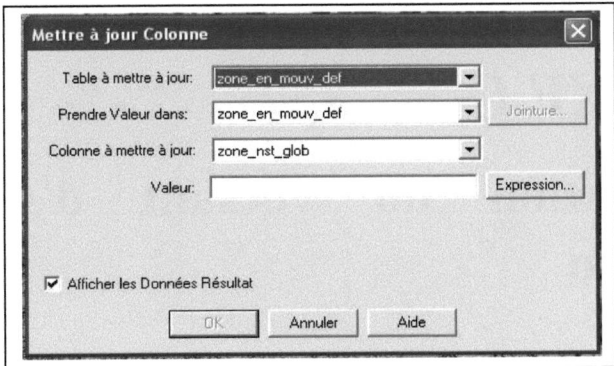

Fig.8. Mise à jour de la base de données.

4. La réalisation d'un semi d'un relevé topographique

La réalisation du semi de points topographiques consiste à exécuter les commandes suivantes : *Fichier > Ouvrir table > Choisir le type de fichier (Microsoft Excel) > Ouvrir le fichier « données topographiques »*. Un fichier attributaire est alors créé sous MapInfo et la table de données est affichée. Une boite de dialogue qui permet l'identification des coordonnées X et Y, le type de symbole et la nature de la projection à utiliser s'affiche en exécutant les commandes *Table > Créer points* du menu principal. Enfin, une fois tous les champs remplis, il faut cliquer sur *OK* et afficher le semi des points en exécutant les commandes *Fenêtre > Carte*.

ANNEXE C

Modélisation du versant d'Ain El Hammam

Une modélisation numérique par éléments finis du versant instable d'Ain El Hammam a été réalisée en utilisant le code de calcul PLAXIS 2D version 2011.

1. Les étapes de la modélisation du versant d'Ain El Hammam

La modélisation de la rupture progressive du versant d'Ain El Hammam nécessite plusieurs étapes importantes. Après avoir choisi le profil du modèle, il est nécessaire de l'introduire dans le logiciel d'éléments finis, de définir les conditions aux limites, les conditions hydriques, le maillage et le type des éléments finis.

1.2. Définition du profil du terrain sous PLAXIS 2D

Au début du programme Input, une boite de dialogue s'affiche ; elle permet d'ouvrir les projets existants ou de créer un nouveau projet. La fenêtre des réglages généraux s'affiche si la touche nouveau projet (New Project) est sélectionnée. Tous les paramètres de base du nouveau projet peuvent être décrits (le nom du projet, le type du modèle, le type d'éléments, la géométrie de la fenêtre, etc.). Pour le cas modélisé les champs suivants sont définis (voir la figure 1) :

- Nom du projet : AEH Glissement ;
- Le modèle : déformation plane (Plane Strain) ;
- Éléments : éléments triangulaires à 15 nœuds ;
- La géométrie de la fenêtre.

Le profil lithologique du glissement de terrain d'Ain El Hammam est défini à l'aide du sous-programme Input du code de calcul PLAXIS 2D version 2011. Ce programme permet la création et la gestion d'un modèle géométrique, à deux dimensions, composé de points, de lignes, etc. La définition du modèle géométrique du glissement d'Ain El Hammam est réalisée par une combinaison de points et de lignes (voir les coordonnées des points données dans le tableau 1). Les contours géométriques du versant sont dessinés en premier lieu, ensuite les limites des couches de sol sont définies. La barre d'outils du programme Input est faite de manière à guider l'utilisateur et

Annexes

à lui permettre de suivre les étapes de construction d'un modèle d'éléments finis (Fig.2) ; elle affiche également des messages d'erreur si des données nécessaires à l'analyse ne sont pas désignées. Le bon suivi des étapes de construction du modèle décrites dans le menu du sous-programme Input permet d'obtenir un modèle d'éléments finis cohérent (voir *PLAXIS, 2011 et BRINKGREVE R.B.J. et al., 2003*).

Tableau 1 : Les coordonnées des points du modèle

Nœud N°	x-coord.	y-coord.	Nœud N°	x-coord.	y-coord.
13	0,000	370,000	1191	64,341	399,294
1977	100,000	420,000	47929	845,000	39,000
2698	140,000	420,000	1339	79,845	406,362
4975	241,000	385,000	48191	845,000	48,000
32097	569,000	235,000	3521	164,189	392,235
48287	845,000	62,000	36363	622,698	184,182
46755	845,000	-30,000	55	0,000	369,000
9801	0,000	-30,000	1045	76,000	406,000
6341	249,000	365,000	5857	250,000	372,000
32635	562,000	220,000	22021	419,000	294,000
48276	845,000	53,000	32539	565,000	227,000
1797	91,763	416,568	41323	701,000	145,000
2035	118,050	406,500	45711	778,000	97,000
1481	99,000	412,000	48336	845,000	57,000
1093	94,000	412,000	1465	94,424	413,855
1065	86,000	409,000	1813	99,550	414,078
1005	72,000	403,000	2333	110,249	417,199
483	41,000	388,000	3181	141,900	414,747
155	12,000	374,000	2381	118,268	411,593
139	0,000	368,000	2921	137,002	407,387
48081	845,000	44,000	3511	156,501	402,799

Annexes

Nœud N°	x-coord.	y-coord.	Nœud N°	x-coord.	y-coord.
45387	768,192	98,325	**4385**	182,882	394,770
41577	696,843	140,428			

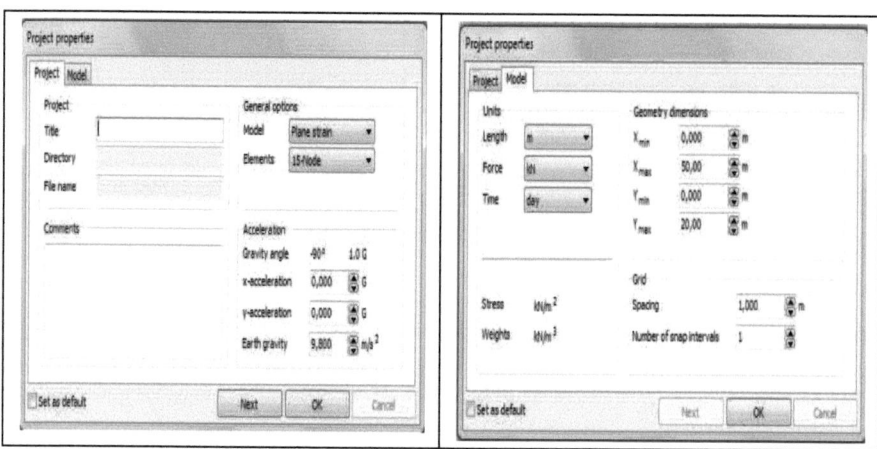

Fig.1. Fenêtre des réglages généraux (General settings).

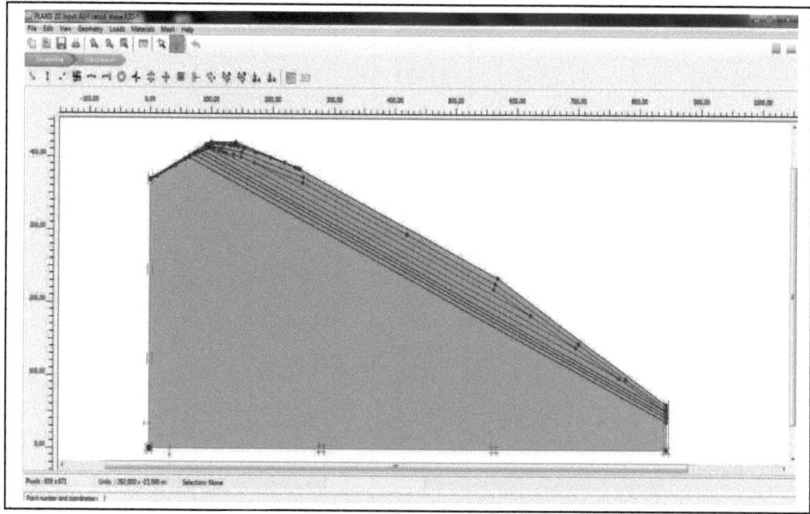

Fig.2. Vue générale du sous-programme Input du code PLAXIS 2D 2011.

2. Les résultats de la modélisation du versant d'Ain El Hammam

Le calcul du modèle d'éléments finis est réalisé à l'aide du sous-programme « calculations » du code de calcul PLAXIS 2D (fig.3)

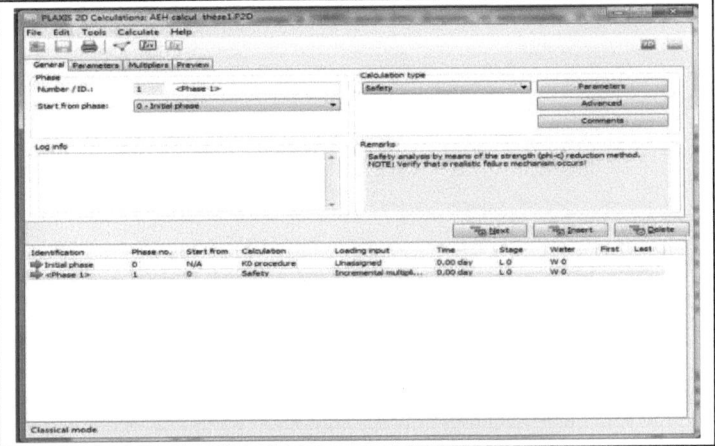

Fig.3. Présentation du sous-programme Calculations.

2.1. Les résultats de la modélisation de la rupture de 2009

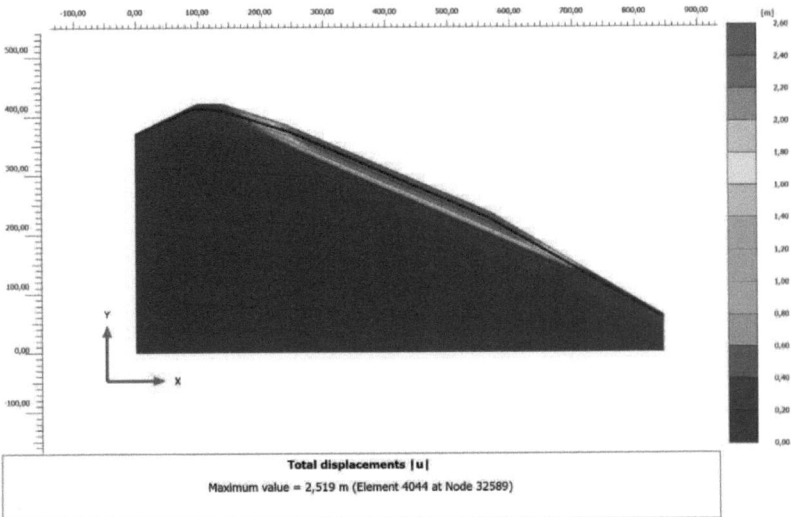

Fig.4. Le champ des déplacements totaux pour la rupture de 2009.

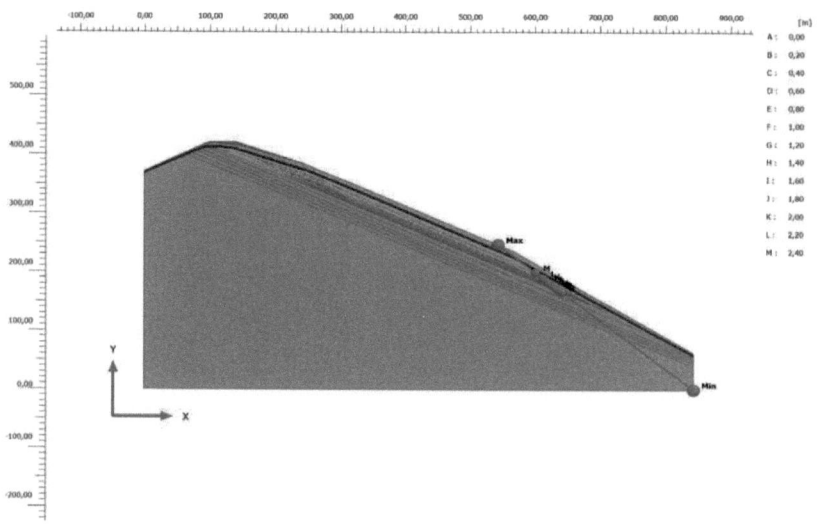

Fig.5. La propagation de la rupture pour la rupture de 2009.

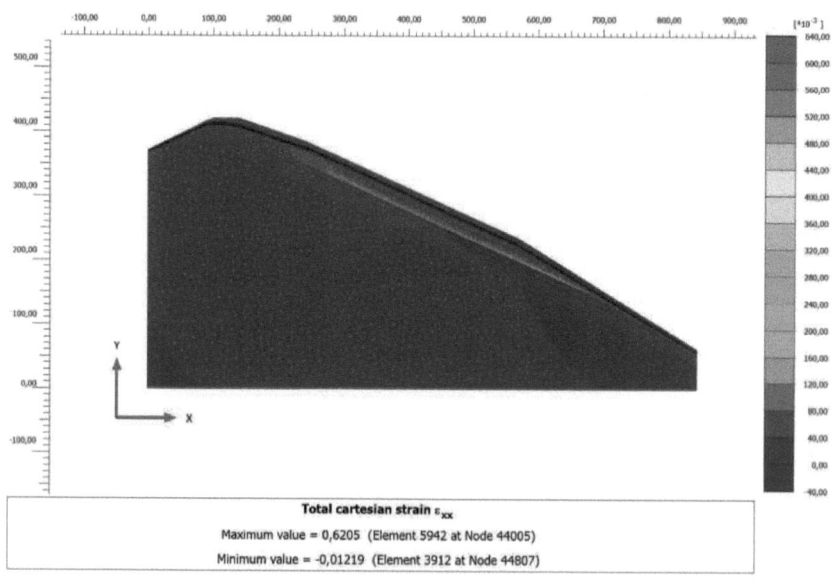

Fig.6. Concentration des déformations dans le sens horizontal.

Annexes

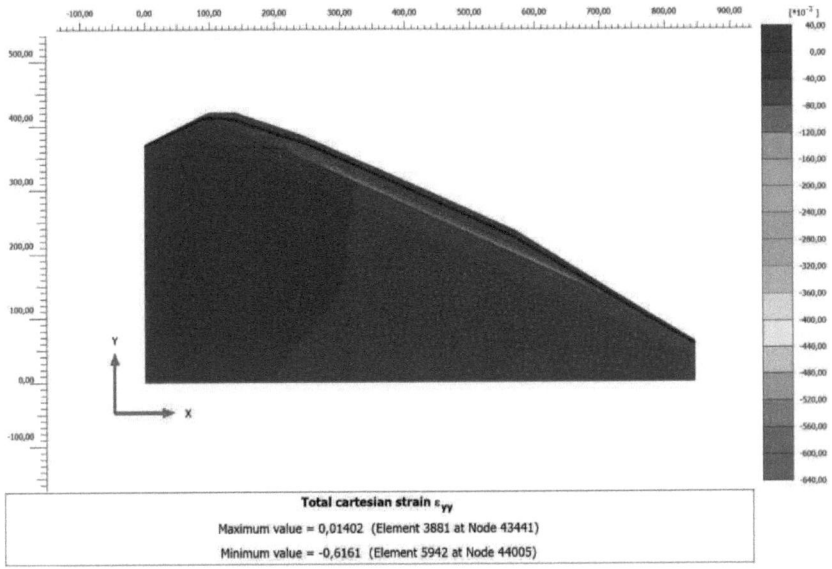

Fig.7. Concentration des déformations dans le sens vertical.

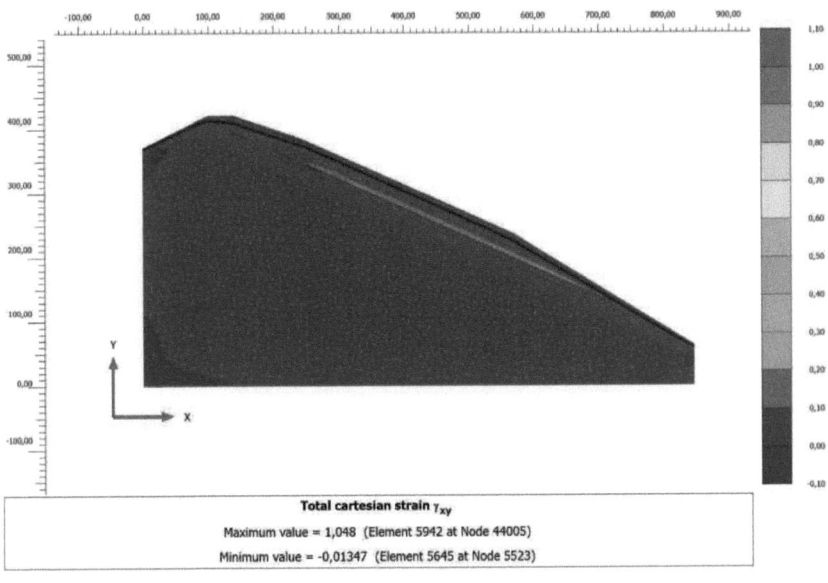

Fig.8. Les champs des déformations de cisaillement γ_{xy}.

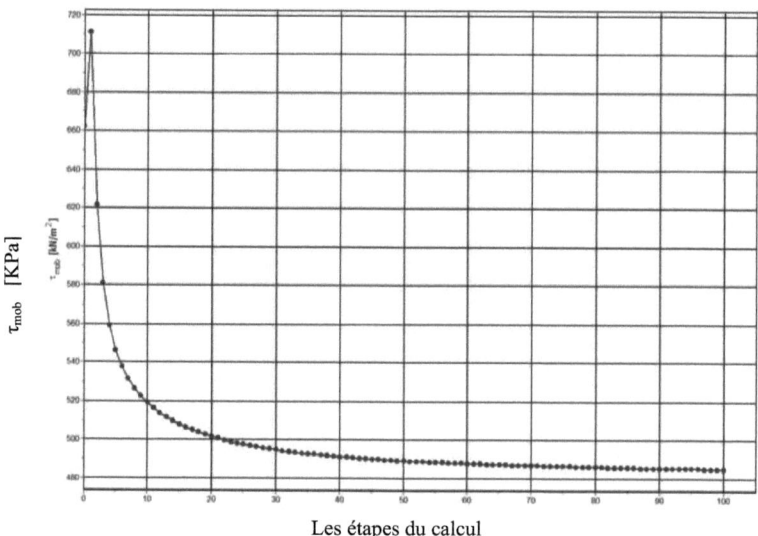

Fig.9. Évolution de la contrainte de cisaillement mobilisée en fonction des étapes de calcul.

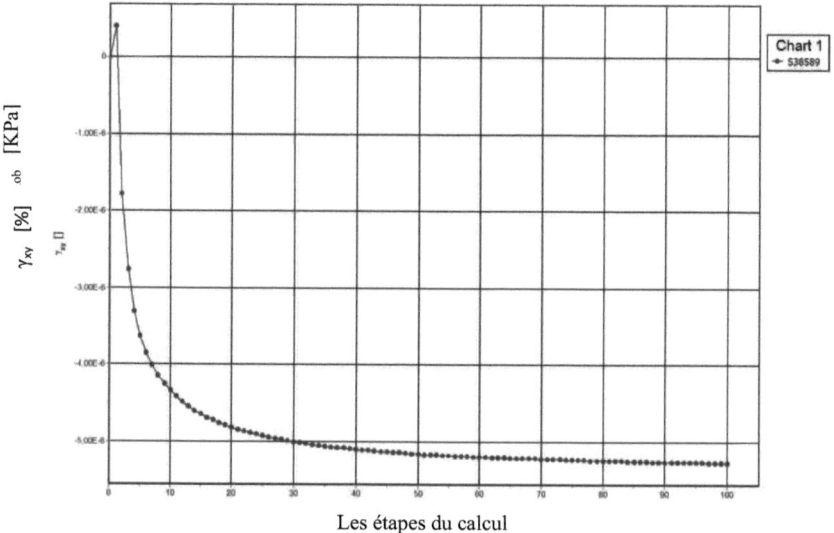

Fig.10. Évolution de déformation de cisaillement en fonction des étapes de calcul.

2.2. Les résultats de la modélisation de la rupture brusque du versant

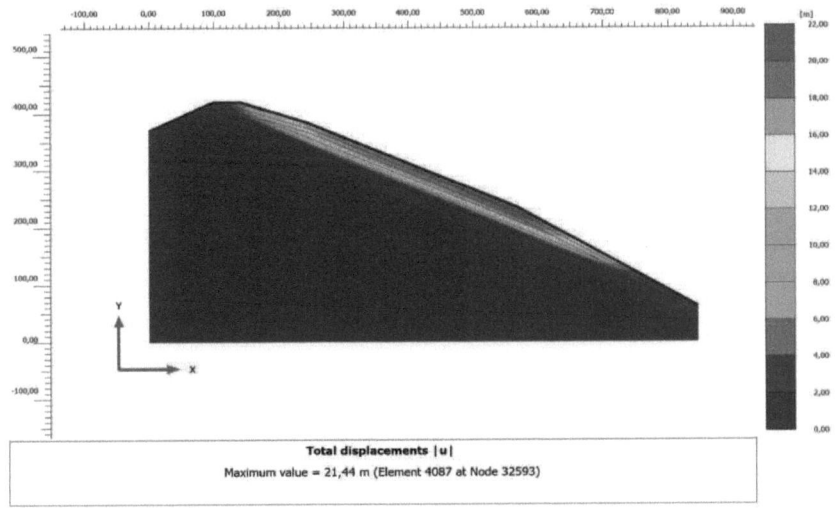

Fig.11. Les champs des déplacements totaux observés pour la rupture brusque.

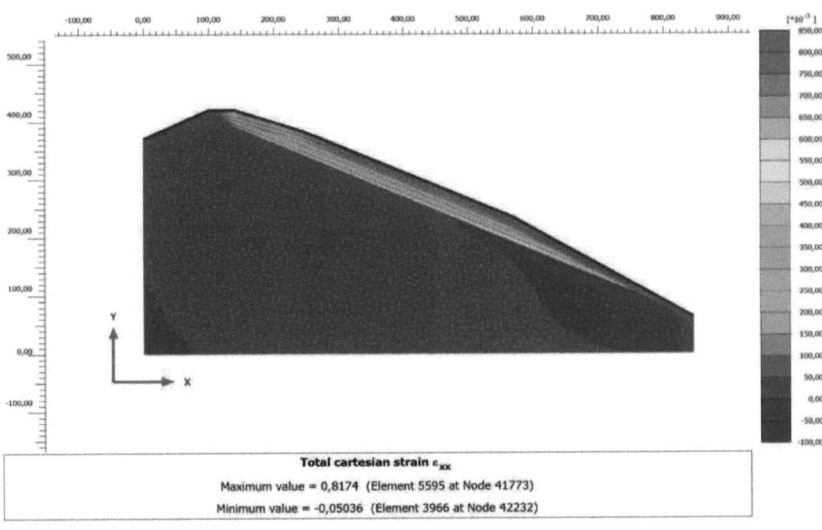

Fig.12. Concentration des déformations dans le sens horizontal.

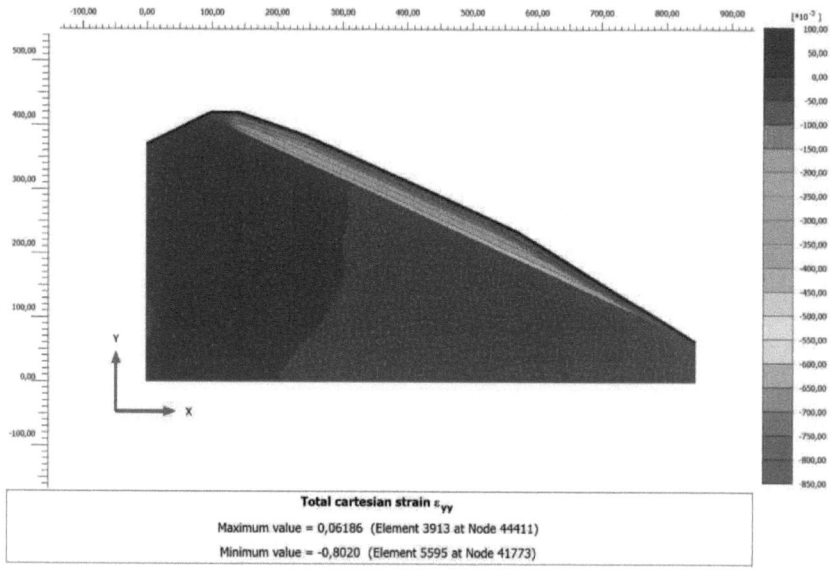

Fig.13. Concentration des déformations dans le sens vertical.

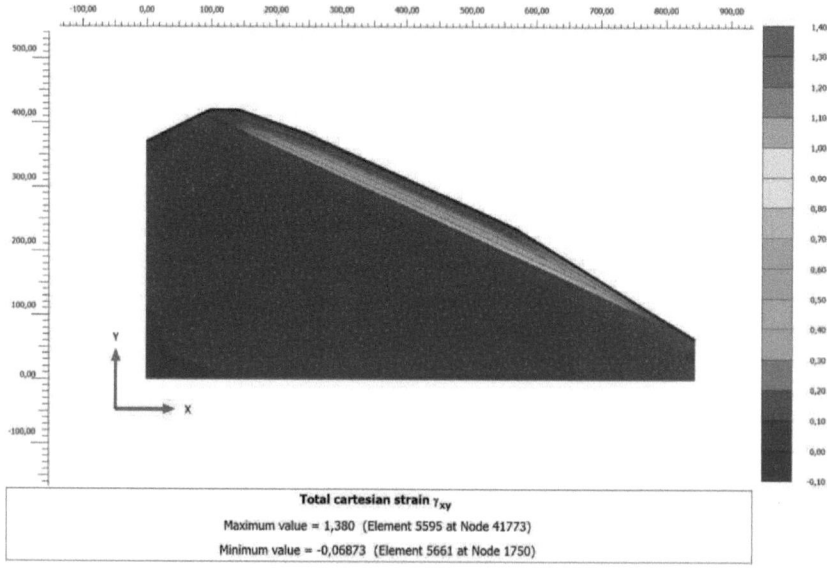

Fig.14. Les champs des déformations de cisaillement γ_{xy}.

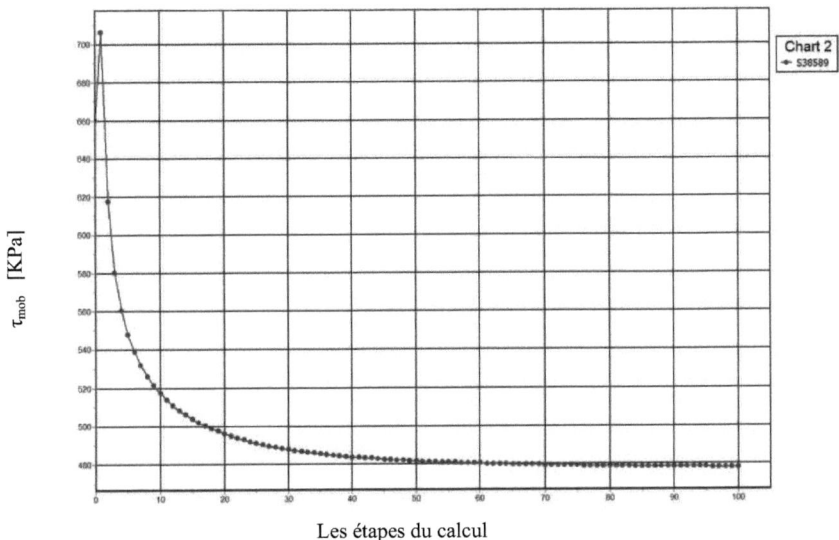

Fig.15. Évolution des la contrainte de cisaillement mobilisée en fonction des étapes de calcul.

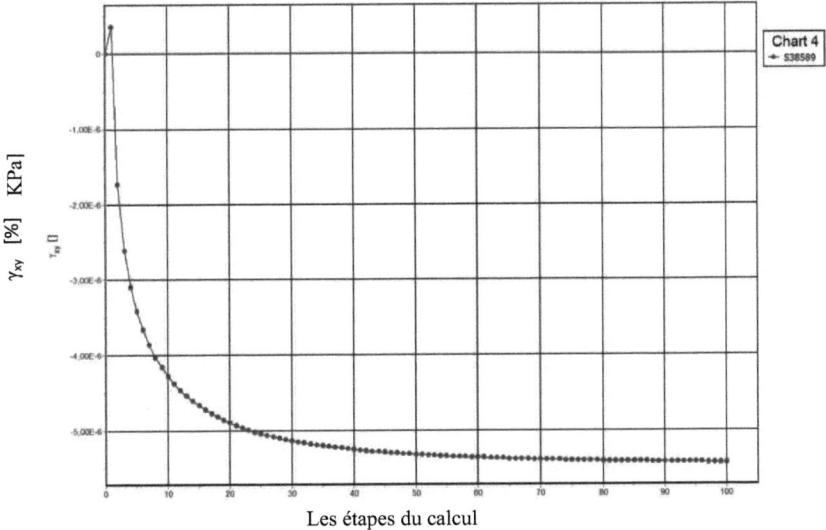

Fig.16. Évolution de la déformation de cisaillement en fonction des étapes de calcul.

2.3. Les résultats de la modélisation de la rupture progressive
2.3.1. Les résultats de la première phase de calcul (Phase1)

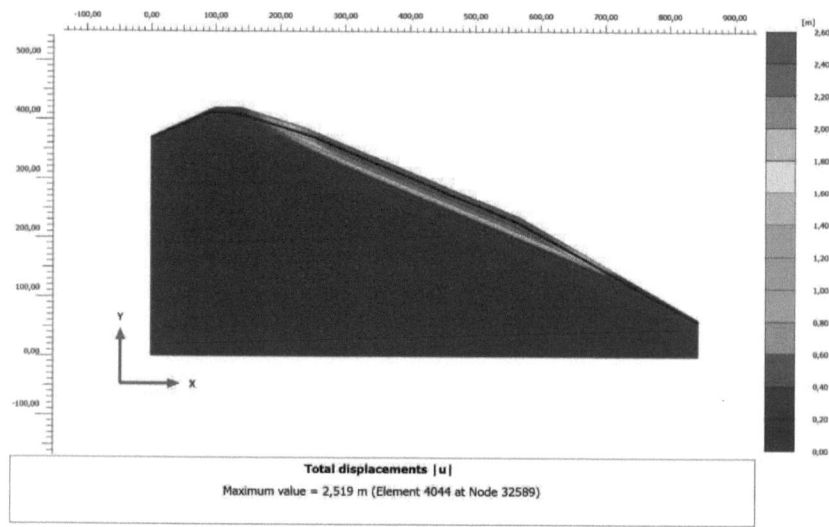

Fig.17. le champ des déplacements totaux pour la phase 1.

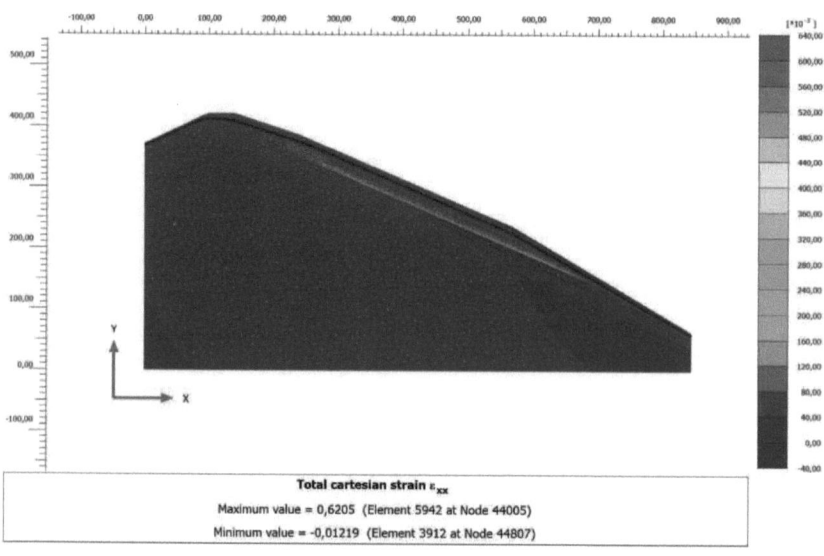

Fig.18. Concentration des déformations dans le sens horizontal pour la phase 1.

Annexes

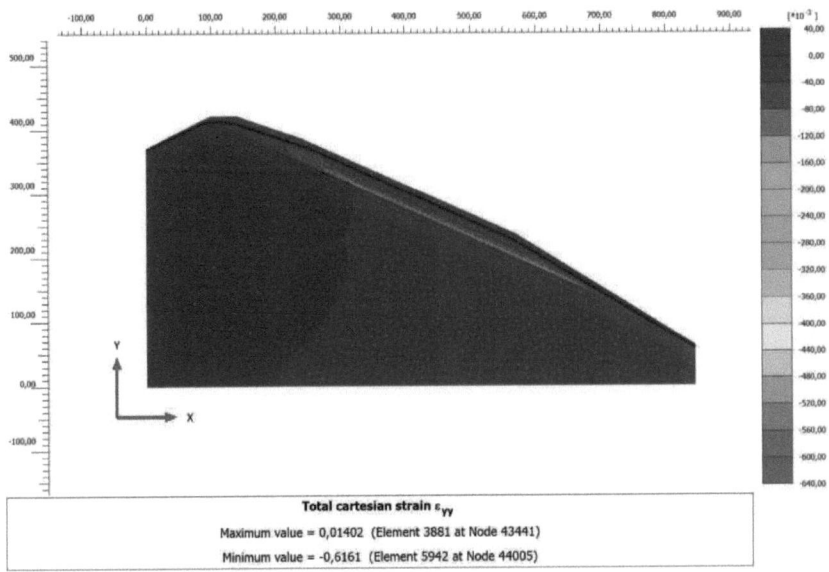

Fig.19. Concentration des déformations dans le sens vertical pour la phase 1.

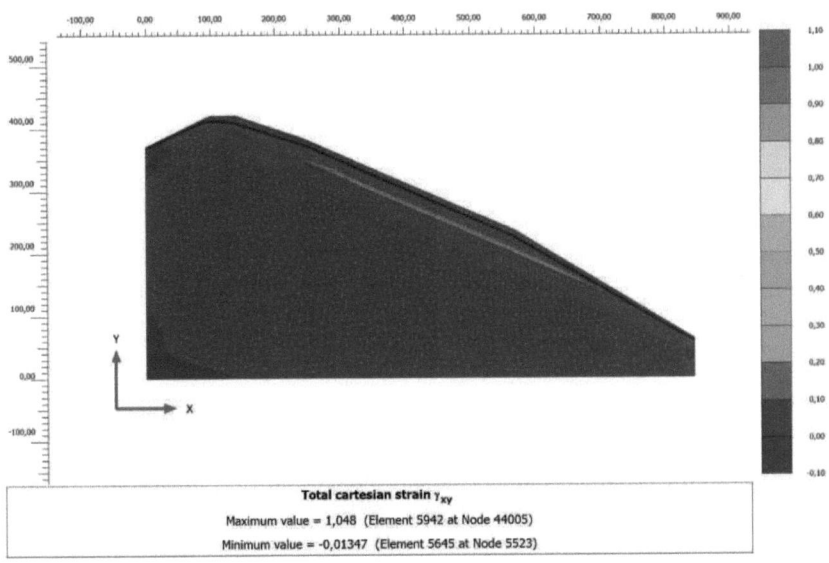

Fig.20. les champs des déformations de cisaillement τ_{xy} pour la phase 1.

2.3.2. Les résultats de la deuxième phase de calcul (Phase3)

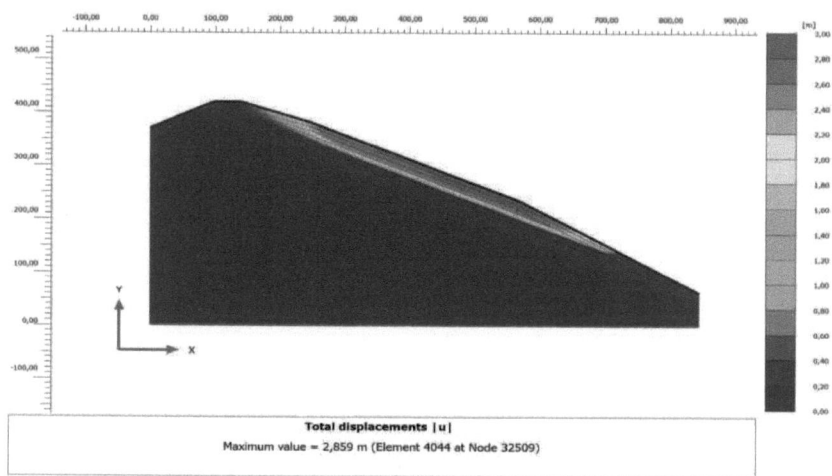

Fig.21. Le champ des déplacements totaux pour la phase 3.

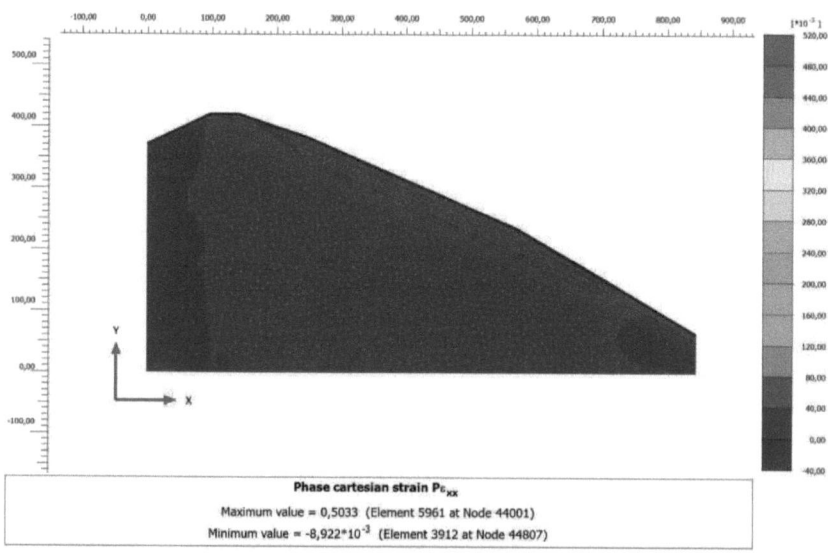

Fig.22. Concentration des déformations dans le sens horizontal pour la phase 3.

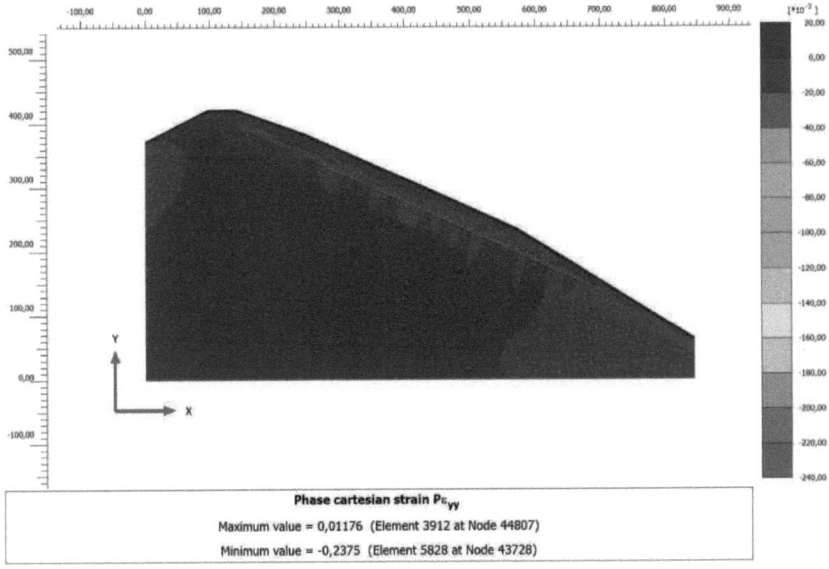

Fig.23. Concentration des déformations dans le sens vertical pour la phase 3.

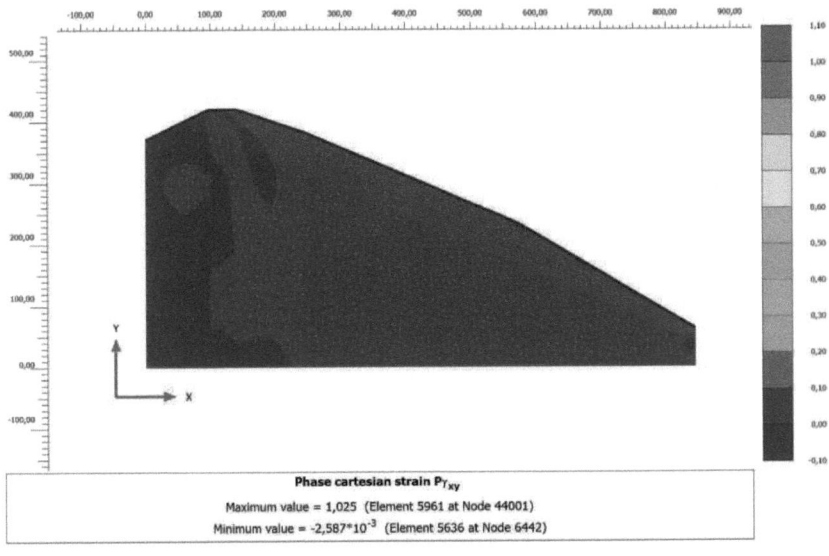

Fig.24. Les champs des déformations de cisaillement τ_{xy} pour la phase 3.

2.3.3. Les résultats de la troisième phase de calcul (Phase5)

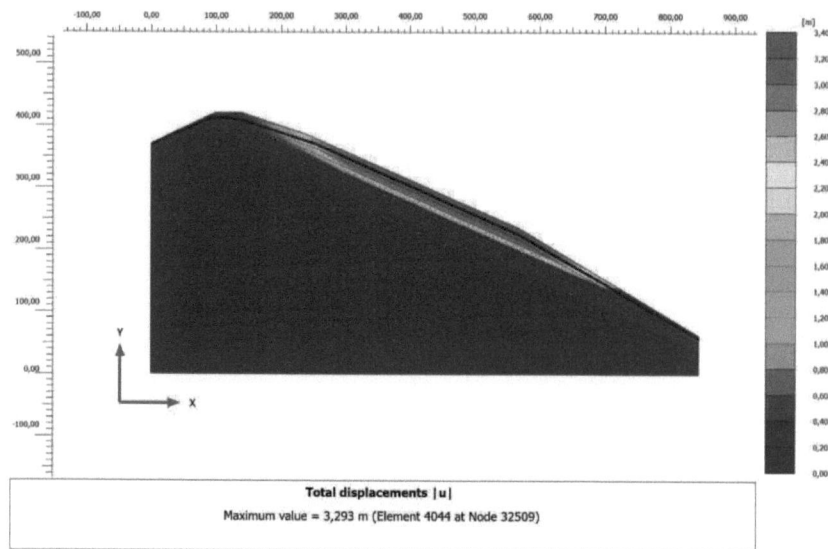

Fig.25. le champ des déplacements totaux pour la phase 5.

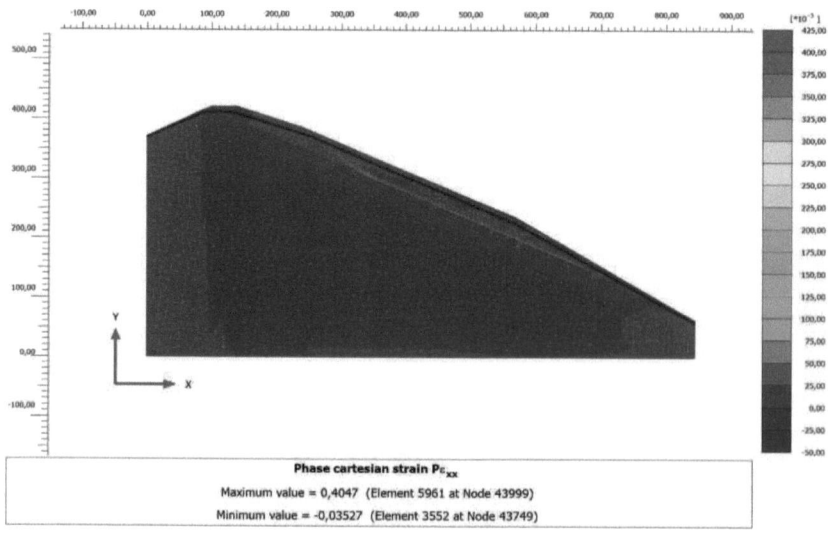

Fig.26. concentration des déformations dans le sens horizontal pour la phase 5.

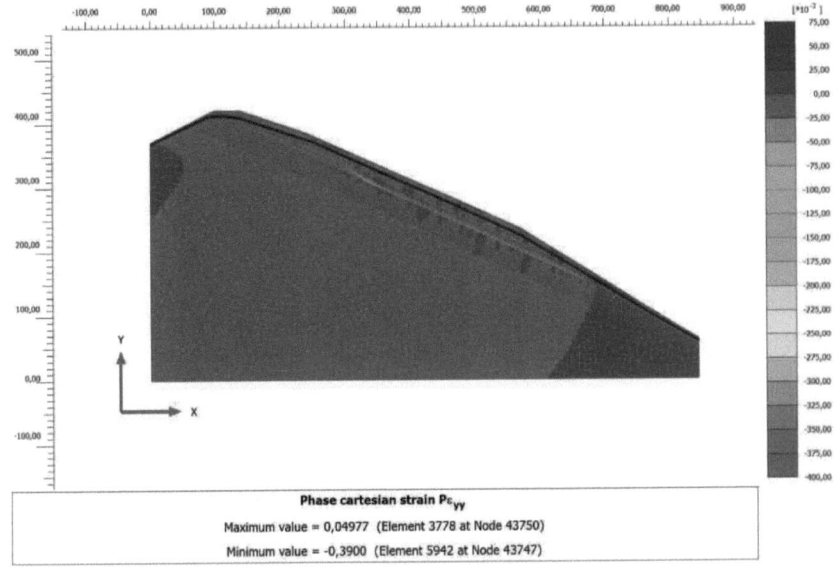

Fig.27. Concentration des déformations dans le sens vertical pour la phase 5.

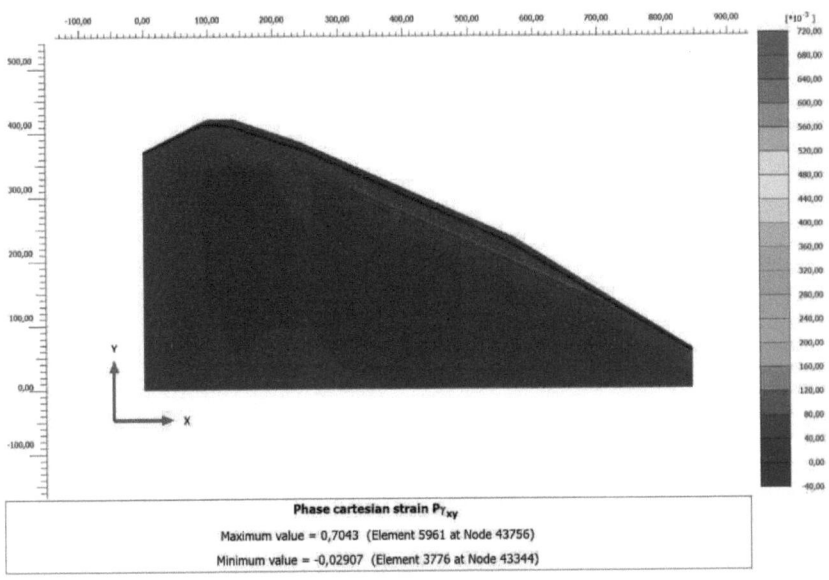

Fig.28. Les champs des déformations de cisaillement Υ_{xy} pour la phase 5.

2.3.4. Les résultats de la quatrième phase de calcul (Phase7)

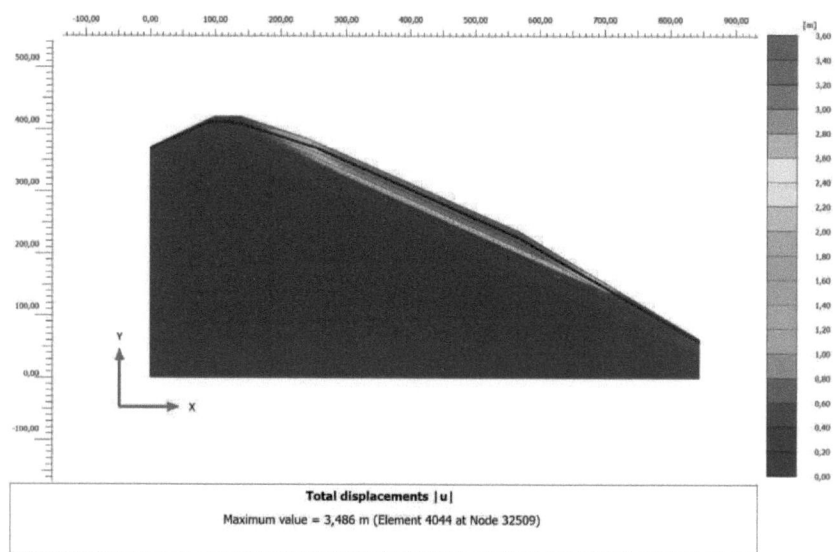

Fig.29. Le champ des déplacements totaux pour la phase 7.

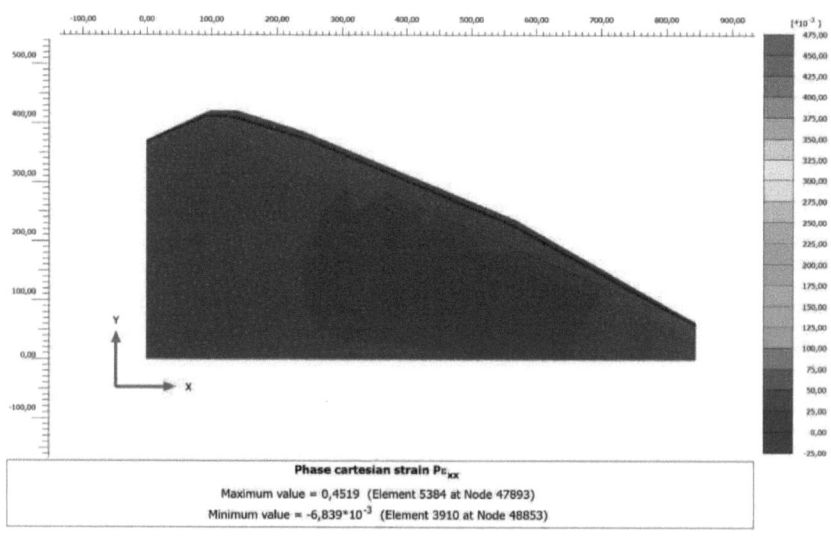

Fig.30. Concentration des déformations dans le sens horizontal pour la phase 7.

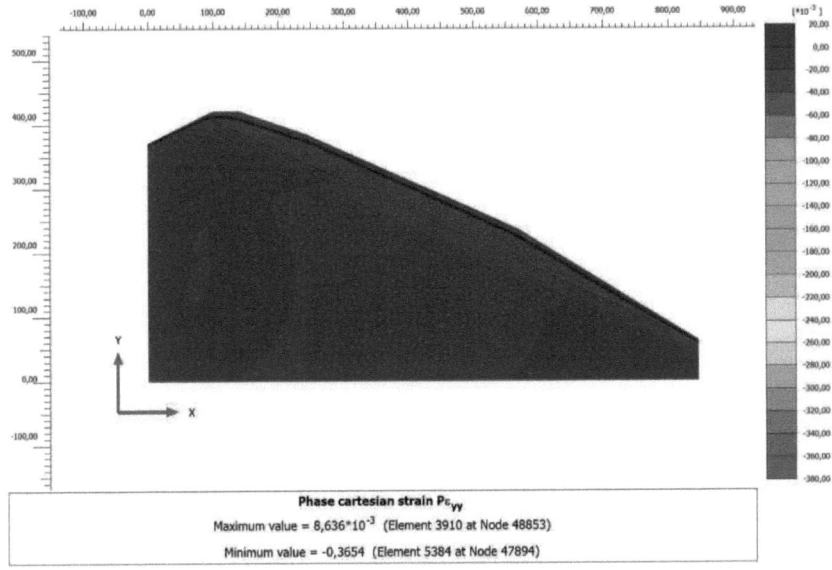

Fig.31. Concentration des déformations dans le sens vertical pour la phase 7.

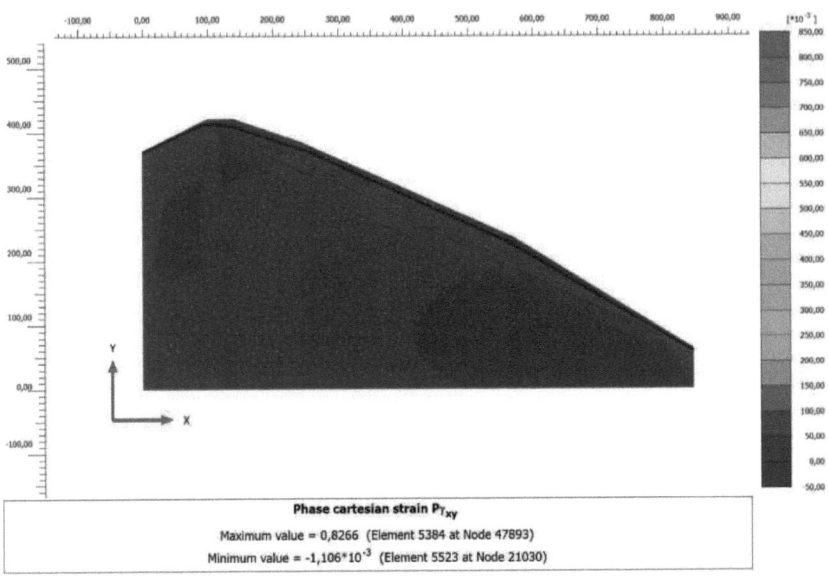

Fig.32. Les champs des déformations de cisaillement τ_{xy} pour la phase 7.

2.3.5. Les résultats de la cinquième phase de calcul (Phase9)

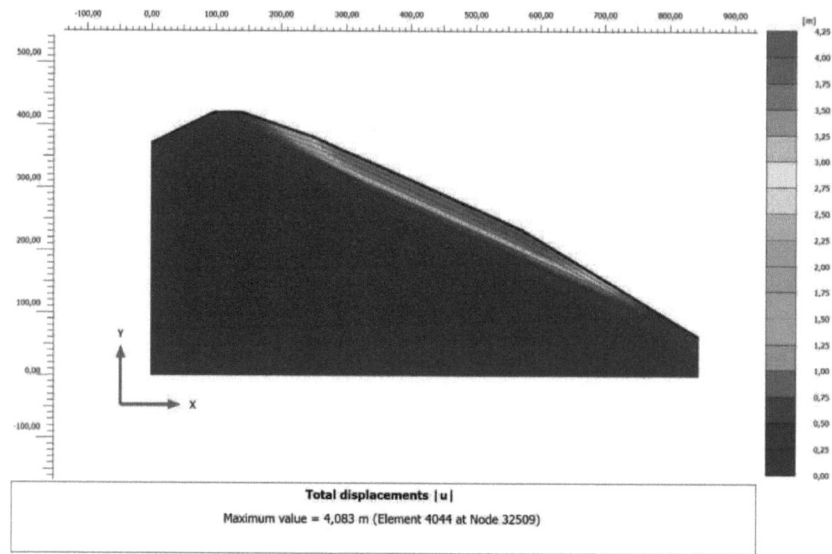

Fig.33. Les champs des déplacements totaux pour la phase 9.

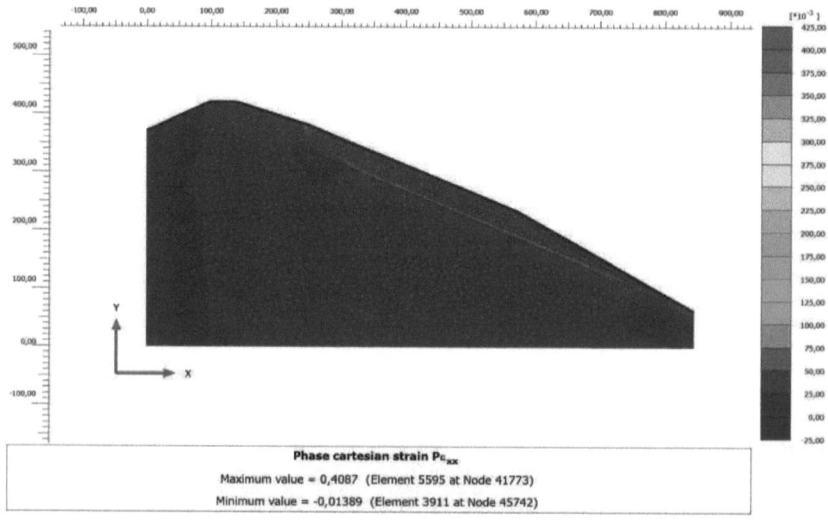

Fig.34. Concentration des déformations dans le sens horizontal pour la phase 9.

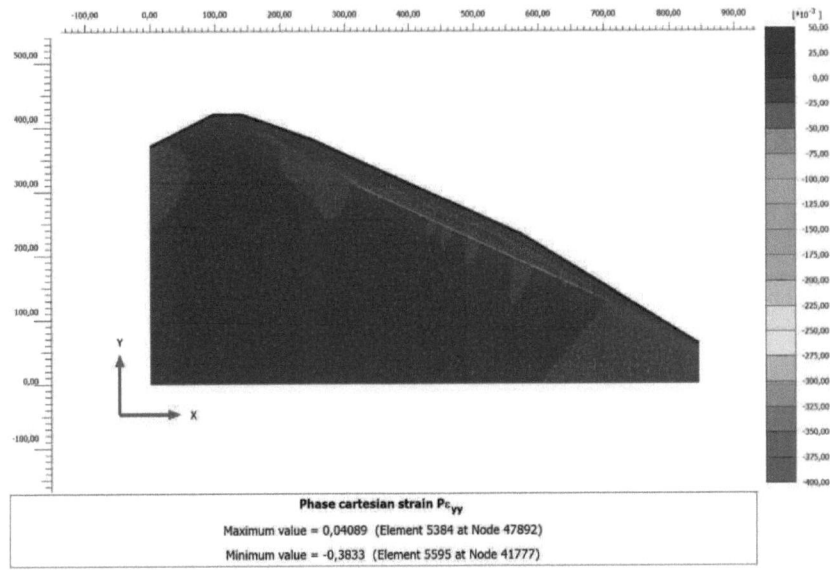

Fig.35. Concentration des déformations dans le sens vertical pour la phase 9.

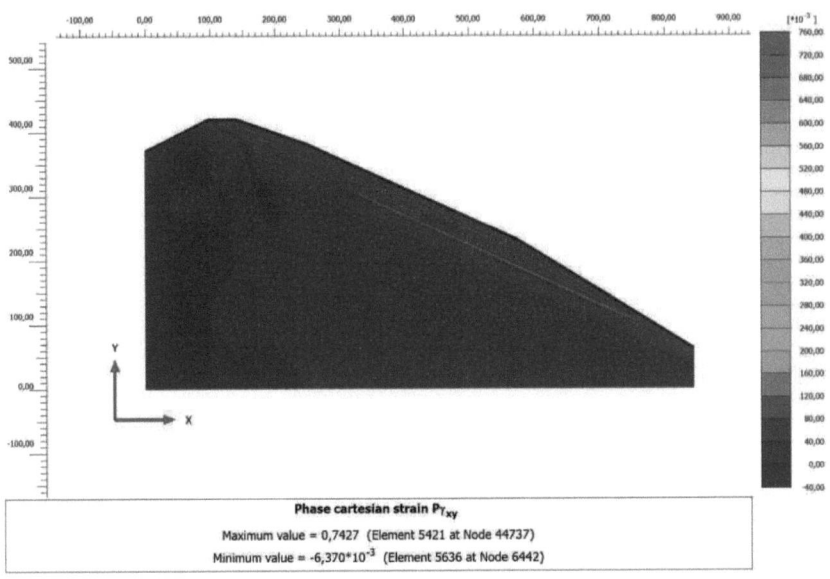

Fig.36. Les champs des déformations de cisaillement γ_{xy} pour la phase 9.

2.3.6. Les résultats de la sixième phase de calcul (Phase11)

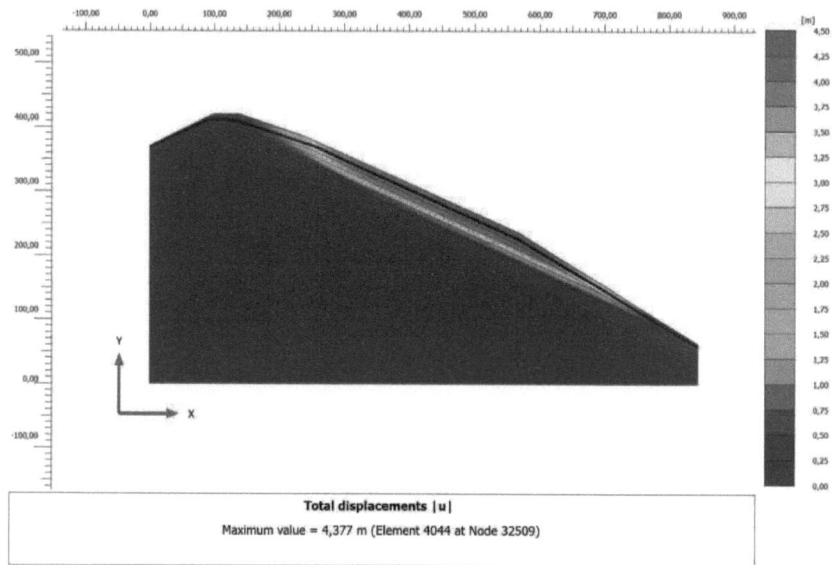

Fig.37. Le champ des déplacements totaux pour la phase 11.

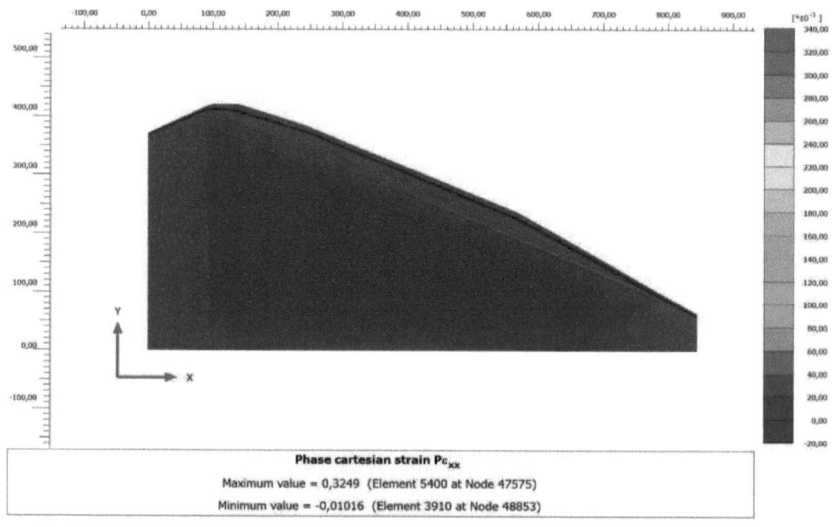

Fig.38. Concentration des déformations dans le sens horizontal pour la phase 11.

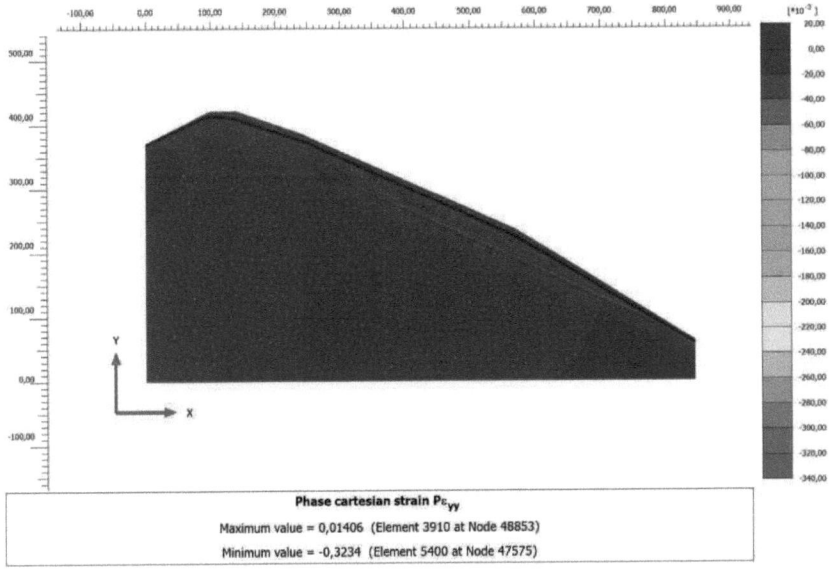

Fig.39. Concentration des déformations dans le sens vertical pour la phase 11.

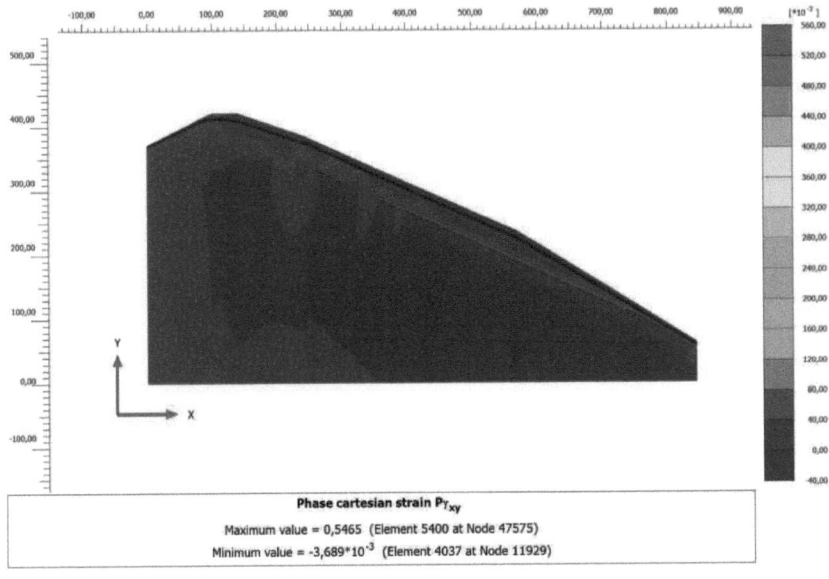

Fig.40. Les champs des déformations de cisaillement γ_{xy} pour la phase 11.

2.3.7. Les résultats totaux de la rupture progressive

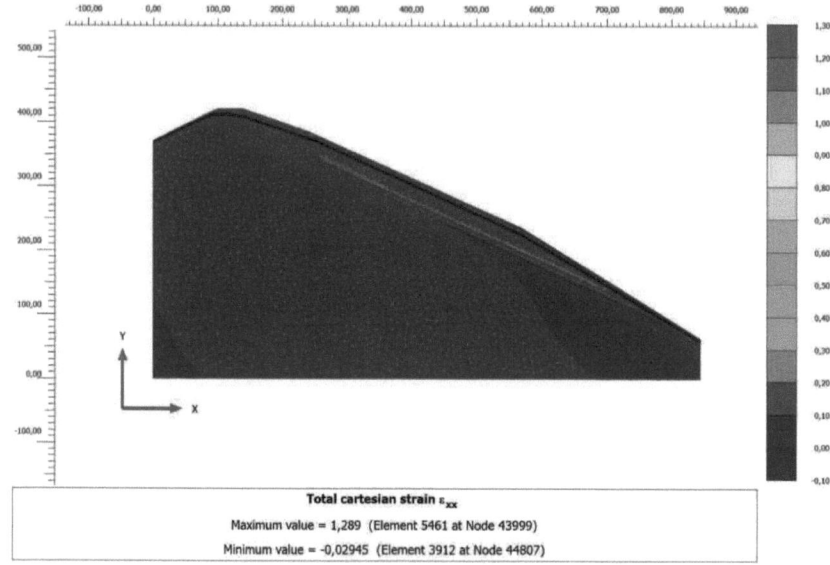

Fig.41. concentration des déformations dans le sens horizontal.

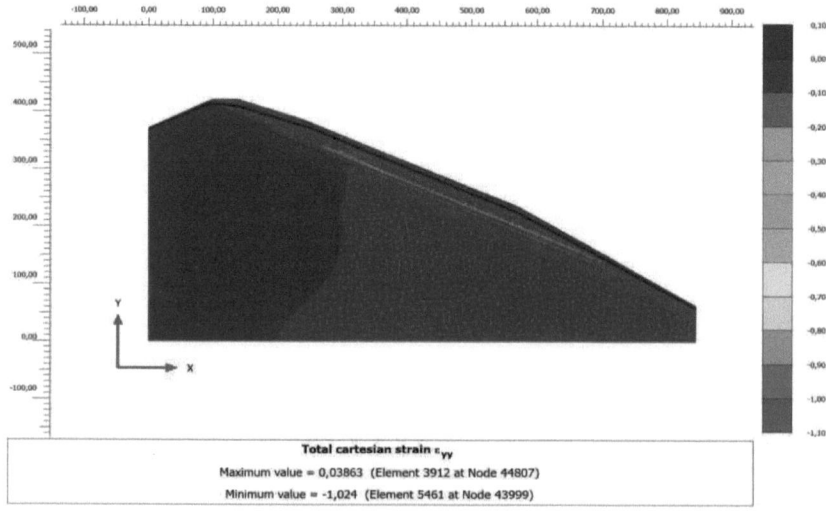

Fig.42. concentration des déformations dans le sens vertical.

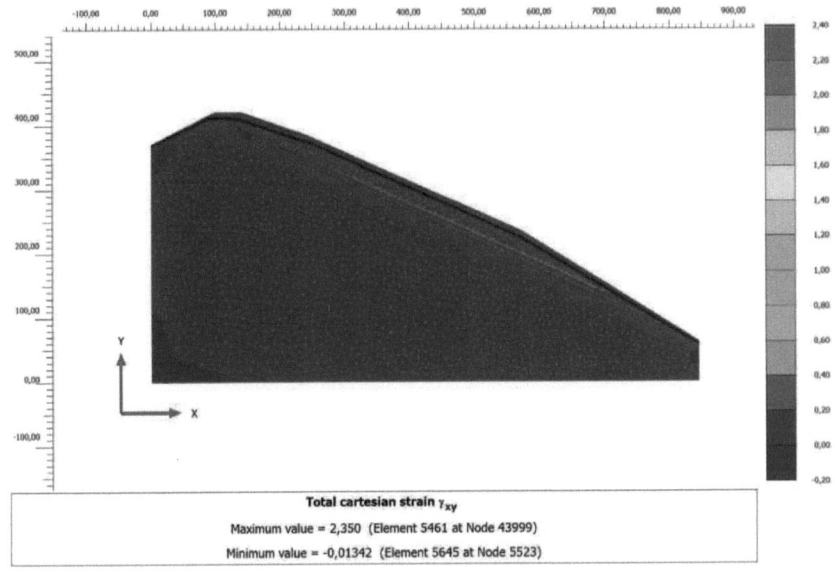

Fig.43. Les champs des déformations de cisaillement γ_{xy}.

i want morebooks!

Oui, je veux morebooks!

Buy your books fast and straightforward online - at one of world's fastest growing online book stores! Environmentally sound due to Print-on-Demand technologies.

Buy your books online at
www.get-morebooks.com

Achetez vos livres en ligne, vite et bien, sur l'une des librairies en ligne les plus performantes au monde!
En protégeant nos ressources et notre environnement grâce à l'impression à la demande.

La librairie en ligne pour acheter plus vite
www.morebooks.fr

VDM Verlagsservicegesellschaft mbH
Heinrich-Böcking-Str. 6-8   Telefon: +49 681 3720 174   info@vdm-vsg.de
D - 66121 Saarbrücken   Telefax: +49 681 3720 1749   www.vdm-vsg.de

Printed by Books on Demand GmbH, Norderstedt / Germany